21世纪人工智能创新与应用丛书

人工智能：
从基础到实践

（微课视频版）

李春英 汤志康 主编 / 刘锟 张亮 方明伟 副主编

清华大学出版社
北京

内 容 简 介

本书共 8 章。从人工智能发展简史和基础概念切入，循序渐进地讲解 Python 编程与数据分析基础、语音处理及其应用、机器学习基础、神经网络与深度学习、自然语言处理基础、计算机视觉等核心内容，并阐述了人工智能伦理及其对社会的影响，探讨算法偏见与公平性和数据隐私保护等前沿议题。本书设有"实践操作"环节，并为关键知识点配备了微课视频，帮助读者理解复杂知识。

本书既可作为高等学校人工智能通识教育课程的教材，也可作为社会人士了解人工智能技术的入门读物。

图书在版编目（CIP）数据

人工智能：从基础到实践：微课视频版 / 李春英，汤志康主编. -- 北京：清华大学出版社，2025.8. （21 世纪人工智能创新与应用丛书）. -- ISBN 978-7-302-69480-9

Ⅰ. TP18

中国国家版本馆 CIP 数据核字第 2025YU5681 号

责任编辑：张　玥
封面设计：常雪影
责任校对：徐俊伟
责任印制：沈　露

出版发行：清华大学出版社
  网 址：https://www.tup.com.cn，https://www.wqxuetang.com
  地 址：北京清华大学学研大厦 A 座 邮 编：100084
  社 总 机：010-83470000 邮 购：010-62786544
  投稿与读者服务：010-62776969，c-service@tup.tsinghua.edu.cn
  质量反馈：010-62772015，zhiliang@tup.tsinghua.edu.cn
  课件下载：https://www.tup.com.cn，010-83470236
印 装 者：三河市铭诚印务有限公司
经 销：全国新华书店
开 本：185mm×260mm 印 张：14.75   字 数：369 千字
版 次：2025 年 8 月第 1 版   印 次：2025 年 8 月第 1 次印刷
定 价：59.80 元

产品编号：112609-01

前　言
PREFACE

　　当今世界正经历一场由人工智能技术驱动的深刻变革。从 ChatGPT、DeepSeek 等生成式人工智能(Generative Artificial Intelligence,GAI)的突破性进展,到自动驾驶、智能医疗等领域的广泛应用,人工智能技术正在重塑我们的生产方式、生活方式和思维方式。在这一背景下,掌握人工智能基础知识已不再是计算机类相关专业学生的专属需求,而是数字时代每个公民都应具备的核心素养。本书正是为适应这一时代需求而编写,旨在帮助应用型院校非计算机类专业的学生和社会人士系统构建人工智能知识体系,加强面向未来的数字素养和创新能力。

　　本书在内容设计和编排上充分考虑了应用型人才的培养目标和学生的认知特点,采用"理论基础—技术解析—应用实践—伦理思考"的四维架构,将抽象的技术原理转化为易于理解的知识模块,并通过丰富的案例和实践环节强化学习效果。值得一提的是,本书创新性地采用了新形态教材建设模式,为关键知识点配备了微课视频,并设计了实验案例,使读者能够随时进行沉浸式学习,并通过实验案例进一步理解相关理论内容和实际应用场景。在内容选择上,既涵盖了 Python 编程、机器学习、深度学习等核心技术,也包含语音处理、计算机视觉、自然语言处理等热门应用领域,力求反映人工智能技术的最新发展。

　　作为一本面向通识教育的教材,我们特别注重培养学生的科技伦理意识和社会责任感。在系统讲解技术原理的同时,专门设章节探讨了人工智能带来的伦理挑战和社会影响,引导学生思考技术发展的边界和方向。我们相信,只有将技术能力与人文素养相结合,才能培养出真正适应智能时代需求的复合型人才。希望本书能帮助读者打开人工智能世界的大门,在掌握实用技能的同时建立起对技术发展的理性认知,为个人发展和社会进步贡献力量。

　　本书编写团队通过深入分析高等教育各个专业的人才培养目标、学生的认知特点和人工智能通识课的学时要求,布局八大板块内容,精心设计实验案例,力求为理工类、文史经管类和音体美类等专业的读者呈上一部好学易用、理实一体的佳作。其中,对于理工类专业学生,建议必修第1～8章内容;对于文史经管类专业学生,建议必修第1～3章和第6～8章内容;对于音体美类专业学生,建议必修第1章、第2章基础和第6～8章内容。本书作者李春英负责设计全书内容纲要和第1、3、8章的内容审定,汤志康负责编写第1章、第3章、第8章和其他章节的内容审定,刘锟负责编写第2章,张亮负责编写第4～5章,方明伟负责编写第6～7章。感谢杨泳琳、张晓薇、柏杨、曹晶晶、李倩玉、袁圆、李嘉伦、林凯瀚等在本书编撰过程中所做的工作。

　　本书适合作为高等学校人工智能通识教育课程的教材,也可作为社会人士的科普读物。

本书的课程网址如下：http://www.educoder.net/paths/biwoj6pu，读者可登录获取数字资源。

由于编者水平有限，书中难免存在疏漏和不妥之处，敬请广大读者批评指正。

编　者

2025 年 3 月

目 录

CONTENTS

## 第 1 章

人工智能绪论

思维导图：

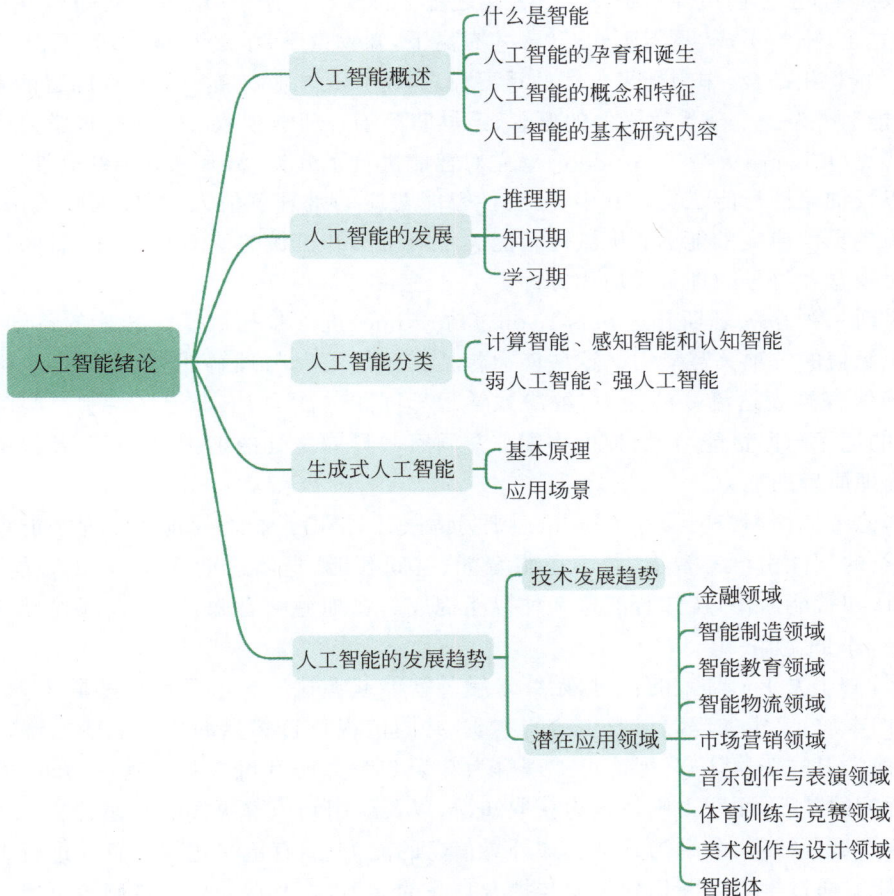

学习目标：

- 掌握人工智能相关概念
- 了解人工智能发展历程与未来趋势
- 了解生成式人工智能

1.1 人工智能概述

1.1.1 什么是智能

在当今数字化时代，人工智能（Artificial Intelligence，AI）已然成为一个广为人知的术语。它不仅深度重塑了人们的生活模式，更在各个领域触发了前所未有的革新。然而，要真正洞悉人工智能的奥秘，就必须回溯到"智能"这一更为根本的概念，探究其本质内涵。事实上，这也是古往今来无数中外学者孜孜不倦、努力钻研的课题。

中国古代典籍《荀子·正名篇》中有这样的记载："所以知之在人者谓之知，知有所合谓之智。智所以能之在人者谓之能，能有所合谓之能。"在此，"智"指的是人类在认知活动过程中展现出的特定心理特质，而"能"则是指人在从事各类活动时呈现出的某些心理特征。到了东汉时期，王充创造性地提出了"智能之士"的概念。他于《论衡·实知篇》中阐述道："故智能之士，不学不成，不问不知。""人才有高下，知物由学，学之乃知，不问不识。"王充将"智"与"能"相结合，作为衡量人才的重要标志，主张人才应具备一定水准的智能素养。

"智能"作为一个现代意义上的概念，最早萌芽于心理学领域。美国心理学家爱德华·李·桑代克（Edward Lee Thorndike）率先对智能进行了分类，将其划分为社会性智能、机械性智能以及抽象性智能三类。其中，社会性智能对应的是理解他人、管理人际关系，或是在人际交互中灵活应变的能力；机械性智能关乎对工具和机械的认知与运用；抽象性智能则体现在对观念和符号的理解及应用方面。

路易斯·列昂·瑟斯顿（Louis Leon Thurstone）进一步拓展了对智能的认知，他梳理出智能所涵盖的 7 项关键能力。这些能力包括文字的解释与理解能力、能够迅速构思恰当文字以确保言语表达流畅的能力、解决数学运算问题的能力、依据记忆绘制空间图形的能力、信息的记忆与回忆能力、捕捉事物细节并洞察其异同之处的能力，以及探寻解决问题的规则与推理原理的能力。

霍华德·加德纳（Howard Gardner）则另辟蹊径，提出了影响深远的多元智能理论。他指出，人类的智能由语言智能、数学逻辑智能、空间智能、身体运动智能、音乐智能、人际智能、自我认知智能、自然认知智能这 8 种智能构成。在加德纳看来，每个人都独具一套智能优势组合，并非千篇一律。

然而，上述关于"智能"的探讨，始终未触及智能起源这一核心问题。实际上，智能的发生、物质的本质、宇宙的起源以及生命的本质，共同被视作自然界的四大未解之谜。通常而言，就目前学界的普遍认知，智能可被理解为知识与智力的有机总和。其中，知识构成了一切智能行为的基石，而智力则体现为获取知识，以及运用知识解决实际问题的能力。智能主要具备四大显著特征，分别为具备感知外界信息的能力、拥有记忆过往信息并进行思维活动的能力、能够通过学习不断积累经验与提升自我的能力，以及在外界环境刺激下展现出相应行为的能力。

1.1.2 人工智能的孕育和诞生

1. 人工智能的孕育

"人工智能"这一概念正式确立之前，已有先驱对其内涵展开了深入思考。古希腊伟大的哲学家与思想家亚里士多德在其著作《工具论》中率先提出了形式逻辑的一系列重要定律。其中,他所阐述的三段论,至今仍是演绎推理的核心依据,为人类的逻辑思维体系构建了坚实的基础。

此外,图灵机的诞生,是人工智能发展历程中的一座重要里程碑。1936年,英国数学家艾伦·麦席森·图灵(Alan Mathison Turing,图1.1)——这位被尊称为"计算机科学之父"与"人工智能之父"的天才人物——创造性地提出了"图灵机"(图1.2)这一数学模型。图灵机形象地勾勒出了一台能够执行指令的机器,它能够精准地模拟人类进行数学计算的完整过程。这一模型的提出,为后续电子计算机的研发与实现提供了至关重要的理论基础。

需要注意的是,图灵机本质上是一个抽象的设计理念,而并非是能够被实际制造出来的实体设备,在现实世界中并不存在与之对应的实物形态。

图1.1　艾伦·麦席森·图灵

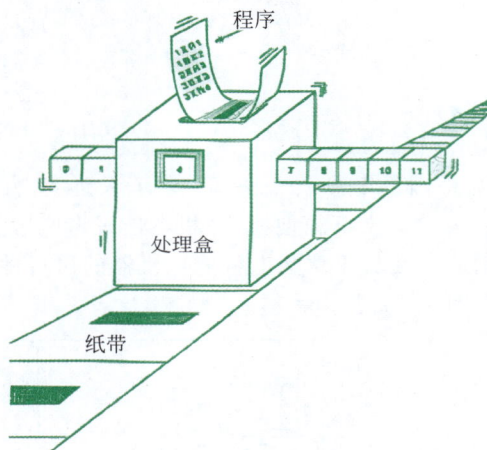

图1.2　图灵机的基本构造

自图灵提出图灵机的数学模型后,科学家们便积极投身于建造能够依据特定程序执行控制与运算任务的计算机设备。1945年,约翰·冯·诺依曼(John von Neumann)等专家共同撰写并发表了一份篇幅长达101页的报告——*First Draft of a Report on the EDVAC*,这份报告在计算机发展史上意义非凡,被后人称作"101页报告"。在该报告中,冯·诺依曼明确阐述了计算机的体系架构,也就是广为人知的"冯·诺依曼结构"(图1.3)。其核心内容涵盖:计算机采用二进制作为基本计算方法,执行程序存储与运行机制,以及构建计算机的五个关键部件,分别为运算器、控制器、存储器、输入设备和输出设备。

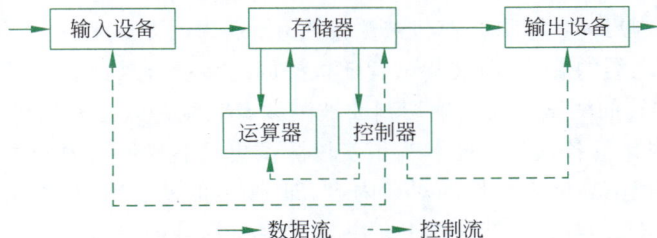

图1.3　冯·诺依曼结构示意图

1946年,世界上首台通用计算机ENIAC(图1.4)于美国宾夕法尼亚大学宣告诞生。自此，借助计算机实现人工智能不再是天方夜谭。随着计算机技术及其相关理论的蓬勃发展，人工智能领域的研究也正式步入了系统化、科学化的正轨。

图 1.4　ENIAC

1950 年，图灵发表了一篇具有深远影响力的论文——*Computer Machinery and Intelligence*。论文开篇便抛出"机器能思考吗"这一极具前瞻性与启发性的问题，进而深入探讨了制造一台真正意义上智能化机器的可行性，并在文中开创性地提出了大名鼎鼎的"图灵测试"（图 1.5）。

图 1.5　图灵测试示意图

该测试的具体构想为：将测试者与被测试者（分别为一个人和一台机器）相互隔离，测试者借助诸如键盘之类的装置，向被测试者随机提问。多次开展此类测试（通常限定在 5 分钟以内），若超过 30% 的测试者无法确切判断被测试者究竟是人还是机器，则判定这台机器通过了测试，且被视作具备人类智能。为了使该测试更具实操性与说服力，图灵精心设计了一段饶有趣味且展现出高度智能性的对话内容，即"图灵的梦想"。从本质上讲，图灵测试堪称人类站在哲学视角，针对人工智能展开的一次严谨且深刻的思考。

直至今日，仍有众多人士将图灵测试奉为衡量机器是否具备智能的重要准则。然而，也存在不同的声音，部分人指出图灵测试仅仅呈现了最终的结果，却未能深入探究机器的思维过程。即便机器成功通过了图灵测试,也不能就此断言它拥有与人类等同的智能。例如,约翰·塞尔勒(John Searle)于1980年针对图灵测试设计了著名的"中文屋思想实验"。在这个实验情境中,有一本详细记载中文处理规则的书,一个完全不懂中文的人被封闭在房间里。此人即便对中文一窍不通,也能够依据书中的规则来操作。屋外的测试者持续通过门缝向屋内递入写有中文内容的纸条,屋内的人则在那本书中查找处理这些中文语句的相应规则,然后按照规则将一些中文字符抄写在纸条上,作为对所收到语句的回应,并把纸条递出房间。从屋外测试者的角度来看,很可能会认为房间里的人是懂中文的,但实际上,这个人并不理解中文的含义,仅仅是在机械地执行规则罢了。倘若用计算机来模拟这个系统,计算机同样能够通过图灵测试。这一实验表明,即便计算机能够极其完美地模拟人类的行为,也并不意味着它真正理解了语言的内涵,或者拥有了意识,因为程序的机械操作与语义的深度理解之间存在着本质性的差异。

此后,许多人对"中文屋思想实验"提出了反驳意见,但这些反驳至今未能从根本上彻底推翻该实验所阐述的观点。

2．人工智能的诞生

当前,绝大多数研究者都将1956年的达特茅斯会议视作现代人工智能诞生的标志性事件。1956年的夏天,约翰·麦卡锡(John McCarthy)、马文·明斯基(Marvin Minsky)、纳撒尼尔·罗切斯特(Nathaniel Rochester)以及克劳德·香农(Claude Shannon)共同牵头,在美国达特茅斯学院(图1.6)举办了达特茅斯会议。此次会议也被称作"达特茅斯夏季人工智能研究计划"(Dartmouth Summer Research Project on Artificial Intelligence)。会议期间,经麦卡锡提议,"人工智能"(Artificial Intelligence,AI)这一术语正式提出。自那以后,"人工智能"这个词汇开始正式运用,并获得了广泛认可,1956年也顺理成章地被公认为"人工智能元年"。

图1.6　美国达特茅斯学院

达特茅斯会议结束后,作为会议的关键发起人之一,麦卡锡还设计并开发出了首个用于人工智能的程序设计语言——LISP。在相当长的一段时期内,LISP一直是构建人工智能系统的重要开发工具,众多专家系统都是基于LISP语言搭建起来的。

1.1.3　人工智能的概念与特征

1. 人工智能的概念

人工智能是一门交叉学科，涉及计算机科学、数学、心理学、自动控制、哲学、语言学等学科。在人工智能的发展历程中，不同学派对人工智能的概念有不同的理解与主张。如符号主义学派认为人工智能基于数理逻辑，通过计算机的符号操作模拟人类的认知过程，从而建立基于知识的人工智能系统。联结主义学派认为人工智能基于仿生学，特别是对人脑模型的研究，通过神经网络及网络间的连接机制和学习算法建立基于人脑的人工智能系统。行为主义学派认为智能取决于对外界复杂环境的适应，而不是表示和推理，只要机器具有和智能生物相同的表现，它就是智能的。总之，一直以来人工智能尚无统一的定义。本书采用我国《人工智能标准化白皮书(2018)》中给出的定义："人工智能是利用数字计算机或者数字计算机控制的机器模拟、延伸和拓展人的智能，感知环境、获取知识并使用知识获得最佳结果的理论、方法、技术及应用系统。"

上述定义反映了人工智能学科的基本思想和基本内容，即所谓人工智能就是用人工的方法在机器(计算机)上实现的智能。简单来说，人工智能的目的是用机器实现人类的部分智能。

2. 人工智能的特征

在新产业、新业态的大背景下，人工智能逐渐展现出从单向的产品供应向各领域深度双向共建的趋势，从而带动相关产业发展，呈现以下特征。

（1）跨界融合的复杂特征。

人工智能是在计算机科学、数学、神经科学等多学科研究的基础上发展起来的综合性很强的交叉学科。在新一代人工智能背景下，小到人们手机中的语言搜索、人脸识别，大到无人驾驶汽车、航空卫星，人工智能对产业的融合与渗透，促进了现代社会新兴产业之间、新兴产业与传统产业之间以及技术与社会多领域的跨界融合发展，呈现出跨学科、跨领域、跨界融合的复杂特征。

（2）自主智能系统的特征。

自主智能系统是一种人工系统，不需要人为干预，利用先进智能技术可以实现各种操作与管理。无人机、轨道交通自动驾驶、海洋机器人等都是典型的自主智能系统。近年来，我国政府大力倡导创新，自主智能系统就是这场创新革命的主力军。

（3）混合智能的新特征。

混合智能是指将生物智能和机器智能深度融合，形成一种新型智能系统。这种系统通过相互连接通道，结合生物智能体的环境感知、记忆、推理、学习能力和机器智能体的信息整合、搜索、计算能力，创造出性能更强的智能形态(图 1.7)。人机协同的混合智能是新一代人工智能的典型特征。在混合智能时代，人工智能技术将作为基础设施引领企业发展，未来更多混合智能技术有望集中爆发。

1.1.4　人工智能的基本研究内容

1. 知识表示

当前，学术界对于人类知识的结构与内在机制尚未完全明晰，知识表示的相关理论和规

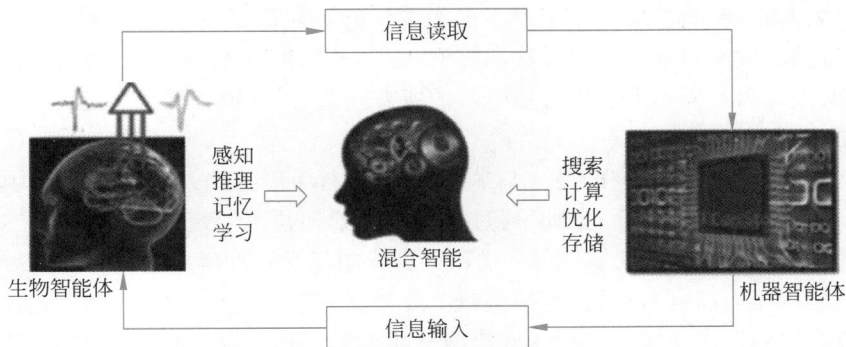

图 1.7　混合智能

范也亟待进一步完善。尽管如此,在智能系统的研究与构建过程中,研究者们结合具体的研究场景和需求,提出了两类主要的知识表示方法:符号表示法和连接机制表示法。

符号表示法运用具有明确语义的符号,通过多样化的组合方式与顺序来表征知识,该方法主要适用于逻辑性知识的表达。连接机制表示法依托神经网络,模拟人脑神经元的结构与运作,由大量神经元节点互联,以连接权重和网络结构隐含知识。知识并非像符号表示法那样以明确的符号和规则呈现,而是分布存储在整个神经网络的连接权重中。相较于符号表示法,它属于一种隐式的知识表示方式。

2．机器感知

机器感知旨在赋予机器(计算机)近似人类的感知能力,其核心内容为机器视觉与机器听觉。机器视觉致力于使机器能够对文字、图像以及实景等进行识别与理解;机器听觉则专注于让机器实现对语言、声音等的识别和解析。

作为机器获取外部信息的基础通道,机器感知是构建机器智能化体系中至关重要且无法替代的部分。类比人类智能对感知的依赖,若要赋予机器感知能力,需为其配备能够实现"听觉"和"视觉"功能的部件。基于此,人工智能领域衍生出模式识别与自然语言理解两个专业的研究方向。

3．机器思维

人工智能的研究涵盖机器思维这一关键领域。机器思维旨在有目的地处理从外界感知获取的信息,以及机器内部产生的各类工作信息。人的智能源于大脑的思维运作,与之相似,机器智能主要依靠机器思维得以实现。由此可见,机器思维在人工智能研究中占据着核心地位,堪称最为关键的部分。它赋予机器模拟人类思维活动的能力,使其不仅能够进行逻辑思维,还能开展形象思维。

4．机器学习

为了使计算机具备真正意义上的智能,它需要像人类一样,拥有自主获取新知识、学习新技能,并在实践中持续优化和改进的能力,进而实现自我完善。机器学习正是聚焦于研究如何赋予计算机类似人类的学习能力,使其能够通过多样化的学习途径自动获取知识。计算机可以借助自然语言处理技术从电子书籍中汲取知识,通过对话系统与人交流学习,还能利用计算机视觉和传感器技术对环境进行观察学习,从而在实践中不断提升和完善自身。

机器学习是一个极具挑战性的研究领域,它与脑科学、神经心理学、机器视觉、机器听觉等多个学科紧密相连，其发展高度依赖于这些学科的协同进步。尽管近年来机器学习研究已取得显著进展，涌现出众多学习算法和模型，尤其是深度学习在图像识别、语音处理等领域成果斐然，但距离从根本上解决智能学习的所有问题，仍有很长的路要走。

5. 机器行为

机器行为是人工智能研究的又一基本内容，机器行为可类比人类的行为能力，它主要涵盖计算机丰富多样的表达能力，比如，通过自然语言处理技术实现的"说"与"写"，能够以人类可理解的语言进行交流和文本创作；借助计算机图形学自动生成艺术画作、设计图纸等。

对于智能机器人而言，机器行为的范畴更为广泛，不仅包含上述计算机的表达能力，还应具备模拟人类四肢的功能。这意味着智能机器人需要拥有灵活的移动能力，能够在不同的地形和环境中自如行走；具备精准的取物能力，可依据指令准确抓取和放置各类物品；以及熟练的操作能力，像完成精细的装配工作、操控工具等。

机器行为的实现依赖于机器感知与机器思维。机器感知通过摄像头、传声器（麦克风）等各类传感器收集环境信息，为机器认知世界提供输入。机器思维则对感知信息深度分析、推理决策，是行为的核心基础，体现"知行合一"。

1.2 人工智能的发展

人工智能的发展历程是一部充满探索与创新的史诗，它的起源可追溯到 20 世纪中叶，经历了从理论奠基到技术突破，再到广泛应用的漫长历程。这一历程大致可以划分为三个阶段：推理期、知识期和学习期。每个阶段都以其独特的技术成果和创新理念，为人工智能的演进奠定了坚实的基础。

1.2.1 推理期

推理期主要是指 20 世纪 50—70 年代。1956 年，麦卡锡在达特茅斯会议上提出了"人工智能"的概念，从此人工智能作为一门新兴学科正式诞生，关于人工智能的研究进一步开展。此后，美国形成了多个人工智能研究组织，如纽厄尔和西蒙的 Carnegie RAND 协作组、明斯基和麦卡锡的 MIT 研究组、塞缪尔的 IBM 工程研究组等。这一时期，关于人工智能的研究刚刚起步，基于抽象数学推理的可编程计算机已经出现，符号主义快速发展，但由于很多事物不能形式化表达，建立的模型存在一定的局限性。该时期的核心目标是通过符号逻辑和推理机制，使计算机能够模拟人类的智能行为。

1956 年，达特茅斯会议召开之后的一段时间，人工智能的研究在专家系统、机器学习、定理证明、模式识别、人工智能语言及问题求解等方面也取得了众多引人瞩目的成就。

（1）在专家系统方面，1956 年，斯坦福大学的爱德华·阿尔伯特·费根鲍姆（Edward Albert Feigenbaum）带领学生开发了一个启发式 DENDRAL 程序。它可以根据化学仪器的读数自动鉴定化学成分。启发式 DENDRAL 的成功，也标志着专家系统的诞生。

（2）在机器学习方面，1957 年，弗兰克·罗森布拉特（Frank Rosenblatt）继承控制论的联结主义方法之后，提出了感知机模型。该模型是机器学习神经网络理论中神经元的最早模型，它的学习功能引起了人工智能学者的广泛关注，推动了联结机制的研究。不过，人们很快就发现了感知机的局限性。

（3）在定理证明方面，1958 年，数理逻辑学家王浩使用 IBM-704 机器，用 3～5 分钟证明了罗素的《数学原理》中有关命题演算的 220 条定理，并且证明了该书中有关谓词演算的 150 条定理中的 85%。1965 年，鲁滨逊(J. A. Robinson)提出了归结原理，为定理的机器证明做出了突破性贡献。

（4）在模式识别方面，1959 年，赛尔夫里奇提出了一个模式识别程序。1965 年，罗伯茨(F. Roberts)编制了可分辨积木构造的程序，推动了模式识别方面的研究。

（5）在人工智能语言方面，1960 年，麦卡锡研制的人工智能语言 LISP 成为建造智能系统的重要工具，许多专家系统都是在 LISP 语言的基础上构建的。

（6）在问题求解方面，1960 年，纽厄尔等人通过心理学实验总结了人们求解问题的思维规律，编制了通用问题解决者(General Problem Solver，GPS)程序，可以用来求解 11 种不同类型的问题。

此外，1969 年，国际人工智能联合会议（International Joint Conference on Artificial Intelligence，IJCAI)成立，标志着人工智能这个新兴领域已经得到了世界的肯定和公认，是人工智能发展史上重要的里程碑。1970 年，国际性人工智能杂志 *Artificial Intelligence* 创刊，这对推动人工智能发展、促进研究者交流起到了重要作用。

总之，这一时期许多伟大的科学家针对人工智能的多个方面提出了创新性想法，取得了标志性成果。不过，由于当时的计算机只能进行数值计算，这个阶段人工智能主要关注赋予机器逻辑推理的能力，使机器能够执行一些基本的逻辑任务，但它们的能力受限于程序中预设的规则，并未达到真正的智能化水平。

1.2.2　知识期

知识期主要是指 20 世纪 70—90 年代。这一时期的核心在于将人类知识以规则的形式嵌入计算机系统中，使其能够在特定领域内进行决策和推理。进入 20 世纪 70 年代，许多国家都开展了人工智能研究，涌现了大量的研究成果。如 1972 年马赛大学的科麦瑞尔(A. Comerauer)提出并实现了逻辑程序设计语言 PROLOG；斯坦福大学的肖特利夫(E. H. Shortliffe)等从 1972 年开始研制用于诊断和治疗传染性疾病的专家系统 MYCIN。不过，随着研究的不断深入，部分领域的人工智能系统遭遇挫折。如在定理证明方面，计算机推理计算了数十万步，也无法证明两个连续函数之和仍然是连续函数。在人工智能语言方面，机器无法实现准确翻译，甚至在某些情况下会出现非常荒谬的错误。

面对人工智能研究过程中出现的问题，先驱者认真反思，总结前一阶段研究的经验和教训。1977 年，爱德华·阿尔伯特·费根鲍姆在第五届国际人工智能联合会议上提出了"知识工程"的概念，并且实现了一套以人类知识表示和推理为基础的智能系统，即专家系统。所谓专家系统，就是一种利用计算机实现自动化的知识表达和逻辑推理，从而像一个领域的专家一样解决问题的功能。此后，大多数人接受了费根鲍姆以知识为中心展开人工智能研究的观点。人工智能的研究从早期的博弈、数学逻辑推理逐渐转向了关于知识表示和推理的研究。人工智能迎来了以知识为中心的蓬勃发展的新时期，即知识应用期。

这个时期，专家系统的研究在多个领域取得了重大突破，各种不同功能、不同类型的专家系统如雨后春笋般地建立起来，产生了巨大的经济效益和社会效益。

（1）1977 年研发的矿产勘探方面的专家系统 PROSPECTOR 拥有 15 种矿藏知识，可以根据岩石标本以及地质勘探数据估计和预测矿藏资源。该系统还能够对矿床分布、存储量及开采价值等进行推断，甚至可以针对特定的矿床特点提出一些合理化的开采建议，初步实现一些决策支持系统的功能。在实际应用中，PROSPECTOR 系统成功找到了价值超过 1 亿美元的钼矿。

（2）斯坦福大学 1978 年开发完成的 MYCIN 专家系统能识别 51 种病菌，正确处理 23 种抗生素，可协助医生诊断、治疗细菌感染性血液病，为患者提供最佳处方。该系统成功处理了数百个病例，显示出较高的医疗水平。

（3）1980 年，卡内基-梅隆大学为 DEC 公司设计的 XCON 专家系统正式投入工厂使用。XCON 包含超过 2500 条设定好的规则，是一个完善的专家系统。它能够根据用户要求确定计算机的配置，由人类专家做这项工作一般需要 3 小时，而 XCON 系统只需要 0.5 分钟。后续几年，该系统处理了超过 80 000 个订单，准确度超过 95%。

鉴于 XCON 取得的巨大商业成功，20 世纪 80 年代，2/3 的世界 500 强公司开始开发和部署各自领域的专家系统。据统计，1980—1985 年期间，超过 10 亿美元投入人工智能领域，它们大部分用于企业内的人工智能部门，因此涌现出众多人工智能软硬件公司。

专家系统的成功使人们越来越清楚地认识到知识是智能的基础，对人工智能的研究必须以知识为中心进行。由于对知识的表示、利用及获取等研究取得了较大的进展，特别是对不确定性知识的表示与推理取得了突破，因此建立了主观贝叶斯理论、确定性理论、证据理论等，对人工智能中的模式识别、自然语言理解等领域的发展提供了支持，解决了许多理论及技术上的问题。但是，随着人工智能的应用规模不断扩大，专家系统存在的应用领域狭窄、缺乏常识性知识、知识获取困难、推理方法单一、缺乏分布式功能、维护成本高、难以与现有数据库兼容等问题逐渐暴露出来。而这些专家系统和知识工程领域中出现的技术难题，驱动着人工智能在其他方向上不断发展。

1.2.3　学习期

21 世纪初至今，人工智能进入学习期，尤其是深度学习的突破，标志着人工智能进入了新的发展阶段。这一时期的核心是通过大数据驱动的深度学习技术，使人工智能从"制造"智能转向"习得"智能。2006 年，针对反向传播（Backpropagation，BP）学习算法训练过程存在严重的梯度消失现象、局部最优化和计算量大等问题，杰弗里·辛顿（Geoffrey Hinton）等根据生物学的重大发现，提出了著名的深度信念网络（Deep Belief Networks，DBN）。该网络通过模拟人脑的神经网络结构，能够自动从大量数据中学习特征和模式，从而实现对复杂任务的高效处理。深度信念网络提出后，迅速取得重大进展，解决了人工智能界努力了很多年仍没有取得突破的问题。2012 年，多伦多大学在基于 ImageNet 图像数据集举办的视觉识别挑战赛上设计了深度卷积神经网络算法，这被业内认为是深度学习革命的开始。该成果不仅极大地提高了图像识别的准确率，还推动了计算机视觉技术在自动驾驶、安防监控、医疗影像诊断等领域的广泛应用。2016 年，谷歌公司开发的 AlphaGo 战胜世界围棋冠军李世石，展示了人工智能在复杂决策任务中的强大能力，更引发了全球对人工智能技术的高度关注。目前，深度学习已经在博弈、主题分类、图像识别、人脸识别、机器翻译、语音识别、自动问答、情感分析等方面取得了突出的成果，被广泛应用于科学、商业和政府等多个领域。

深度学习理论本身也不断取得重大进展。针对广泛应用的卷积神经网络（Convolutional Neural Network，CNN）训练数据需求大、环境适应能力弱、可解释性差、数据分享难等不足，2017年10月，辛顿等进一步提出了胶囊网络。其工作机理比CNN更接近人脑的工作方式，能够发现高维数据中的复杂结构。2019年，牛津大学博士生科西奥雷克（Adam R. Kosiorek）等提出了堆叠胶囊自动编码器（Stacked Capsule Auto-Encoder，SCAE）。深度学习创始人、图灵奖得主辛顿称赞它是一种非常好的胶囊网络新版本。

近年来，生成式对抗网络（Generative Adversarial Network，GAN）、Transformer模型和大规模预训练模型（如GPT系列）等新技术不断涌现，推动了人工智能在各个领域的广泛应用。学习期的研究不仅极大地提高了人工智能的性能，还使得人工智能更加智能化和自主化。

1.3 人工智能分类

在人工智能的研究与应用中，分类是理解其多样性和复杂性的重要方式。根据智能的表现形式和技术特点，人工智能可以分为计算智能、感知智能和认知智能。从智能水平的角度，人工智能还可以分为弱人工智能和强人工智能。这些分类方式既可以辅助理解人工智能的能力边界，也为后续探讨其技术实现与应用场景提供清晰的框架。下面详细分析这些类别的内涵及其在人工智能发展中的重要作用。

1.3.1 计算智能、感知智能和认知智能

在人工智能的研究与应用中，根据智能的表现形式和技术特点，人工智能的发展可以分为"计算智能""感知智能""认知智能"三个阶段，分别对应数据处理与优化、环境感知与信息提取以及高级思维与推理能力。三者在核心能力、依赖技术、应用场景等方面的对比如表1.1所示。

表1.1 计算智能、感知智能、认知智能的对比

特　　点	计算智能	感知智能	认知智能
核心能力	数据处理、模式识别、优化问题	环境感知、信息提取、与现实世界交互	学习、推理、决策、理解抽象概念
依赖技术	神经网络、模糊逻辑、进化算法	计算机视觉、语音识别、传感器技术	自然语言处理、知识图谱、推理引擎
主要功能	解决复杂计算问题，优化资源分配	识别图像、语音、环境信息	理解语言、推理逻辑、做出决策
应用场景	路径规划、金融预测、工业优化	自动驾驶、智能监控、语音助手	智能对话系统、医疗诊断、金融分析
与人类智能的对应	模拟人类的计算和适应能力	模拟人类的感知能力（视觉、听觉等）	模拟人类的思维和推理能力
技术成熟度	技术成熟，已广泛应用	技术较为成熟，正在快速发展	部分技术成熟，高级认知能力仍在研究中
示例	遗传算法优化物流路线、神经网络预测股票	人脸识别、语音助手、自动驾驶感知系统	ChatGPT、医疗诊断系统、知识图谱推理

1. 计算智能

计算智能是人工智能的一个重要分支，主要关注通过数学模型和算法模拟人类的计算和适应能力，处于人工智能的初级阶段。它依赖数学、统计学和优化技术，能够处理复杂、非线性和不确定性问题。计算智能的核心技术包括神经网络、模糊逻辑、进化算法和群体智能等。这些技术使计算机能够从数据中学习模式，优化解决方案，并在动态环境中自适应调整。例如，遗传算法通过模拟生物进化过程解决优化问题，而神经网络则通过模拟人脑的神经元结构实现模式识别和预测分析。计算智能在路径规划、资源分配、金融预测等领域展现了强大的应用潜力，为人工智能的进一步发展奠定了坚实基础。

2. 感知智能

感知智能是指通过传感器和数据输入感知环境，并从中提取有用信息的能力。它模拟了人类的视觉、听觉、触觉等感知能力，使机器能够与物理世界进行交互。感知智能的核心技术包括计算机视觉、语音识别和传感器数据处理等。例如，计算机视觉技术使机器能够识别图像中的物体、人脸或文字，而语音识别技术则使机器能够理解和生成人类语言。感知智能在自动驾驶、智能监控、语音助手等领域得到了广泛应用，极大地提升了机器在现实环境中的适应能力和实用性。通过感知智能，人工智能系统能够更自然地与人类和环境互动，为实现更高层次的智能奠定了基础。

3. 认知智能

认知智能作为人工智能的高级阶段，赋予机器主动思考与理解的能力。它无须人类预先编程，就能实现自我学习、有目的推理，并与人类自然交互。认知智能不仅依赖数据，还需融合知识与经验，用以处理抽象概念和复杂任务。实现认知智能需借助自然语言处理、知识图谱、推理引擎和深度学习等相关技术。在智能对话系统、医疗诊断、金融分析等领域，认知智能彰显出强大实力，推动人工智能从"感知"迈向"理解"。

认知智能的发展，意味着人工智能正逐步逼近人类思维水平，为通用人工智能（Artificial General Intelligence，AGI）的实现提供有力支撑。当下的大模型技术在记忆和逻辑推理方面存在明显短板，而人类社会中复杂的行为模式与情感交流，更是人工智能难以完全参透和模拟的。

计算智能、感知智能和认知智能分别代表了人工智能在不同方面的能力。计算智能是"数学大脑"，擅长解决复杂问题；感知智能是"感官系统"，让机器能够感知世界；认知智能是"思考大脑"，赋予机器理解和推理的能力。它们共同构成了人工智能的多层次能力体系，为机器从简单计算到复杂决策的进化提供了支持。

1.3.2　弱人工智能、强人工智能

人工智能研究的核心目的在于构造一个智能化的人工系统，利用这一智能系统，可以实现模仿人类完成思考推理和解决问题等高级智能化行为。因此，按照人工智能所致力于构造的这一系统的功能性，可以将人工智能的智能水平分为专注于特定任务的"弱人工智能"和具备通用能力的"强人工智能"。两者在智能水平、应用范围和技术实现上的对比如表1.2所示。

表1.2 弱人工智能、强人工智能的对比

特　点	弱人工智能	强人工智能
定义	专注于特定任务,无法超越设计范围	具备与人类相当的通用智能,能够解决各种问题
智能水平	狭窄、单一领域的智能	广泛、多领域的智能
学习能力	只能在特定任务中学习和优化	能够跨领域学习,并适应新任务
自主意识	无自主意识,仅执行预设任务	具备自主意识和理解能力
通用性	仅适用于特定场景,无法迁移到其他领域	适用于多种场景,具备通用性
创造力	无创造力,依赖预设规则和数据	具备创造力,能够提出新想法和解决方案
应用场景	语音助手、图像识别、推荐系统等	通用问题解决、科学研究、艺术创作等
技术实现	基于规则、机器学习、深度学习等技术	尚未完全实现,需结合认知计算、自主学习等技术
当前发展状态	已广泛应用,技术成熟	尚未实现,处于理论研究阶段
示例	Siri、AlphaGo、自动驾驶	理论上的通用人工智能,如科幻电影中的智能机器人

1. 弱人工智能

弱人工智能,是指在难以造出像人类一样能自主思考、具备自我意识的智能系统时,转而打造在特定方面具备一定智能水平的系统。这类系统无须拥有完整的人类理性功能,却能在特定领域实现一定程度的智能化操作。例如,Siri、Alexa等语音助手,虽能应答问题,执行简单指令,却无法领会对话的深层含义;图像识别软件可识别图像中的物体,却难以理解图像背后的故事。

弱人工智能具有高效、精准的特点,不过缺乏通用性与自主意识。如今,它在日常生活中应用广泛,像推荐算法、自动驾驶、工业机器人等,显著提升了生产效率与生活便捷度,是当下人工智能研究与应用的核心方向。

2. 强人工智能

强人工智能,是指具备与人类相当甚至超越人类通用智能的人工智能系统。它不仅能执行特定任务,还能如人类一般学习、推理,适应新环境并解决各类复杂问题。譬如,强人工智能系统能像人类医生那样诊断疾病,像艺术家一样创作音乐,甚至像科学家一样提出新理论。其核心特征是拥有自主意识与理解能力,能够真正"理解"世界,而非仅仅处理数据。

在人工智能研究初期,研究者们主要聚焦于强人工智能,期望打造出具备人类全部理性思考能力的机器系统。然而,经过实践探索,人们发现强人工智能在技术研发、实现路径以及哲学伦理等层面均遭遇巨大挑战,短期内难以达成目标。而且,一旦强人工智能这种高度"类人"的机器诞生,人类未来发展走向也成为亟待思考的问题。基于此,诸多研究者从开始追求"全面"的强人工智能系统,转向研究"部分"功能智能化的弱人工智能系统。

此外,近年来,部分科学家提出了超人工智能(Artificial Superintelligence,ASI)的概念。超人工智能指的是在几乎所有智能维度上都远超人类的系统。目前该概念尚处于科学假设阶段,相关研究尚未取得实质性突破。

1.4　生成式人工智能

生成式人工智能(Generative Artificial Intelligence,GAI)是人工智能领域中一种具有强大创造力的技术,其核心在于通过对大量数据的学习和理解,生成与训练数据具有相似特征但又全新的内容。与传统的分析式人工智能不同,生成式人工智能不仅能够对输入数据进行分类、识别或预测,还能够自主生成全新的数据样本,从而在内容创作、设计优化、数据增强等多个领域展现出巨大的应用潜力。此外,生成式人工智能还展现了跨模态生成能力,例如将文字转化为图像,或将语音转化为文本。尽管在伦理和质量控制等方面面临挑战,生成式人工智能正在为内容创作、艺术设计、娱乐和教育等领域带来革命性变化,成为人工智能技术的重要前沿。目前,较具代表性的生成式人工智能工具有 DeepSeek、Kimi、ChatGPT、GPT-4、Gemini、星火认知大模型、文心一言、智谱清言等,如表 1.3 所示。

表 1.3　部分生成式人工智能工具示例

工具名称	开发主体	核心能力	适用场景	特　　点
ChatGPT	OpenAI	对话、文本生成、文件解析	写作、学习、编程辅助	功能全面,支持多种语言
GPT-4	OpenAI	高级文本生成、多模态处理	高级写作、研究、复杂任务处理	性能优于 ChatGPT,支持更复杂的任务
文心一言	百度	中文对话、文本生成、PPT 生成	企业办公、本地化内容创作	结合百度搜索,中文处理能力强
Kimi	Moonshot AI	长文本对话、文件解析、搜索	信息查询、长文本处理、知识获取	专为长文本对话设计,支持超长文本输入
DeepSeek	DeepSeek 团队	代码生成、搜索增强、通用对话	编程、人工智能研究、中文问答	中文能力强,代码生成出色
豆包	字节跳动	对话、图片生成、搜索辅助	写作、学习辅助、创意生成	功能丰富,支持多平台使用
通义万相	阿里巴巴	图像生成、创意设计	广告设计、创意生成	专注于图像生成和设计
Midjourney	Midjourney 团队	图像生成	艺术创作、广告设计、游戏开发	生成图像风格多样,艺术感强
腾讯智影	腾讯	数字人播报、视频生成、内容创作	视频制作、创意生成	支持多种视频风格和内容生成
Runway	Runway 团队	视频生成、创意设计	视频制作、创意生成	支持人工智能驱动的视频和图像编辑

1.4.1　生成式人工智能的基本原理

生成式人工智能在实现原理方面主要涉及如下技术。

1. Transformer 模型

2017 年,谷歌公司提出的 Transformer 模型堪称近年来神经网络领域的重大突破。当下主流的 ChatGPT、"双子座"等生成式人工智能大模型,均以 Transformer 模型为基础展开训练。从本质上讲,Transformer 是一种深度神经网络模型,它运用编码器-解码器架构,引入自注意力机制,这一创举大幅提升了模型性能,使其在处理长文本、捕捉文本间关系方面表现卓越。

Transformer 的编码器部分主要由两个关键子层构成。其中,自注意力子层负责计算输入序列中不同位置间的依赖关系结构,并完成特征表示;全连接前馈神经网络子层则对新生成的特征表示进一步加工,最终生成表征向量。其解码器部分的基本架构与编码器类似,但在输出环节新增了多头注意力层。此外,为实现模型仅关注前文内容进行语言模型学习,避免信息泄露,还特别设置了掩码机制。

2.思维链技术

思维链这一概念由谷歌研究人员 Jason Wei 提出,它是一项在小样本提示学习中,通过插入一系列具有前后逻辑关联指令提升语言模型推理能力,助力完成复杂推理任务的技术。在 ChatGPT 等生成式人工智能大模型里融入思维链技术,将复杂任务巧妙拆解为多个包含中间步骤的子任务。每一个中间步骤都由一个相对简易的指令输入引导,模型依据前一步骤的结果,结合当前问题的具体要求推断出下一步骤的执行方向。

引入思维链技术后,提示词模式从原本单纯的"问题-答案"转变为"输入问题-思维链-答案"。这种转变有助于提高复杂任务推理时的准确性。在思维链技术支撑下,生成式人工智能可以嵌入自然语言形式的推理步骤,能够参考人类解决问题的思维方式,通过逐步推理大幅提升内容生成的准确性,有效规避在内容生成过程中可能出现的捏造事实、数据偏见等潜在风险,推动生成式人工智能朝着更精准、更可靠的方向发展。

3.人类反馈强化学习

强化学习隶属于机器学习范畴,不需要完备的监督数据,而是借助智能体与环境间的交互来学习最优策略。这一学习过程通常涵盖环境、智能体以及奖励这三大关键要素。人类反馈强化学习则是在有监督微调的前提下运用强化学习算法,以提升对话回复质量。该方法会训练一个能够反映人类期望、对回答进行评估的奖励模型,由于这种强化学习纳入了人工干预产生的奖励,因而被称作人类强化反馈学习。作为生成式人工智能大模型实现人类意图理解与内容生成的核心技术,在强化学习框架内,人类反馈强化学习包含奖励模型训练和生成策略优化这两个阶段。

生成式人工智能的显著优势,体现在其卓越的泛化能力与强大的创造力。通过对海量数据的深度学习,模型能够精准捕捉数据中的复杂模式与规律,并以此为基础生成全新内容。这一特性使其在内容创作、艺术设计、科学研究等众多领域展现出极为广阔的应用前景。不过,生成式人工智能也面临着诸多挑战,例如生成内容的可控性难以保障、真实性存疑以及版权归属界定不清等问题。但随着技术持续迭代升级,这些难题正逐步攻克。可以预见,在未来,生成式人工智能有望为人类社会创造更为丰厚的价值。

1.4.2 生成式人工智能的应用场景

1.文本生成

文本生成是生成式人工智能最早实现突破且应用极为广泛的领域之一。基于深度学习模型,特别是像 GPT 系列这类基于 Transformer 架构的语言模型,生成式人工智能能够依据用户输入的提示或指令产出高质量的文本内容。在实际应用中,新闻媒体机构可借助文本生成技术迅速生成新闻初稿,大幅提升新闻生产效率;教育机构能利用文本生成模型打造个性化学习材料,满足不同学生的学习需求;作家与创意工作者则可以通过文本生成工具获取灵感，加快创作进程。此外，生成式人工智能生成的文本还可用于新闻撰写、格式文本创作、风格改写以及聊天对话等诸多方面。

在文本生成的应用中，模型的上下文理解和语言生成能力至关重要。生成式人工智能能够根据输入的上下文信息生成连贯、逻辑清晰且符合语言习惯的文本。例如，当输入"在一个阳光明媚的早晨，……"时，模型可以生成"在一个阳光明媚的早晨，温暖的阳光透过轻薄的窗帘洒在房间里，空气中弥漫着一丝清新的花香。鸟儿在窗外的树枝上欢快地歌唱，仿佛在迎接新的一天。我伸了个懒腰，从床上坐起身，感受着这份宁静与美好。今天，似乎注定是一个充满希望的日子……"这样的描述性文本（图1.8）。这种能力使得文本生成技术在广告文案创作、社交媒体内容生成等领域也具有广泛的应用前景。

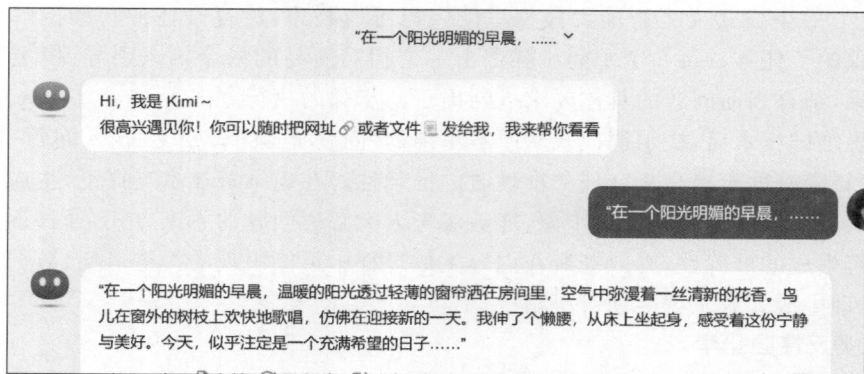

图 1.8　Kimi 生成文本示例

2. 图像生成

图像生成是生成式人工智能在视觉领域的重要应用之一。通过深度学习模型，尤其是 GAN 和扩散模型，生成式人工智能能够根据用户输入的文本描述或条件生成高质量的图像。例如，用户可以输入"一只在森林中奔跑的白色独角兽，阳光透过树叶洒在地上"这样的描述，模型能够生成符合这一描述的图像（图1.9）。这种能力使得图像生成技术在艺术创作、游戏设计、虚拟现实等领域具有巨大的应用潜力。在图像生成的应用中，模型的细节表现能力和风格控制能力尤为重要。例如，Stable Diffusion 等模型能够根据用户输入的文本提示生成具有不同风格和细节的图像，从写实风格到卡通风格，从油画到水彩画，都可以通过调整文本提示来实现。

图 1.9　通义万相生成图像示例

3. 视频生成

视频生成是生成式人工智能在多媒体领域的一个新兴应用方向。通过深度学习模型，尤其是基于 GAN 和扩散模型的视频生成技术，生成式人工智能能够根据用户输入的文本描述、脚本或条件生成高质量的视频内容。例如，用户可以输入"一只小狗在草地上追逐蝴蝶，时长为5秒"，模型能够生成符合这一描述的视频（图1.10）。这种能力使得视频生成技术在广告制作、教育教学等领域具有巨大的应用潜力。具体而言,在广告制作中,生成式人工智能能够根据广告目标和受众需求快速生成视频广告,降低制作成本,缩短制作周期。在教育领域,生成式人工智能可以根据教学大纲和知识点生成教育视频,帮助学生更直观地理解学习内容。此外,视频生成技术还被应用于短视频创作、影视制作、虚拟现实等领域,为内容创作者提供了更多的创作可能性。在视频生成过程中,不仅需要生成每一帧的图像内容,还需要确保这些帧之间的时间连贯性,以形成流畅的视频效果。例如,一些视频生成模型可以通过对视频帧的时空特征进行建模,生成具有自然过渡效果的视频。当然,视频生成技术也可以用于视频内容的修复和增强,帮助修复老电影或提升视频的画质。

图 1.10 即梦 AI 生成视频示例

4. 代码生成

代码生成是生成式人工智能在软件开发领域的一个新兴应用方向。通过深度学习模型,尤其是基于 Transformer 架构的代码生成模型,生成式人工智能能够根据用户输入的自然语言描述或代码注释生成高质量的代码片段。例如,用户可以输入"编写一个 Python 函数,用于计算两个数的平均值",模型能够生成符合这一描述的代码片段(图 1.11)。这使得生成式人工智能在软件开发、教育和编程辅助等领域具有巨大的应用潜力。值得注意的是,代码生成模型需要能够生成语法正确且逻辑清晰的代码,还需要确保代码的可读性和可维护性。例如,一些代码生成模型可以通过对代码的语义特征进行建模生成高质量的代码片段。此外,代码生成技术还可以用于代码补全和代码优化,帮助开发者提高编程效率。

5. 辅助阅读

辅助阅读是生成式人工智能在教育和信息获取领域的一个重要应用方向。通过深度学习模型,如智谱清言和讯飞智文,生成式人工智能能够根据用户输入的文本内容生成摘要、解释、翻译或问题回答。例如,用户可以输入一篇长篇文章,模型能够生成简洁的摘要,帮助用户快速了解文章的核心内容(图 1.12)。这种能力使得辅助阅读技术在教育、学术研究和信息检索等领域具有广阔的应用前景。

6. PPT 生成

PPT 生成是生成式人工智能在办公自动化和教育领域的新兴应用。通过自然语言处

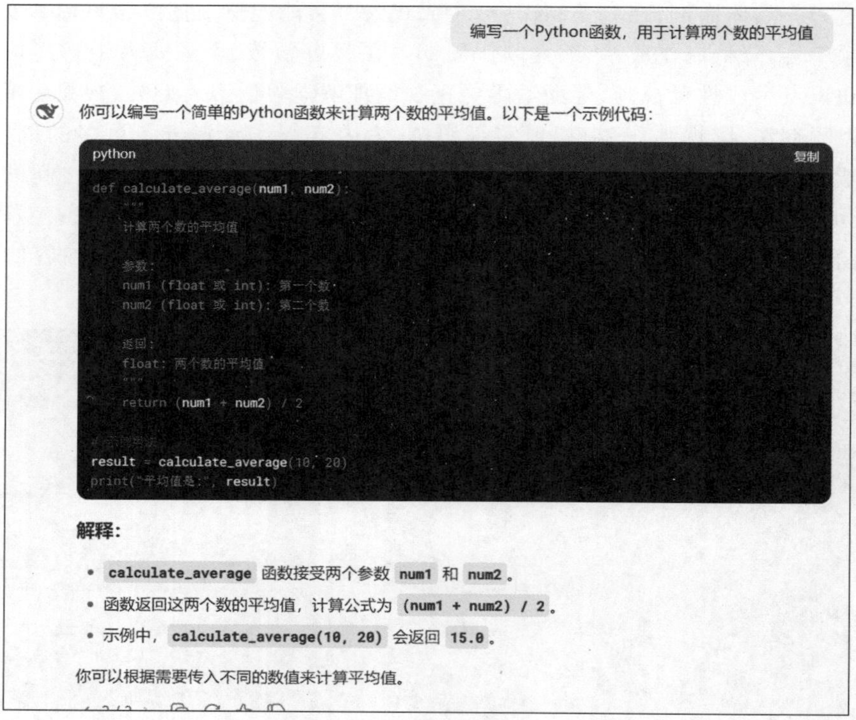

图 1.11 DeepSeek 生成代码示例

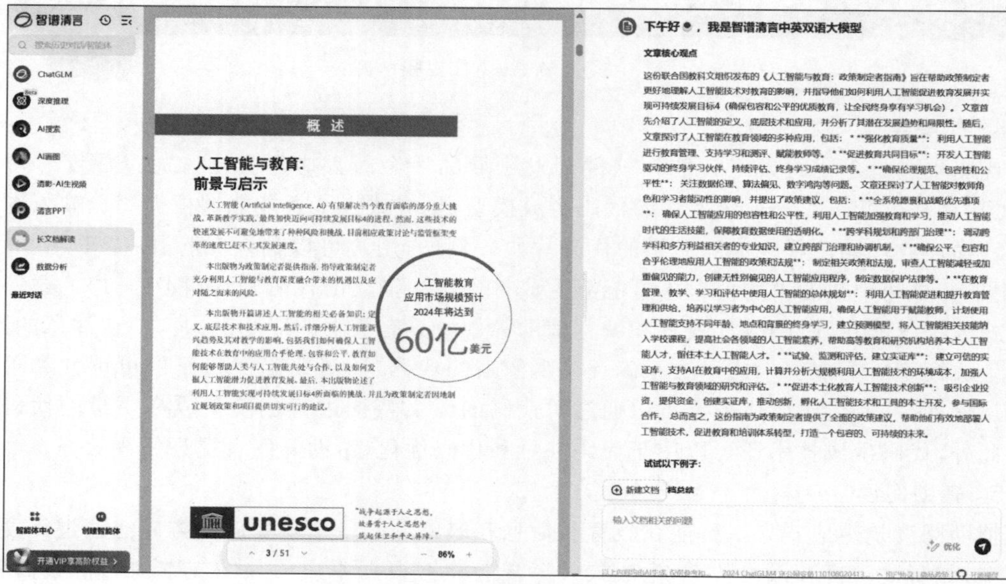

图 1.12 智谱清言辅助阅读示例

理和图像生成技术,生成式人工智能可以根据用户输入的主题、内容大纲或文本素材快速生成结构完整、视觉美观的 PPT 演示文稿。这不仅节省了用户设计和排版的时间,还能提供多种风格和模板供用户选择,使得演示文稿的制作更加高效和专业。例如,用户只需输入

"人工智能发展历程及应用场景",人工智能就能一键生成内容大纲并辅助完成 PPT 的设计制作(图 1.13)。在企业汇报、教育培训、学术演讲等场景中,生成式人工智能生成的 PPT 能够帮助用户更高效地准备演示材料,提升信息传达的效果。此外,PPT 生成技术还可以根据不同的受众需求和场景风格进行个性化定制,进一步拓展了应用范围。

图 1.13　讯飞智文生成 PPT 示例

1.5　人工智能的发展趋势

1.5.1　技术发展趋势

在当下科技迅猛发展的时代浪潮中,人工智能作为驱动科技革命的核心力量,正以令人瞩目的速度全方位推动社会进步。我国高度重视人工智能发展,将其提升至国家战略的关键层面,相继出台一系列极具针对性与前瞻性的重要政策,大力鼓励人工智能领域的创新突破与产业升级。例如,《新一代人工智能发展规划》清晰擘画了到 2030 年我国新一代人工智能发展的"三步走"战略蓝图,从夯实基础到实现重大技术突破,再到最终成为世界主要人工智能创新中心。在这些强有力的政策支持下,人工智能行业迎来了千载难逢的重要发展契机。

1. 新型机器学习算法的探索

在机器学习领域,新型算法的探索从未停止。从传统的线性回归、逻辑回归到复杂的深度学习模型,如卷积神经网络、循环神经网络(Recurrent Neural Network,RNN)以及长短期记忆网络(Long Short-Term Memory,LSTM)等,AI 算法的不断创新推动着技术边界的拓展。可以预见,未来会出现更多新型机器学习算法,如基于 Transformer 架构的变体、更高效的多模态学习算法以及能够解决长期依赖和复杂决策问题的强化学习算法等。这些新型算法将进一步提升人工智能模型的性能,使其在图像识别、语音识别、自然语言处理、自动驾驶等任务中表现得更加精准和高效。

2. 从感知智能向认知智能的演进

感知智能使机器具备视觉、听觉、触觉等感知能力，将多元数据结构化，并以人类熟悉的方式沟通和互动。当前，人工智能正朝着"感知智能"向"认知智能"转化的方向发展，这是新一代人工智能的重要趋势。我国在语音助手领域已经取得了显著成就，例如微软小娜、中国移动和科大讯飞联合打造的灵犀语音助手、小米旗下的小爱语音等。以科大讯飞为例，其在语音合成、语音识别、机器翻译、图像识别等国际大赛中获得了6项世界冠军，在人工智能领域树立了技术自信和民族自信。未来，人工智能将结合跨领域知识图谱、因果推理、持续学习等技术，建立稳定获取和表达知识的有效机制，使机器能够更好地理解和运用知识，实现从感知智能到认知智能的关键突破。

3. 量子计算与人工智能的融合

量子计算，这一利用量子力学原理进行高速计算的革命性技术，正逐步与人工智能深度融合，有望开启计算与智能的全新超高速时代。量子计算的并行处理能力能够极大地提升人工智能模型的训练速度和精确度，为深度学习、机器学习等领域带来前所未有的计算能力。随着量子计算技术的不断成熟和商业化应用，可以预见人工智能模型在处理复杂问题、优化算法、加速数据分析等方面的能力将得到质的飞跃。这种融合不仅将推动人工智能技术的边界拓展，更将深刻改变众多行业，如医疗健康、金融、能源与环境等，带来革命性的变革。

4. 多智能体协同的群体智能成为可能

多智能体系统（Multi-Agent System，MAS）是由多个智能体组成的集合，其目标是将大而复杂的系统建设成小而彼此互相通信协调的易于管理的系统。未来，5G、城际高速铁路及轨道交通、大数据中心、人工智能等新型基础设施的持续快速建设，将进一步促进人工智能行业的快速发展。多智能体协同带来的群体智能将进一步放大多智能体系统的价值。例如，无人驾驶车利用大规模智能交通灯的动态信息实时调度数据，实现全局路况规划；群体无人机协同将高效打通配送最后一公里。

5. 脑机接口技术的发展

脑机接口（Brain-Machine Interface，BCI）技术作为连接人类大脑与外部设备的信息桥梁，近年来取得了显著进展。从无创到侵入性更小的设备，从简单的信号记录到高效的控制与通信，BCI技术正逐步走向成熟。随着神经科学、材料科学、电子工程等多学科的交叉融合，BCI技术将在辅助残障人士、远程控制机器人、脑波测量、娱乐以及更多创新应用方面实现突破。特别是随着埃隆·马斯克创立的Neuralink正以前所未有的姿态重塑人类与技术的交互方式，未来，BCI技术有望为瘫痪患者提供新的康复手段，甚至帮助盲人重见光明，开启人机交互新纪元。

1.5.2　潜在应用领域

1. 金融领域

人工智能在金融领域的应用广泛且深入，涵盖了财务风险评估、财务报表分析、投资决策和智能客服等多个方面。

（1）财务风险评估。

通过机器学习和数据分析，金融机构能够更精准地评估信用风险和市场风险。例如，银行如果希望提高其信用风险评估的准确性,减少不良贷款和违约风险,可以采用机器学习模型,利用客户收入、信用评分、还款记录等历史贷款数据训练模型。通过特征工程,模型能够识别出影响信用风险的关键因素,更准确地预测客户的违约概率,调整贷款利率和额度,进而显著降低不良贷款率。此外,投资公司也可以利用人工智能更好地管理其投资组合的市场风险,以应对市场波动。如投资公司可以采用时间序列分析和机器学习模型分析股票价格、利率、汇率等市场历史数据,预测未来市场走势和潜在风险。通过模型预警,公司能及时调整投资策略,减少市场波动带来的损失。

（2）财务报表分析。

人工智能可以不知疲倦地处理大量重复、烦琐的财务工作,如数据录入、报表生成等。它的处理速度远远超过人类,能够在短时间内完成复杂的计算和分析任务。以每月的财务报表编制为例,传统方式需要财务人员花费数天时间,而借助人工智能工具,只需几个小时就能完成,大大提高了工作效率及准确性。

（3）投资决策。

人工智能技术通过分析大量的消费者数据,能更准确地评估个人或企业的信用风险。通过机器学习算法,人工智能可以识别出传统方法难以察觉的风险模式,从而提高风险管理的精度和效率。例如,金融公司可以利用人工智能技术分析客户的交易历史、社交媒体活动和其他行为数据,以更全面地评估信用风险。

（4）智能客服。

人工智能通过自然语言处理技术,能够理解客户的查询意图,并提供准确的回答。这些系统能够处理大量的客户咨询,减少人工客服的工作量,提高服务效率。智能客服不仅提升了客户体验,还降低了金融机构的运营成本。它能够理解客户的自然语言输入,识别其意图和情感,并自动回复客户的问题或提供解决方案。此外,智能客服还能收集和分析客户互动数据,提供个性化的服务推荐和解决方案。这一应用显著提高了客服响应速度和问题解决效率,增强了客户的满意度和忠诚度。

2．智能制造领域

在推动智能制造领域发展进程中,人工智能对保障生产连续性与产品质量起着举足轻重的作用。借助实时监控生产设备状态,人工智能技术能够迅速识别故障并精准定位,极大地提高了故障检测的准确性与响应速度,有效减少意外停机时间,延长设备使用寿命,降低维护成本。

在自动化生产线里,传感器负责采集设备运行的温度、压力、振动等多维度数据,为故障诊断构建丰富的信息来源。这些数据随即被传输至中心处理平台,运用深度学习算法加以分析、建模。最终,系统能够识别潜在的故障模式,并依据设备实时状态自动生成维护建议,显著提升了故障检测率,提前了预警时间。经过一段时间运行,该生产线故障停机时间大幅缩短,故障发生率显著降低,生产效率大幅提升。借助智能化手段,生产过程的透明度与可控性显著增强,管理人员得以实时监控设备状态,迅速应对潜在问题,确保生产持续、稳定进行。

此外,人工智能技术在故障诊断中的应用正逐步成为现代制造业的重要构成部分,提供了相较于传统方法更为高效、精准的解决方案。凭借机器学习和深度学习算法,人工智能能够处理海量复杂数据,自动识别设备状态及潜在故障。借助传感器和数据采集技术实时监测生产线运行状况，收集设备多维度数据，为故障诊断提供充足信息。这种以数据驱动的方式使生产线实时监控成为现实，快速应对设备异常情况。在故障预测环节，人工智能通过训练模型，依据历史数据识别潜在故障模式。通过深度研习过往故障案例，人工智能算法提取出与故障相关的特征，从而在设备出现异常时及时预警。这种预测性维护方式不仅减少了停机时间，还最大程度降低了维修成本。与传统依赖经验的模式相比，人工智能在故障诊断中的准确性和响应速度优势明显，有力推动了企业高效运营。

3. 智能教育领域

智能教学系统通过整合人工智能、大数据和自然语言处理技术，为教育提供高效、个性化的解决方案，正悄然改变着传统的教学方式。其核心功能包括智能备课、课堂互动、作业批改、教育评价、个性化学习和教育资源管理等。这些功能不仅减轻了教师的工作负担，还提升了教学效率和质量。例如，AI助教能够根据教学目标自动生成教案和教学资源，智能互动系统可以实时监测学生的学习状态，并提供反馈，而自动批改功能则让教师从繁重的作业批改中解脱出来。通过多维度的教育评价和个性化学习路径，智能教学系统能够满足不同学生的学习需求，显著提升学习效果。随着技术的不断进步，智能教学系统将更加智能化和个性化，为教育的数字化转型提供强大支持。

与此同时，教育机器人在课堂教学中的应用也日益广泛。根据功能和应用场景，教育机器人可分为辅助教学机器人、编程教育机器人、语言教育机器人和科学探究机器人等。这些机器人以独特的功能特点成为教师的得力助手和学生的亲密伙伴。辅助教学机器人通过语音和动作辅助教师讲解知识点，增强课堂互动性；编程教育机器人通过编程任务培养学生的逻辑思维和创造力；语言教育机器人则通过对话练习帮助学生提高语言能力。这些机器人不仅激发了学生的学习兴趣，还通过实践操作和团队协作培养学生的综合能力。例如，在小组协作项目中，学生可以通过编程和设计任务完成机器人操作，提升团队合作能力。教育机器人的融入为课堂教学带来了全新的体验，推动了教育方式的创新。

将教育机器人融入课堂教学，能够显著提升教学效果和学生参与度。教师可以设计互动课程，将机器人编程和设计任务融入教学内容，增强课堂的趣味性和实践性。例如，利用机器人的语音和动作功能辅助知识讲解，能够帮助学生更好地理解抽象概念。此外，通过小组协作完成机器人任务，学生不仅能够提升编程和设计能力，还能够提高团队合作精神和问题解决能力。教育机器人在课堂中的应用，不仅为学生提供了个性化的学习体验，还通过实时反馈和实践操作，提升了学习兴趣和综合素养。随着技术的不断发展，教育机器人将在未来教育中发挥更大的作用，成为推动教育创新的重要力量。

未来，随着人工智能技术的不断进步和完善，智能教学系统和教育机器人在教育领域的应用前景将更加广阔。它们将持续推动教育创新，促进教育公平，让每个孩子都能享受到更加优质、个性化的教育资源。

4. 智能物流领域

智能物流是利用集成智能技术，使物流系统能模仿人的智能，具有思维、感知、学习、推理判断和自行决策物流中某些问题的技术。在智能物流领域，物流路径规划是连接成本控制与效率提升的关键纽带。通过人工智能技术科学的赋能路径规划，企业能够显著减少运输过程中的冗余与浪费，从而降低成本，提升货物的运输效率与准时率，增强客户满意度。

物流路径规划的首要步骤是收集并整合物流网络中的关键数据，包括节点信息、道路信息和货物运输需求等。节点信息(如仓库、配送中心、客户地址)可以通过地理信息系统(GIS)和地图 API 获取,同时结合企业内部的物流信息系统(LIS)和仓库管理系统(WMS)进行精确管理。道路信息(如距离、路况、交通流量)则可以通过地图服务提供商的 API 和车辆上的 GPS 设备实时获取。货物运输需求数据(如货物类型、重量、体积、运输时间要求)则可以通过订单管理系统(OMS)和客户反馈系统收集。

在拥有完整数据的基础上,企业需选择合适的算法进行路径规划。图论算法和启发式搜索算法是常用的工具。图论算法,如 Dijkstra 算法和 A* 算法,是解决最短路径问题的经典方法。Dijkstra 算法适用于非负权重的图,通过逐步扩展最短路径树找到从起点到所有其他节点的最短路径。A* 算法则通过引入启发式函数,结合当前节点的实际代价与实现目标的估计代价引导搜索方向,加速找到最优路径。对于更复杂、多变的物流场景,基于启发式搜索的智能优化算法,如遗传算法和模拟退火算法,展现出更强的适应性。遗传算法模拟生物进化过程,通过选择、交叉、变异等操作迭代优化路径解集。模拟退火算法则借鉴物理学中的退火过程,通过概率接受较差解,避免陷入局部最优,逐步逼近全局最优解。路径规划步骤包括建模、数据准备、算法选择与实现、路径生成以及结果评估与调整。通过这些步骤,企业能够生成满足所有约束条件的最优或近似最优路径,实现资源的最优配置和运输效率的提升。

总之,物流路径规划在智能物流领域扮演着至关重要的角色。通过精准的数据收集、高效的算法应用及持续的优化策略,企业能够显著降低物流成本,提升运输效率,而人工智能技术在这一过程中可以提供极大的助益。随着人工智能技术的不断进步,未来物流路径规划将更加智能化,实现更大的变革和发展。

5. 市场营销领域

在数字化浪潮中,数据分析和人工智能技术为市场营销注入了新的活力。它们不仅提升了市场细分的精度,还深化了客户需求的理解,为营销效果评估提供了科学依据。

市场细分是营销策略制定的关键。通过深入的数据分析,企业能够挖掘出数据背后的规律,识别出具有相似特征和行为模式的消费者群体,从而进行更有针对性的营销。比如,某电商平台通过分析用户的浏览、购买和互动数据,将客户细分为时尚追求者、性价比敏感型和科技爱好者等,从而制定出更符合各群体需求的营销策略。

在客户需求分析方面,人工智能展现了强大的能力。通过关联规则挖掘、机器学习算法等技术,企业能够深入分析客户购买历史数据,发现商品之间的关联关系,从而用于交叉销售和捆绑销售。20 世纪 90 年代,美国零售巨头沃尔玛的营销人员分析销售数据时,发现了一个令人惊讶的现象:每周五晚上,啤酒和尿布的销量都会出现同步增长。起初,这个发现令人费解,因为啤酒和尿布似乎是毫无关联的商品。但是沃尔玛的分析师们利用数据挖掘技术对销售数据进行了更深入的分析。沃尔玛发现:购买啤酒和尿布的顾客多为男性,且购买时间多为周五晚上。经过调查发现,这些年轻男性通常会在周末照顾孩子,而购买尿布是他们周末购物清单的一部分。同时,他们也会顺便购买啤酒,以便在周末放松。基于以上发现,沃尔玛的分析师们利用关联规则挖掘算法,发现了啤酒喝尿布之间的强关联规则。这意味着,购买尿布的顾客有很大概率也会购买啤酒。这一看似不相关的产品组合,实际上反映了年轻父亲在周末购物时的真实需求。基于这一发现,零售商调整了商品摆放策略,将啤酒和尿布放置在相近的区域,结果显著提升了销售额。

数据分析在营销效果评估中同样发挥着重要作用。企业通过设定点击率、转化率、客户获取成本等关键绩效指标（KPI），利用数据分析工具实时监控这些指标，从而及时调整营销策略。这种数据驱动的评估方式使得营销活动更加高效、精准。

此外，在现代市场营销中，客户关系管理系统（CRM）已成为企业不可或缺的工具。它是指利用软件、硬件和网络技术，为企业建立一个客户信息收集、管理、分析和利用的信息系统。随着人工智能技术的融入，CRM系统变得更加智能化，为企业提供了更深入、更精准的客户管理能力。比如，在CRM系统中，通过分析客户的历史交易数据、互动行为、反馈意见等多维度信息，人工智能算法可以识别出潜在的流失风险客户。人工智能技术也可以深入挖掘客户数据，包括购买历史、浏览记录、偏好设置等，从而为客户提供量身定制的产品或服务推荐。这种个性化推荐不仅提升了客户的购物体验，还增加了销售机会。通过客户流失预测和个性化推荐等人工智能应用，CRM系统实现了真正意义上的数据驱动营销。企业不再依赖主观判断或传统经验，而是基于真实、全面的数据分析来制定营销策略。这种数据驱动的方法确保了营销活动的精准性和有效性，从而提升了整体营销效果。

数据分析和人工智能技术在市场营销中的应用不仅能提升市场细分的精度，深化客户需求的理解，还能为企业提供科学、高效的营销效果评估手段。随着技术的不断进步，这些应用将更加广泛和深入，推动市场营销进入一个新的时代。

6. 音乐创作与表演领域

人工智能在赋能音乐创作与表演方面表现出强大的潜力。通过深度学习模型实现自动作曲，降低了音乐创作的门槛，使普通人也能参与专业创作。目前已有众多人工智能作曲平台及工具，如Magenta、Suno、天工SkyMusic等，它们在音乐生成、风格迁移、音乐补全等方面表现优异。人工智能作曲技术通过深度学习模型实现，通过多层级的机器学习辅以海量的训练数据，使机器获得学习并提取目标的有效特征，从而实现音乐创作。例如，谷歌公司的Magenta项目是一个开源的深度学习音乐项目，由Google Brain团队负责主要开发，旨在提供预设好的音乐人工智能模型样例，以便用户进行音乐创作。Magenta系统的音乐处理方案非常完备，对于MIDI等数字化音乐媒介有着极高的适配性。

人工智能在音乐创作中的实际应用包括音乐生成、风格迁移和智能伴奏。例如，OpenAI公司的MuseNet可以根据用户的输入生成配乐，涵盖多种风格，包括古典、爵士甚至流行音乐。AI还能够将一种风格的音乐转换为另一种风格，例如，将巴赫的音乐转换为现代流行音乐。这种能力使得音乐创作具有了更多的创新性。一些著名的项目展示了深度学习在音乐创作中的成功应用，如谷歌公司的Magenta项目，旨在推动机器学习与创意艺术的结合，利用深度学习技术来生成各种音乐作品。此外，索尼公司的FlowMachines项目通过分析艺术家的创作风格，帮助他们创作出全新的音乐作品，甚至曾参与制作了由人工智能生成的热门歌曲*Daddy's Car*。

总之，人工智能技术的发展对音乐创作和音乐表演产生了巨大的影响。比如，在创作民主化方面，人工智能工具降低了音乐创作的门槛，使更多人能够参与音乐创作，无论其是否具备专业音乐知识；在效率提升方面，人工智能能够快速生成旋律、和声和伴奏，大幅缩短创作和制作时间；在风格创新方面，人工智能能够融合不同音乐风格，创造出传统音乐家难以想象的新颖作品；在表演增强方面，智能伴奏和节奏纠正技术使音乐表演更加精准和多样化，同时降低了表演的技术门槛；在人机协作方面，人工智能不是取代音乐家，而是作为创作和表演的合作伙伴,帮助音乐家实现更高水平的艺术表达。

7.体育训练与竞赛领域

随着传感器技术和人工智能的快速发展,体育领域正在经历一场革命。通过传感器采集运动数据,并结合人工智能进行深度分析,运动员在训练效果评估、运动损伤预测和比赛策略制定等方面的数据都显著提升。上述技术在体育与竞赛领域大致可实现如下应用。

（1）运动数据的采集。

包括压力传感器、光学传感器、微机电系统传感器以及可穿戴设备(图1.14)等在内的传感器能够精准捕捉运动员的运动数据,如运动员的生物电信号、肌肉活动、动作轨迹等。这为后续数据分析提供了基础,在体育竞技中发挥着至关重要的作用。比如,跳高运动员可以通过嵌入运动服中的微机电系统传感器精确捕捉每次跳跃的高度和距离数据,进而实时调整姿势和技巧;在足球、篮球等运动中,通过在球上安装传感器可以追踪球的轨迹、速度和旋转情况。

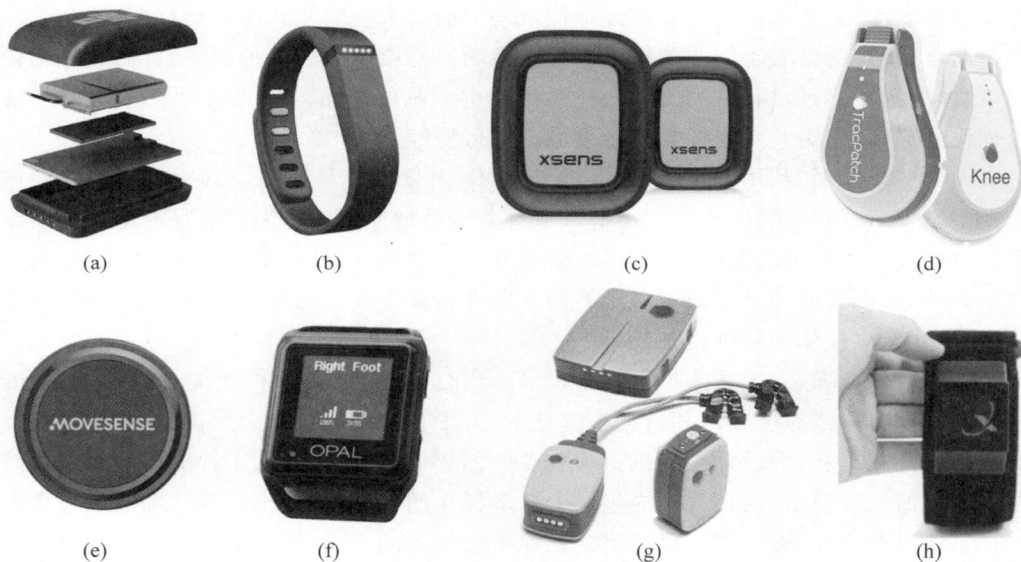

图1.14　商业可穿戴设备

（2）数据分析与运动效果评估。

通过收集到的运动数据,教练和数据分析师可以评估运动员的训练效果,从而优化训练计划。比如,通过分析运动员的心率、速度等数据可以计算出训练负荷,确保运动员在适当的负荷下训练,避免过度训练或训练不足。根据运动员的体能、技能水平以及训练目标,数据分析可以生成个性化的训练建议,帮助运动员更有效地提升表现。通过对比运动员在不同时间段的数据,可以评估其技能提升情况,如跑步速度、投篮命中率等。

（3）运动损伤预测与预防。

利用人工智能进行数据分析可以自动识别运动员的表现模式,甚至预测未来的训练效果和潜在的伤病风险。比如,通过分析运动员的动作模式,可以识别出可能导致损伤的不正确姿势或过度使用某些肌肉群的情况。利用生物力学传感器收集的数据,可以评估运动员的关节活动度、肌肉力量等,从而预测潜在的损伤风险。此外,基于数据分析,可以开发预警系统，当运动员的某些运动参数达到危险阈值时，系统会发出警告，提醒教练和运动员采取措施预防损伤。

（4）比赛策略制定。

充分分析传感器采集到的运动数据也可以辅助制定和优化比赛策略。比如，通过分析对手的比赛数据，可以了解他们的战术特点、强项和弱点，从而制定针对性的比赛策略。利用历史数据和模拟算法可以模拟比赛过程，预测不同策略下的比赛结果，帮助教练和运动员做出更明智的决策。在比赛中，通过实时收集和分析运动员的数据，可以及时调整战术和策略，以应对比赛中的变化。

总之，人工智能在体育领域的应用不仅提高了训练的效率和科学性，还有助于预防运动损伤，优化比赛策略，显著提升运动员的整体表现和竞赛水平。

8. 美术创作与设计领域

人工智能在美术创作与设计领域的应用，特别是在风格迁移、图像生成、平面设计以及工业设计等方面，为艺术创作者和设计师们带来了前所未有的便利与创新空间。

在风格迁移方面，人工智能能够将一种图像的风格应用于另一种图像。例如，将一幅画的风格（如油画风格）应用于一张照片，让照片具有油画的艺术效果。这种技术不仅丰富了艺术创作的形式，还为艺术家提供了更多的创意可能性。

在图像生成方面，利用 GAN 等人工智能技术，可以生成具有高度真实感的图像。这种技术在电影特效、游戏设计、虚拟现实等领域有着广泛的应用。它能够满足电影特效制作中对大量奇幻或逼真场景画面的需求，提高游戏开发的效率，以及让虚拟现实场景更加真实和丰富。此外，人工智能还可以根据一定的输入条件自动生成人物或场景等艺术作品，为艺术家提供灵感，或直接作为一种创作成果。

在平面设计方面，人工智能可以辅助设计师进行创意构思、素材搜集与整合、色彩搭配与调整等工作。通过深度学习和数据挖掘技术，人工智能能够分析大量设计案例，识别出潜在的设计模式和趋势，为设计师提供更为客观的创作依据。同时，人工智能还能通过自然语言处理和图像生成技术，在短时间内生成大量多样化的创意方案，丰富设计师的灵感来源。

在工业设计方面，人工智能可以实现快速搭建场景的功能，快速搭建绘画场景或三维建模场景，节省创作时间。同时，还能实现自动化的美术流程，将美术创作中的各个环节进行智能化整合，提高整个创作流程的效率。

此外，数字技术和人工智能可以自动化处理一些烦琐的设计任务，如图像去噪、补全缺失部分等，减轻设计师的工作负担，提高创作效率。智能化设计平台也可以实现多人实时在线协作，提升信息共享的效率和透明度。总之，数字技术和人工智能的引入打破了传统美术创作和设计的边界，使得创作空间更加广阔。艺术家和设计师可以利用数字技术进行跨界融合，将不同艺术门类的元素融合在一起，创造出全新的艺术形式。

9. 智能体

智能体是能感知环境信息，依此自主决策并行动，以实现特定目标的实体或程序。像自动扫地机器人靠传感器感知环境，自行规划清扫路线，完成清洁任务；手机里的智能语音助手能听懂指令，做出回应，这两者都是智能体的典型例子。智能体能够感知环境信息、自主决策并行动，以实现特定目标的能力，在多个场景下可以实现广泛应用。

在智能家居场景下，从智能门锁到智能照明，从智能安防到智能电器控制，智能体让家居生活变得更加安全、舒适和便捷。例如,智能门锁能实时同步开门信息到手机,智能照明则可根据光线或人体活动自动调整灯光,而智能安防系统则能实时监测家庭安全状况,确保家庭安全无虞。

在商业服务场景下,智能体同样展现出强大的应用能力。智能客服机器人能够 7×24 小时在线解答客户咨询,提高服务效率;个性化推荐系统则根据用户的购买历史和浏览行为推荐相关的产品或服务,提升销售额和客户满意度。此外,智能机器人顾问在金融、法律等行业也发挥着重要作用,提供个性化的理财建议或法律咨询等服务。

在交通出行方面,智能体的应用更是显著。自动驾驶技术的快速发展,离不开智能体在感知环境、决策行驶路线和控制车辆等方面的关键作用。同时,智能交通管理系统也利用智能体技术实现交通信号控制、路况监测与分析等,提高交通效率。此外,车辆智能诊断系统通过智能体对车辆运行状态进行监测和诊断,及时发现潜在问题,确保车辆安全。

医疗健康领域同样受益于智能体的应用。智能诊疗系统利用人工智能技术辅助医生制定疾病诊断和治疗方案,提高诊疗效率和准确性。医学影像智能识别技术则通过大量学习医学影像帮助医生进行病灶区域定位,减少漏诊、误诊问题。同时,医疗机器人和智能健康管理系统也为患者提供了更加便捷、高效的医疗服务。

此外,智能体在工业生产、农业领域以及科研探索等场景下也有着广泛的应用。在生产优化、质量检测、设备维护等方面,智能体提高了生产效率和产品质量;在农作物生长监测、灌溉和施肥建议等方面,智能体为农业生产提供了科学的建议;在科研探索中,智能体则辅助科学家进行数据分析和实验设计等工作,加速科研进程。

在人工智能时代,智能体在多个领域中都发挥着重要作用,为人们的生活和工作带来了极大的便利和效益。随着技术的不断发展,智能体的应用场景还将不断拓展和深化,为人类社会带来更多的创新和变革。

1.6　本章小结

本章深入探讨了人工智能的核心内容。首先,概述了人工智能的孕育与诞生历程,明确了相关概念及研究内容。其次,梳理了人工智能发展的三个关键阶段:推理期、知识期和学习期。此外,从智能表现形式和技术特点角度介绍了计算智能、感知智能和认知智能。同时,从智能水平角度划分了弱人工智能和强人工智能。另外,还阐述了生成式人工智能技术的原理与应用场景。最后,展望了人工智能的发展趋势,包括技术发展趋势与潜在应用领域。

## 第 2 章

Python 编程与数据分析基础

思维导图：

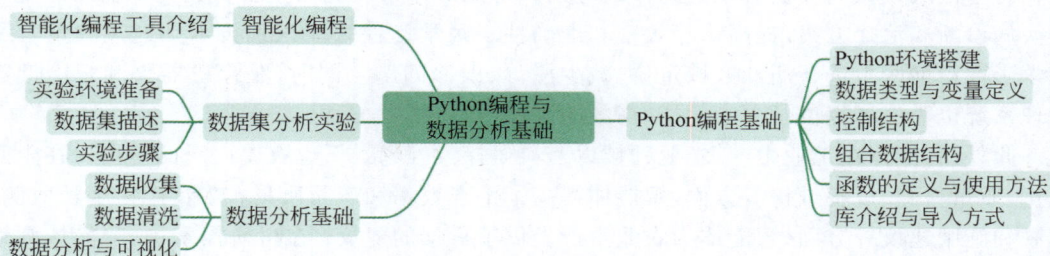

学习目标：

- 掌握搭建 Python 开发环境和安装开发工具的方法
- 熟练掌握 Python 语法、变量定义
- 掌握 Python 的各种数据类型及其基本操作、数据类型转换
- 熟练掌握选择和循环流程控制语句
- 掌握函数的定义和使用方法
- 掌握第三方库的安装和导入方法
- 了解数据分析与可视化过程，知道如何使用 NumPy、Pandas、Matplotlib 库
- 了解智能化编程工具

2.1 Python 编程基础

1989 年圣诞节期间，荷兰人 Guido van Rossum（吉多·范罗苏姆）为了打发时间，开始开发一个新的脚本解释程序，作为 ABC 语言的一种继承。ABC 是由范罗苏姆参加设计的一种教学语言，但并没有成功，范罗苏姆认为是其非开放造成的，于是决心在新的程序中避免这一错误，同时，他还想实现在 ABC 中闪现过但未曾实现的东西。就这样，Python 在他手中诞生了。

Python 是一种面向对象的解释型高级编程语言，具有易学、易读、开发速度快、开源、可扩充性等特点。由于它的开源本质，Python 能够工作在不同平台上，这些平台包括 Linux、Windows、macOS、UNIX、OS/2、谷歌公司基于 Linux 开发的 Android 等。而 Python 语言编写的程序不需要编译成二进制代码,可以直接从源代码运行程序,因此使用 Python 更加简单。Python 本身是可扩充的,提供了丰富和庞大的库,能够将其他语言编写的程序进行集成和封装,因此,Python 常被称为"胶水语言"。

2.1.1　Python 环境搭建

1. 开发环境

Python 是跨平台的,可以在多个操作系统上编程,并且编好的程序可以在不同系统上运行。由于目前使用 Windows 的人数最多,所以本书主要以 Windows 为主介绍 Python 运行环境的搭建与程序的开发,其他操作系统的安装方法类似。

1) Python 的安装

Python 是解释型编程语言,所以要进行 Python 开发,需要安装 Python 解释器,才能运行用 Python 语言写的代码。而安装 Python 实际就是安装 Python 解释器。

（1）下载 Python 安装包。

访问 Python 官方网站 https://www.python.org/。单击 Download 按钮,即可自行下载最新发布的 Python 版本。目前,全部的标准库和绝大多数第三方库都能很好地支持 Python 3.x 系列版本。

（2）安装 Python。

双击下载的安装文件,将显示安装向导对话框,选中 Add python.exe to PATH 复选框,表示自动为 Python 添加环境变量,单击 Customize installation 选项,打开安装选项对话框,采用默认设置,进行自定义安装。不建议使用 Install Now 选项安装,因为其不能修改安装路径。单击 Next 按钮,打开高级选项对话框,在对话框中设置安装路径,其他采用默认设置,单击 Install 按钮,开始安装 Python,并显示安装进度。进度完成后,安装完成。

（3）检查 Python 是否安装成功。

打开命令提示符窗口,在当前命令提示符后输入 python 或 py 后按 Enter 键,如果出现 Python 的版本号,则说明 Python 安装成功。

2) Python 开发工具

为了提高开发效率,需要使用开发工具编写 Python 代码。它们不仅能使工作更加简单、更具逻辑性,还能够提升编程体验和效率。

安装 Python 后,会自动安装 IDLE,它是 Python 自带的集成开发环境（Integrated Development Environment,IDE）。它是一种用于提供程序开发环境的应用程序,集成了代码编写功能、分析功能、编译功能、调试功能等。虽然 IDLE 的用户界面相对简单,易于使用,但它的性能受限于 Python 解释器,只提供了基本的语法高亮和运行 Python 脚本。

除了 Python 自带的 IDLE 以外,还有很多能够进行 Python 编程的开发工具,其中 PyCharm 和 Jupyter Notebook 有较多人使用。

（1）PyCharm。

PyCharm 是 JetBrains 公司开发的一款专业的 Python 集成开发环境,可以在 Windows、macOS 和 Linux 操作系统下使用。它提供了一整套工具,具有丰富的功能,可以帮助用户使用 Python 语言开发时提高效率,包括提供强大的代码补全、错误检查和快速修复功能;提供强大的调试工具,允许设置断点、查看变量值等。

PyCharm 有两个版本：专业版和社区版。专业版是商业版，提供了一组出色的工具和功能，提供 30 天的免费试用。社区版是一个开源项目，是免费的，但功能相对较少。

访问 PyCharm 中文官方网站（https://www.jetbrains.com.cn/pycharm/download/），选择适合自己操作系统的选项（本书选择 Windows）下载安装文件进行安装。

（2）Jupyter Notebook。

Jupyter Notebook 是一个开源的 Web 应用程序，它提供了一个交互式的环境，允许直接在浏览器中编写代码，并立即查看结果，支持在文档中内嵌实时代码、方程、图像、图表以及叙述性文本，可以将工作保存为多种格式（如 HTML、PDF、Markdown），并与他人分享。Jupyter Notebook 支持多种编程语言，可以通过插件系统进行扩展，用于增强其功能，是数据科学、机器学习等领域中进行数据分析、模型训练的理想选择。

① 安装步骤。

通过 Anaconda 安装：Anaconda 是一个流行的 Python 和 R 编程语言的数据科学平台发行版，内置了 Jupyter Notebook。下载并安装 Anaconda 后，即可使用 Jupyter Notebook。

② 启动步骤。

打开终端（macOS/Linux）或命令提示符（Windows），输入 jupyter notebook 命令，以启动 Jupyter Notebook。在 Windows 系统中，如果已安装了 Anaconda，也可以在应用程序中找到 Jupyter Notebook 并启动。

启动后，浏览器会自动打开 Jupyter Notebook 的主页面。注意，启动后在 Jupyter Notebook 的所有操作都请保持终端不要关闭，因为一旦关闭终端，就会断开与本地服务器的连接。

2. Python 的语法特点

编写 Python 语言程序需要了解 Python 的语法特点，遵循它的规则。

1）注释规则

在代码中添加注释可以帮助程序员更好地阅读代码，大大提高程序的可阅读性。注释的内容会被 Python 解释器忽略，不会在执行结果中体现出来。

（1）单行注释。

Python 中使用"＃"作为单行注释的符号，注释内容从"＃"开始，直到换行为止。在以下程序中，两种形式都是正确的。

```
1  ＃输出 Hello World!          print("Hello World!")      ＃输出 Hello World!
2  print("Hello World!")
```

（2）多行注释。

Python 将包含在一对三引号'''之间，并且不属于任何语句的多行内容认定为注释。语法格式如以下程序所示。多行注释通常用来添加版权、功能、修改日志等信息。

```
1  '''                      1  """
2  注释内容1                  2  注释内容1
3  注释内容2                  3  注释内容2
4  ……                       4  ……
5  '''                      5  """
```

请注意，在 Python 中，三引号'''或"""是字符串的定界符，所以，如果三引号作为语句的一部分出现，就不是注释，而是字符串。例如 print('''Hello World!''')语句中的一对三引号中的内容为字符串。

2）代码缩进

Python 与其他程序设计语言不同,采用代码缩进和冒号":"区分代码之间的层次,行尾的冒号和下一行的缩进表示一个代码块的开始,直到缩进结束表示这个代码块结束。缩进可以使用空格或 Tab 键实现,一般以 4 个空格或者 1 个 Tab 键作为基本缩进单位,如以下程序。Python 对代码的缩进要求非常严格,同一个级别代码块的缩进量必须相同。

```
if _ _name_ _ == '_ _main_ _':
    print_hi('PyCharm')
```

3）基本输入和输出

为了接收通过键盘输入的内容,实现向屏幕输出字符,Python 提供了输入函数和输出函数来实现相关功能。

（1）输入函数 input()。

Python 中使用内置函数 input()接收键盘输入,输入内容被存放到一个变量里。基本语法如下:

```
str1 = input("提示文字")          # str1 是保存输入结构的变量
```

当解释器遇到 input()时,会等待键盘输入内容,输入内容后按回车键即提交,程序继续运行。

注意:无论输入的是数字还是文本,input()接收之后返回的都是字符串类型的变量。

（2）输出函数 print()。

在 Python 中,print()函数用于将数据输出到屏幕上。基本语法如下:

```
print(value1, value2, …, sep = ' ', end = '\n', file = sys. stdout, flush = False)
```

其中各参数具体含义如下:

value1, value2, … 是要输出的一个或多个值,它们可以是任何 Python 对象。

sep 参数用于指定多个值之间的分隔符,默认为一个空格。

end 参数用于指定输出结束后要添加的字符,默认为一个换行符\n。

file 参数用于指定输出的目标文件,即把结果输出到指定文件,默认为标准输出流(屏幕)。

flush 参数用于指定是否刷新缓冲区,默认为 False 不刷新。

在所有参数中,除了 value 参数必须至少有一个之外,其余参数均可省略,或根据需求使用不同的参数来定制输出的形式。

例如,根据输入生日年份计算 2024 年时的年龄,代码如下。

```
1   #输入函数用法 str1 = input ("提示文字")
2   birth_year = input("请输入您的 4 位数的出生年份") #用户输入的年份以字符串类型保存到变
                                              量 birth_year
3   now_year = 2024          #定义常量 now_year 并赋值数值 2024
4   age = now_year-int(birth_year) #将字符串变量 birth_year 转换为整型数值参与运算,并将结
                                  果保存到变量 age
5   print(age)              #输出运算结果,即 2024 年时您的年龄
```

运行结果如下:

请输入您的 4 位数的出生年份 1986

将此例的第 5 行代码改为

```
5   print("您的年龄是",age,sep=":")     #输出运算结果,即 2024 年时您的年龄
```

即用":"分隔字符串"您的年龄是"和变量 age 两个 value 参数。运行结果将变为 38。

2.1.2　数据类型与变量定义

1. 变量的定义

变量是可以随着程序的执行值发生变化的量。Python 中的变量不需要事先声明,直接赋值即可创建各类型的变量。

为变量赋值通过等号"="实现,语法格式为：变量名＝value。例如 a＝"hello",即将字符串'hello'赋值给变量 a。

Python 允许同时为多个变量赋值,例如：a＝b＝c＝2023,表示将整型数值 2023 赋给变量 a、变量 b 和变量 c,它们的值都是 2023。同样,也可以为多个变量赋不同的值,例如 a,b,c＝1,2,"study",最终 a＝1,b＝2,c＝'study'。

注意：变量的命名由字母、数字、下画线组成,不能以数字开头,不能使用 Python 中的保留字。保留字是 Python 语言中已经被赋予特定意义的单词,变量、函数、类、模块和其他对象名称均不能使用保留字。Python 的保留字如表 2.1 所示。

表 2.1　Python 的保留字

and	as	assert	break	class
def	del	elif	else	except
or	from	False	global	if
in	is	lambda	nonlocal	not
or	pass	raise	return	try
continue	finally	import	None	True
while	with	yield	while	

2. 数据类型

Python 中提供多种基本的数据类型,有存储数字的数值型,存储文本的字符型,表示真假的布尔类型,包含了有序的元素集合的元组、列表,存储键(key)值(value)对的字典,存储无序的不重复元素的集合。

1) 数字

Python 中的数字类型主要包括整数、浮点数和复数。

(1) 整数型(int)。

整数用来表示整数数值,包括正整数、负整数和 0,它的位数是任意的,要指定一个整数,只需写出其所有位数即可。整数类型包括十进制整数、八进制整数、十六进制整数和二进制整数。

(2) 浮点数型(float)。

浮点数由整数部分和小数部分组成,主要用于处理包括小数的数,如 3.141 59,也可以用科学记数法表示,如 3.14e5(3.14×10^5)、$-2.8e-2$(-2.8×10^{-2})等。

(3) 复数类型(complex)。

Python 中的复数与数学中的复数形式完全一致,都是由实部和虚部组成,并且使用 j

或 J 表示虚部。如 3.14－6j,实部为 3.14,虚部为－6j。

例如定义各种数字型变量,运行结果如下:

```
1    a = 3356              #十进制                    3356
2    b = 0o123             #八进制                    83
3    c = 0x3b              #十六进制                  59
4    d = 0b101101          #二进制                    45
5    e = － 28e = － 2      #科学记数法的浮点数         － 0.028
6    f = 3.14 － 6j         #复数                      (3.14 － 6j)
7    print(a)
8    print(b)
9    print(c)
10   print(d)
11   print(e)
12   print(f)
```

2) 字符串(str)

字符串是计算机能表示的连续的字符序列,是一种不可变序列,通常用引号引起来,可以使用单引号、双引号或者三引号。其中单引号和双引号中的字符串必须在一行,而三引号内的字符串可以分布在连续的多行。例如:'英雄自古出少年',"hello world",'''春眠不觉晓,处处闻啼鸟。'''。表示复杂字符串时,还可以使用引号嵌套,例如"'Python'也是字符串"。字符串几乎是所有编程语言在项目开发过程中涉及最多的一块内容。

(1) 转义字符。

在 Python 编程中,有些符号具有特殊的含义,还有一些字符无法手动输入,如换行符、制表符等。为了在字符串中使用这些特殊字符,就需要用到转义字符。转义字符以\开头。常用的转义字符及其含义如表 2.2 所示。

表 2.2 常用的转义字符及其含义

转 义 字 符	含 义
\'	代表一个单引号
\"	代表一个双引号
\\	代表一个反斜杠
\	续行符
\n	换行符
\r	返回光标至首行
\f	换页
\v	垂直制表符
\t	水平制表符
\b	删除一个字符再打印,相当于 Backspace 键
\0	空字符 Null
\0yy	八进制数表示的字符,如\012 代表换行
\xyy	两位的十六进制数表示的字符,yy 代表字符,如\x0a 代表换行

(2) 字符串拼接(包含字符串拼接数字)。

在 Python 中拼接(连接)字符串可以使用＋运算符,具体格式为:strname＝str1＋str2,strname 表示拼接以后的字符串变量名,str1 和 str2 是要拼接的字符串。

Python 不允许直接拼接数字和字符串,可以借助 str()和 repr()函数将数字转换为字符串，它们的使用格式为：str(obj)，repr(obj)。其中 obj 表示要转换的对象，可以是数字、列表、元组、字典等多种类型的数据。

例如，字符串与数字拼接，代码如下。

```
str1 = "热烈庆祝中华人民共和国成立"      #定义第一个字符串
num = 75                            #定义一个整数
str2 = "周年!"                       #定义第二个字符串
s_str = str(str1)                   #用 str()函数将变量 str1 转换为字符串
s_repr = repr(str1)                 #用 repr()函数将变量 str1 转换为字符串
print("1、" + s_str + '\n' + s_repr)  #换行输出两种转换结果，用于比较二者的区别
print("2、" + str1 + str(num) + str2)  #对字符串和整数进行拼接
print("3、" + str1 + repr(num) + str2)  #对字符串和整数进行拼接
```

运行结果如下：

```
1、热烈庆祝中华人民共和国成立
'热烈庆祝中华人民共和国成立'
2、热烈庆祝中华人民共和国成立 75 周年!
3、热烈庆祝中华人民共和国成立 75 周年!
```

（3）获取字符串长度或字节数。

Python 中提供了 len()函数获取一个字符串有多少个字符（获得字符串长度）。len()函数的基本语法格式为：len(string)，其中 string 用于指定要进行长度统计的字符串。

例如，用 len()函数计算字符串"人生苦短，hello Python!"的长度，代码如下。

```
str1 = "人生苦短,hello Python!"
length = len(str1)
print(f"字符串{str1}的长度为{length}")
```

运行结果显示"字符串人生苦短，hello Python! 的长度为 18"，因为在 Python 中，空格也算一个字符，并且计算字符串长度时，不区分英文、数字、汉字和标点符号。

（4）检索字符串。

① count()方法：统计字符串出现的次数。

count()方法用于检索指定字符串在另一字符串中出现的次数，如果检索的字符串不存在，则返回 0，否则返回出现的次数。

例如，检索字符串"Python 官网>>> www. python. org"中"."和"o"出现的次数，代码如下。

```
str1 = "Python 官网>>> www.python.org"
n = str1.count('.')               #检索字符串中"."出现的次数
n2 = str1.count('o',4, -6)        #统计字符"o"在第 5 个到第 23 个字符中出现的次数
print("字符串"",str1,""中包括",n,"个"."符号")
print("从第 5 个字符到第 23 个字符中"o"字符的个数共有",n2,"个")
```

执行上述代码，显示以下结果。

```
字符串"Python 官网>>> www.python.org"中包括 2 个"."符号
从第 5 个字符到 23 个字符中"o"字符的个数共有 1 个
```

② find()方法：检测字符串中是否包含某子串。

find()方法用于检索字符串中是否包含目标字符串，如果包含，则返回第一次出现该字符串的索引；如果不包含，则返回-1。

例如，从不同的位置检索字符串"Python 官网>>> www. python. org"中首次出现字符

"o"的位置索引,代码如下。

```
str1 = "Python 官网>>> www.python.org"
f1 = str1.find('o')
f2 = str1.find('o',5)
print("字符串中首次出现字符"o"的索引是", f1)
print("从字符串的第 6 个字符开始首次出现字符"o"的索引是", f2)
```

执行上面的代码后,将显示以下结果。

```
字符串中首次出现字符"o"的索引是 4
从字符串的第 6 个字符开始首次出现字符"o"的索引是 23
```

Python 还提供了 rfind()方法,它与 find()方法最大的不同在于,rfind()是从字符串右边开始检索。

③ index()方法:检测字符串中是否包含某子串。

index()方法与 find()方法类似,也可以用于检索是否包含指定的字符串,不同之处在于,当指定的字符串不存在时,index()方法会抛出异常。

Python 的字符串对象还具有 rindex()方法,其作用和 index()方法类似,不同之处在于它是从字符串右边开始检索。

(5) 格式化字符串。

格式化字符串相当于先定制一个字符串模板,在这个模板中预留几个空位,这些空位上放置一些占位符,这些符号不会显示出来,然后根据需要填上相应的内容。在 Python 中,格式化字符串有以下两种方法。

① 使用%操作符。

在 Python 中,要实现格式化字符串,可以使用"%"操作符。其语法格式如下:

"%[-][+][0][m][.n]转换说明符"%exp

在[ ]内的参数均指可选参数。各参数具体含义如下:

-:用于指定左对齐。

+:用于表示输出的数字总要带着符号;正数带+号,负数带一号。

0:表示右对齐,且宽度不足时补充 0,而不是补充空格。

m:表示占有宽度 m 位。

.n:指定小数精度,表示小数点后保留 n 位数。

转换说明符:用于指定类型,具体值和说明如表 2.3 所示。

表 2.3 常用的转换说明符

转换说明符	解 释	转换说明符	解 释
%d、%i	转换为带符号的十进制整数	%g	智能选择使用%f 或%e 格式
%o	转换为带符号的八进制整数	%f、%F	转换为十进制浮点数
%x、%X	转换为带符号的十六进制整数	%c	格式化字符及其 ASCII 码
%e	转换为科学记数法表示的浮点数(e 小写)	%r	使用 repr()函数将表达式转换为字符串
%E	转换为科学记数法表示的浮点数(E 大写)	%s	使用 str()函数将表达式转换为字符串

exp:要转换的表达式。格式化字符串中可以包含多个转换说明符,这时也得提供多个

表达式,用以替换对应的转换说明符,多个表达式必须使用圆括号( )围起来。

例如,用多种转换说明符实现格式化输出字符串,代码如下。

```
msg1 = " % + d 用科学记数法表示为: % 09e"    ♯定义模板十进制数用 9 位科学记数法表示,不足 9
                                                    位用 0 补齐
msg2 = " % d 转换为十六进制数是: % xH"        ♯定义模板十进制数转换为十六进制数
msg3 = "编号: % d\t, % r 的官网是 http://www. % s.org"    ♯定义模板
n = 123456
str1 = "Python"
print(msg1 % (n,n))
print(msg2 % (n,n))
print(msg3 % (n,str1,str1.lower()))
```

运行结果如下:

```
 + 123456 用科学记数法表示为: 1.234560e + 05
123456 的十六进制数是: 1e240H
编号: 123456,'Python'的官网是 http://www.python.org
```

② 使用 format( )格式化方法。

自 Python 2.6 版本开始,字符串类型(str)提供了 format( )方法对字符串进行格式化,format( )方法的语法格式如下:

```
str.format(args)
```

在此方法中,str 用于指定字符串的显示样式(即模板);args 用于指定要进行格式转换的项,如果有多项,之间用逗号分隔。

创建显示样式模板时,需要使用{ }和:来指定占位符,其完整的语法格式如下:

```
{[index][ : [ [fill] align] [sign] [ ♯ ] [width] [.precision] [type] ] }
```

注意,格式中用[ ]括起来的参数都是可选参数,即可以使用,也可以不使用。各个参数的含义如下:

- index：指定要设置格式的对象在参数列表中的索引位置,也就是设置的格式要作用到 args 中的第几个数据,数据的索引值从 0 开始。如果省略此选项,则会根据 args 中数据的先后顺序自动分配。注意,当一个模板中出现多个占位符时,指定索引位置的规范需统一,即要么全部采用手动指定,要么全部采用自动分配。
- fill：指定空白处填充的字符。注意,当填充字符为逗号","且作用于整数或浮点数时,该整数(或浮点数)会以逗号分隔的形式输出,例如 1000000 会输出 1,000,000。
- align：指定数据的对齐方式,具体的对齐方式如表 2.4 所示。

表 2.4　align 参数及含义

align	含　　义
<	数据左对齐
>	数据右对齐
=	数据右对齐,同时将符号放置在填充内容的最左侧,该选项只对数字类型有效
^	数据居中,此选项需和 width 参数一起使用

- sign：指定有无符号数,此参数的值以及对应的含义如表 2.5 所示。

表 2.5 sign 参数及含义

sign 参数	含 义
＋	正数前加正号,负数前加负号
－	正数前不加正号,负数前加负号
空格	正数前加空格,负数前加负号
♯	对于二进制数、八进制数和十六进制数,使用此参数,各进制数前会分别显示 0b、0o、0x 前缀;反之则不显示前缀

- width:指定输出数据时所占的宽度。
- .precision:指定保留的小数位数。
- type:指定输出数据的具体类型,如表 2.6 所示。

表 2.6 type 占位符类型及含义

type 类型值	含 义
s	对字符串类型格式化
d	十进制整数
c	将十进制整数自动转换成对应的 Unicode 字符
e 或 E	转换成科学记数法后,再格式化输出
g 或 G	自动在 e 和 f(或 E 和 F)中切换
b	将十进制数自动转换成二进制表示,再格式化输出
o	将十进制数自动转换成八进制表示,再格式化输出
x 或 X	将十进制数自动转换成十六进制表示,再格式化输出
f 或 F	转换为浮点数(默认小数点后保留 6 位),再格式化输出
%	显示百分比(默认显示小数点后 6 位)

例如,将输出的字符串改为用 format()方法格式化,代码如下。

```
msg1 = "{0: + d}用科学技计数法表示为:{0:09e}"   ♯定义模板"十进制数用 9 位科学记数法表
                                                示",不足 9 位用 0 补齐
msg2 = "{:d}转换为十六进制数是:{:x}H"           ♯定义模板"十进制数转换为十六进制数"
msg3 = "编号:{:d}\t,'{:s}'的官网是 http://www.{:s}.org"   ♯定义模板
n = 123456
str1 = "Python"
print(msg1.format(n,n))
print(msg2.format (n,n))
print(msg3.format(n,str1,str1.lower()))
```

以上代码执行后的结果与使用%操作符的示例相同。

字符串的其他操作参见微课视频。

3)布尔类型(bool)

布尔类型提供了两个布尔值来表示真(True)或假(False)。使用时,一定注意首字母要大写,否则解释器会报错。

3. 基本数据类型转换

不同数据类型之间不能进行运算,因此需要进行数据类型转换。常用的数据类型转换函数见表 2.7 所示。

表 2.7　常用类型转换函数

函　　数	描　　述
int(x[,base])	将 x 视为 base 进制转换为一个十进制整数，第二参数 base 省略即视为十进制
float(x)	将 x 转换为一个浮点数
str(x)	将 x 转换为字符串
repr(x)	将 x 转换为表达式字符串
chr(x)	将整数 x 转换为一个字符
ord(x)	将一个字符 x 转换为它对应的整数值
hex(x)	将一个整数 x 转换为一个十六进制字符串
oct(x)	将一个整数 x 转换为一个八进制字符串

并非所有类型的数据都可以被转换成其他任意类型。比如一个非数字字符串（如 "Python"），它无法被转换为一个整数或浮点数，因为这个字符串不包含任何可以表示一个数字的信息。

4. 运算符与表达式

运算符和表达式是编程中的核心概念和必备基础知识，用于执行各种计算和操作，使用运算符将不同类型的数据按照一定的规则连接起来的式子称为表达式。

1）算术运算符

Python 支持一系列常见的算术运算符，用于数值计算。常见的算术运算符如表 2.8 所示。

表 2.8　算术运算符

运　算　符	说　　明	实　　例	实 例 结 果
＋	加	3.15＋4	7.15
－	减	4－3.15	0.85
*	乘	4 * 3	12
/	除	11/2	5.5
%	取模，即返回除法的余数	11％2	1
//	取整除，即返回商的整数部分	11//2	5
**	幂，返回 x 的 y 次幂	2 ** 3	$8(2^3)$

2）赋值运算符

赋值运算符用于将值赋给变量，常用的赋值运算符如表 2.9 所示。

表 2.9　常用的赋值运算符

运　算　符	说　　明	举　　例	展 开 形 式
＝	将右侧的值赋给左侧的变量	x＝y	x＝y
＋＝	将右侧的值与左侧的变量相加，并将结果赋给左侧的变量	x＋＝y	x＝x＋y
－＝	将右侧的值与左侧的变量相减，并将结果赋给左侧的变量	x－＝y	x＝x－y
* ＝	将右侧的值与左侧的变量相乘，并将结果赋给左侧的变量	x * ＝y	x＝x * y
/＝	将左侧的变量与右侧的值相除，并将结果赋给左侧的变量	x/＝y	x＝x/y
%＝	将左侧变量除以右侧的值得到的余数赋给左侧变量	x％＝y	x＝x％y
** ＝	将左侧变量的右侧的值的次方的运算结果赋给左侧变量	x ** ＝y	x＝x ** y
//＝	将左侧变量除以右侧的值的商的整数部分赋给左侧变量	x//＝y	x＝x//y

3）比较运算符

（1）值比较。

比较运算符也称关系运算符,用于比较两个值,如果比较结果为真,返回 True,如果结果为假,则返回 False。常见的比较运算符如表 2.10 所示。注意：不要混淆"="和"=="。

表 2.10　比较运算符

运　算　符	说　明	举　例	结　果
==	等于	"12" == str(12)	True
!=	不等于	8 != 'a'	True
>	大于	12.65>18.3	False
<	小于	12.65<18.3	True
>=	大于或等于	12.65>=18.3	False
<=	小于或等于	12.65<=18.3	True

（2）成员检测运算。

运算符 in 和 not in 用于成员检测。如果 x 是 s 的成员,则 x in s 的值为 True,而 x not in s 则为 False。运算符 not in 被定义为具有与 in 相反的逻辑值。

4）逻辑运算符

逻辑运算符对真和假两种布尔值进行运算,用于组合多个条件,运算后的结果仍然是布尔值。Python 的逻辑运算符如下：and(逻辑与,用法是：表达式 1 and 表达式 2)；or(逻辑或,用法是：表达式 1 or 表达式 2)；not(逻辑非,用法是：not 表达式)。

（1）运算符的优先级。

表 2.11 按优先级从高到低的顺序总结了 Python 的运算符,相同单元格内的运算符具有相同优先级。优先级高的运算符先执行,优先级低的运算后执行。

表 2.11　运算符的优先级

运　算　符	描　　述	优先级
**	幂(乘方)	高
+x,-x,~x	正,负,按位非 NOT	
*,@,/,//,%	乘,矩阵乘,除,整除,取余	
+,-	加和减	
<<,>>	移位	
&	按位与 AND	
^	按位异或 XOR	
|	按位或 OR	
in,not in,is,is not,<,<=,>,>=,!=,==	比较运算,包括成员检测和标识号检测	
not x	布尔逻辑非 NOT	
and	布尔逻辑与 AND	
or	布尔逻辑或 OR	低

编写程序时尽量使用括号()来限定运算次序,以免运算次序发生错误。

（2）条件表达式。

条件表达式(有时称为"三元运算符"),用于根据表达式的结果有条件地进行赋值。在所有 Python 运算中具有最低的优先级。

表达式 x if C else y 首先是对条件 C 而非 x 求值。如果 C 为真，x 将被求值，并返回其值；否则将对 y 求值，并返回其值。例如，代码 n＝a if a＞b else b，先计算 a＞b 的值，如果值为真，则将 a 赋值给变量 n，如果值为假，则将 b 赋值给变量 n。

2.1.3　控制结构

1. 顺序结构

程序最基本的结构就是顺序结构，顺序结构就是按照语句顺序从上往下依次执行各条语句。

2. 选择结构

选择结构是指当程序执行到某步时，需根据实际情况选择性地执行某部分代码。在 Python 中，选择语句分为 if 条件语句、if-elif 语句、if-elif-else 语句。

1）单分支 if 语句

if 语句是指满足某种条件，就进行某种处理。

if 语句的具体语法格式如下。

```
if 判断条件:          ♯注意是英文输入法的冒号
    执行语句          ♯注意缩进
```

在上述格式中，判断条件是一个布尔值（bool），当判断条件为 True 时，才会执行冒号下面缩进的语句。单分支 if 语句如图 2.1 所示。

【例 2.1.3-1】　用 if 语句判断考试成绩是否为 100 分，如果是，则出去玩。代码如下。

```
grade = 90
if grade == 100:
    print("出去玩")
```

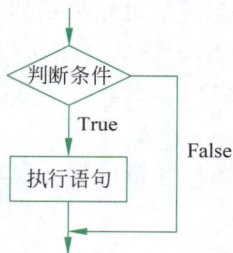

图 2.1　单分支 if 语句示意图

运行结果如下：

```
Process finished with exit code 0
```

在例 2.1.3-1 中，第 1 行代码定义了一个变量 grade，初始值为 90。不满足 if 语句的条件，所以跳过了 if 语句，执行后面的代码，而后面没有语句了，所以没有输出结果。

2）双分支 if-else 语句

if-else 语句是指如果满足某种条件，就进行某种处理，否则进行另一种处理。if-else 语句如图 2.2 所示。if-else 语句的具体语法格式如下。

图 2.2　if-else 语句示意图

```
if 判断条件:
    执行语句 1
else:
    执行语句 2
```

【例 2.1.3-2】　用 if-else 语句判断考试成绩是否为 100 分,如果是,则去游乐园玩,否则去动物园玩。代码如下。

```
grade = 90
if grade == 100:
    print("去游乐园玩")
else:
    print("去动物园玩")
```

在例 2.1.3-2 中,因为小红的 grade 不满足 100 的条件,所以执行了 else 语句,输出了"去动物园玩"。

3）多分支 if-elif-else 语句

if-elif-else 语句用于处理多个条件的判断,进行对应的结果处理。if-elif-else 语句的具体语法格式如下。

```
if 判断条件 1:
    执行语句 1
elif 判断条件 2:
    执行语句 2
…
else:
    执行语句 n
```

在上述格式中,各个判断条件均为布尔值,当判断条件 1 成立时,就执行语句 1,否则检查是否满足条件 2,如果成立就执行语句 2,否则就执行后面的语句。以此类推,如果均不成立,就执行 else 语句中的代码。if-elif-else 语句如图 2.3 所示。

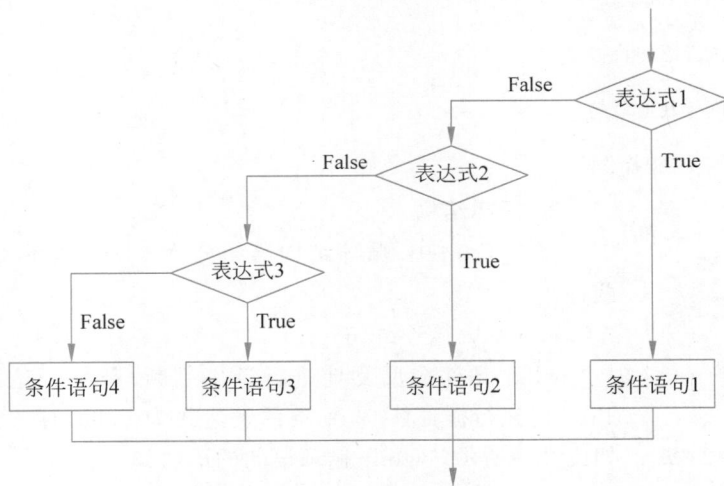

图 2.3　if-elif-else 语句示意图

【例 2.1.3-3】　学生成绩评分系统,对学生期末考试成绩进行等级划分。

```
"""
```

需求:编写一个自动评分程序,学生成绩 score 分为 3 个档次 A、B、C,输入一个分数,自动评分。

具体标准为:score>=80　　　　A

$$60 <= score < 80 \qquad B$$
$$60 < score \qquad C$$

```
"""
score = int(input("请输入您的考试成绩:"))
if score >= 80:
    print("您的评分为 A")
elif score >= 60:
    print("您的评分为 B")
else:
    print("您的评分为 C")
```

运行结果如下：

```
请输入您的考试成绩: 99
您的评分为 A
```

在例 2.1.3-3 中，第一行代码用于用户输入自己的成绩，后面的 if-elif-else 语句分别对对应的分数进行了不同的评分输出结果。

4）if 的嵌套

某个判断是在另外一个判断成立的基础上进行的，可以用 if 嵌套解决。

if 嵌套的格式如下。

```
if 判断条件 1:
    if condition 1:
        ♯执行语句块 1
    elif condition 2:
        ♯执行语句块 2
    elif condition n:
        ♯ 执行语句块 n
    else:
        ♯ 执行其他语句
else:
    ♯执行其他操作
```

3. 循环结构

在 Python 中，循环结构语句分为 while 循环和 for 循环语句两种。

1）while 循环语句

while 语句会反复地进行条件判断，条件表达式的布尔值为 True 时执行循环体，直到条件表达式为 False 时 while 循环结束，如图 2.4 所示。while 循环语句的语法如下。

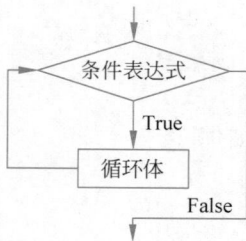

图 2.4　while 循环示意图

```
while 循环条件表达式:
    循环语句
```

【例 2.1.3-4】 打印自然数 1～10。

```
i = 1
while i <= 10:
    print(i,end = " ")      ♯ 输出 i,并且隔开一个空格输出
    i += 1                   ♯ i 自增
```

运行结果如下：

```
1 2 3 4 5 6 7 8 9 10
Process finished with exit code 0
```

在例 2.1.3-4 中,第一行代码定义了变量 i,并为其赋初始值为 1。条件表达式中限定了 i≤10 的条件下,执行打印当前数字 i(数字之间隔开一个空格),并且每循环一次,让 i 自加 1,否则就退出循环,如运行结果所示,并没有打印 10 以上的数字。当然,如果把 i+=1 去掉,那么 i 将一直等于 1,一直满足 i≤10 的条件,就会陷入死循环,一直打印 1,永远不会结束。因此,编写程序的时候,当不希望程序一直死循环,就应该在循环体中写一个退出条件。

2) for 循环语句

for 循环语句是最常用的循环语句,其优点在于结构清晰且简短。与 while 循环语句不同的是,for 循环语句一般用于循环次数已知的情况下。

for 循环的语法如下:

for 迭代变量 in 字符串|列表|元组|字典|集合:
　　代码块

迭代变量用于存放从序列类型变量中读取出来的元素,所以一般不会在循环中对迭代变量手动赋值;代码块是指具有相同缩格的多行代码,和 while 循环一样,又被称为循环体。

(1) for(迭代变量) in range(起始,终止,步数)。

注意:括号内的范围是左闭右开,起始不写默认为 0,步数不写默认为 1。

下面还是通过打印 1~10 的案例来学习 for 循环的用法。

【例 2.1.3-5】　输出自然数 1~10。

```
for i in range(1,11):
print(i,end = " ")
```

运行结果如下:

```
1 2 3 4 5 6 7 8 9 10
Process finished with exit code 0
```

(2) for i in 容器。

在 Python 中,容器主要分为字符、列表、字典、元组、集合,可以通过 for 循环对容器里面的元素进行一些操作,比如遍历。

3) 跳转语句

跳转语句用于实现循环执行过程中程序流程的跳转。Python 中的跳转语句有 break 和 continue 语句,下面分别讲解。

(1) break 语句。

break 语句一般用于跳出循环语句。下面通过输出 1~8 没有 9,10 的案例学习 break 语句。

【例 2.1.3-6】　输出数字 1~8。

```
for i in range(1,11):
    if i == 9:
        print("结束循环")
        break
```

```
        print("我没有被执行哦")
    print(i,end = "")
```

运行结果如下：

↓ 1 2 3 4 5 6 7 8 结束循环

在上述程序中，通过 for 循环打印 i 的值，当 i＝9 时，满足 if 判断条件，执行 break，跳出整个循环，并且循环体内 break 语句后面的代码块也不会被执行。

（2）continue 语句。

continue 语句在循环语句中的作用是终止本次循环，执行下一次的循环。下面通过之前的案例，打印 1～10 没有 8 去学习 continue 语句的用法。

【例 2.1.3-7】 输出数字 1～7、9、10。

```
for i in range(1,11):
    if i == 8:
        print("跳出本次循环",end = " ")
        continue     # 跳过本次循环,执行下次循环
        print("我也没有被执行哦")
    print(i,end = " ")
```

运行结果如下：

↓ 1 2 3 4 5 6 7 跳出本次循环 9 10
= Process finished with exit code 0

在上述代码中，当 i＝＝8，执行了 continue 语句，结束本次循环，进行下一次循环，所以也就有了后面的 9、10 被打印出来。

4）循环中的 else 语句

在 Python 中，for、while 等循环语句都可以使用 else 关键字。当循环正常结束时（没有被 break 或者条件不再成立），会执行 else 后面的代码块；如果循环提前通过 break 跳出了，则不会执行 else 后面的代码块。

【例 2.1.3-8】 字符查找。

```
str1 = input("请输入你要查找的字符：")
for i in "I love Python":
    if i == str1:
        print("找到了")
        break     # 如果找到了,就退出循环
else:
    print("没有找到")
```

运行结果如下：

↓ 请输入你要查找的字符: o
⊑ 找到了

在上述程序中，通过 for 循环语句去遍历字符串"I love Python"，如果输入需要查找的字符在字符串中，就打印"找到了"，并且跳出循环。如果没有，就打印"没有找到"。

5）循环的嵌套

Python 的循环嵌套，顾名思义就是在循环里面再套循环。可以通过 for 或 while 语句来实现。

【例 2.1.3-9】 九九乘法表。

```
for i in range(1,10):
    for j in range(1,i + 1):
        print(f"{j}x{i} = {i * j}",end = "\t")        # \t 为制表符,格式化输出
    print()                                           # 换行
```

运行结果如下：

```
1×1=1
1×2=2    2×2=4
1×3=3    2×3=6    3×3=9
1×4=4    2×4=8    3×4=12   4×4=16
1×5=5    2×5=10   3×5=15   4×5=20   5×5=25
1×6=6    2×6=12   3×6=18   4×6=24   5×6=30   6×6=36
1×7=7    2×7=14   3×7=21   4×7=28   5×7=35   6×7=42   7×7=49
1×8=8    2×8=16   3×8=24   4×8=32   5×8=40   6×8=48   7×8=56   8×8=64
1×9=9    2×9=18   3×9=27   4×9=36   5×9=45   6×9=54   7×9=63   8×9=72   9×9=81
```

在上述程序中,外层循环遍历数字 1～9;对于每一个 i,内层循环遍历数字 1～i;在内循环中,采用 f-string 去格式化输出结果;在内循环结束后(也就是完成了一行的乘法表达式后),使用 print()函数换行。

上述程序采用 2 个 for 循环实现嵌套,请读者思考如何使用 while 循环实现。

2.1.4　组合数据结构

1. 序列

在 Python 中,序列(Sequence)是一种数据类型,它包含了有序的元素集合。Python 中的序列类型包括列表(List)、元组(Tuple)和字符串(String)。既然是有序的元素集合,说明就有位次,因此这里引入一个重要的概念——索引。

1) 索引

索引(Index)：在 Python 中,索引是用于访问列表、元组和字符串等序列类型中元素的工具。序列类型的数据结构支持索引,通过索引可以快速访问序列中的特定元素。

Python 中的正向索引是从 0 开始,反向索引是从 −1 开始的整数,如图 2.5 所示。

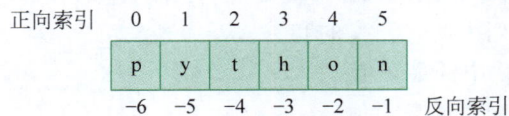

正向索引	0	1	2	3	4	5	
	p	y	t	h	o	n	
	−6	−5	−4	−3	−2	−1	反向索引

图 2.5　索引示意图

2) 切片

在 Python 中,切片用于获取序列类型(如列表、元组和字符串)中的一段子序列。切片通过使用容器＋冒号[起始:终点:步长]来定义,可以指定起始索引、结束索引和步长。以下是一个简单的示例。

```
str1 = "I love Python so much"
print(str1[7:14:])     # 输出索引位置 7 到 13,区间左闭右开
print(str1[:13])       # 输出索引位置 0 到 12
print(str1[::−1])      # 倒置内容
```

运行结果如下：

```
Python
I love Python
hcum os nohtyP evol I
```

3）序列的加法和乘法

（1）序列的加法。

序列使用"＋"运算符来进行加法操作，表示连接两个序列。

（2）序列的乘法。

序列使用" ＊ "运算符来进行乘法操作，表示重复序列。举例如下：

```
result = "abc"  *  3
print(result)
```

运行结果如下：

abcabcabc

4）检查某个元素是否是序列成员

在 Python 中，使用 in 关键字来检查某个元素是否是序列的成员。这里以字符串为例。

```
str1 = "Python is my favourite language"
if "Python" in str1:
    print("Python 在字符串中")
else:
    print("Python 不在字符串中")
```

运行结果如下：

Python在字符串中

5）内置序列函数

Python 内置了一些序列函数，这些函数可以用于处理序列类型的数据，如列表、元组和字符串等。一些常用的 Python 内置序列函数及其描述如下。

（1）len()：返回序列的长度或元素个数。

（2）sum()：返回序列中所有元素的和。

（3）min()：返回序列中的最小值。

（4）max()：返回序列中的最大值。

（5）sorted()：对序列进行排序，并返回排序后的列表。

（6）reversed()：返回一个迭代器，用于反向遍历序列中的元素。

（7）enumerate()：返回一个枚举对象，用于同时遍历序列中的元素和它们的索引。

（8）zip()：将多个序列组合成一个元组的迭代器，元组中包含每个序列中的对应元素。

（9）range()：返回一个整数序列，表示指定范围内的整数。

（10）map()：将一个函数应用于序列中的每个元素，并返回一个迭代器，其中包含函数的返回值。

（11）filter()：返回一个迭代器，其中包含通过指定条件过滤的元素。

（12）reduce()：对序列中的元素进行累积操作，将前一个元素作为第二个参数传递给下一个函数，以此类推。

2．列表

列表是一个有序的、可变的、值可以是任意类型的对象序列。列可以包含数字、字符串、其他列表等类型的元素,并且可以通过索引访问其中的元素。列表是一种常用的数据结构,用于存储和操作一组有序的数据。

1）创建列表

在 Python 中,可以通过以下几种方式创建列表。

（1）使用方括号［］创建一个空列表,这是最基本,也是最直接的创建列表的方式。创建列表的方式为：my_list＝［ ］。

（2）使用逗号分隔的元素列表创建列表,例如：my_list＝［1,2,3,4,5］。

（3）使用列表推导式,例如：my_list＝［x for x in range(1,6)］,等同于［1,2,3,4,5,6］。

（4）使用 list()函数将其他可迭代对象转换为列表：my_list＝list((1,2,3,4,5))
♯ 元组转化为列表。

（5）使用 list()函数将字符串转换为字符列表：my_list＝list("hello")。

2）遍历列表

遍历(Traverse)指的是按照一定的规则或顺序逐个访问某个数据结构(如列表、字典、元组等)中的所有元素,以便对每个元素进行某种操作或检查。在 Python 中,遍历列表常使用 for 循环。例如：

```
my_list = [1,2,3,4]
for i in my_list:      `
    print(i,end = " ")
```

运行结果如下：

```
1 2 3 4
```

3）增加元素

（1）append()方法。

使用 append()方法将一个元素增添到列表的末尾,举例如下：

```
my_list = [1, 2, 3]
my_list.append(4)
print(my_list)              # 输出 [1, 2, 3, 4]
```

（2）insert(索引位置,插入元素)方法。

insert(索引位置,插入元素)方法将一个元素插入到列表的指定位置举例如下：

```
my_list = [1,2,3]
my_list.insert(1,4)
print(my_list)              # 输出[1,4,2,3]
```

（3）extend()方法。

使用 extend()方法将一个列表的元素添加到另一个列表的末尾,举例如下：

```
my_list1 = [1,2,3]
my_list2 = [4,5,6]
my_list1.extend(my_list2)
print(my_list1)             # 输出[1,2,3,4,5,6]
```

4）删除元素

（1）remove()方法。

根据值删除元素。如果列表有重复元素，只删除第一个匹配的元素。如果元素不存在，就会抛出 ValueError 异常。举例如下：

```
list1 = [1, 2, 3, 4, 5]
list1.remove(4)
print(list1)              # 输出 [1, 2, 3, 5]
```

（2）del 语句。

del 语句根据索引删除元素，可以是单个元素，也可以是多个元素的范围。使用 del 语句从列表中删除值后，就无法访问这些值了。举例如下：

```
lis = [1, 2, 3, 4, 5]
del lis[1]
print(lis)               # 输出 [1, 3, 4, 5]
```

（3）pop()方法。

用于移除列表中的一个元素（默认为最后一个元素），可以给定要删除元素的索引。使用 pop()方法后，可以继续使用被删除的元素。举例如下：

```
list1 = [1,2,3,4,5]
x = list1.pop()
print(x)                 # 输出 5
print(list1)             # 输出[1,2,3,4]
```

注意：pop()方法会修改原列表。如果要删除的元素索引超出范围，会抛出 IndexError 异常。

5）修改元素

可以通过索引直接修改列表中的元素。举例如下：

```
my_list = ["orange", "pear", "banana", "apple"]
my_list[1] = "grape"
print(f"修改后的列表{my_list}")
```

运行结果如下：

修改后的列表['orange', 'grape', 'banana', 'apple']

6）列表排序

Python 中列表的排序可以通过内置的 sorted()函数或者列表对象的 sort()方法实现。

（1）sorted()函数。

该函数会返回一个新的排序列表，原列表不会被改变。举例如下：

```
my_list = [3, 1, 4, 1, 5, 9, 2, 6, 5, 3, 5]
sorted_list = sorted(my_list)
print(sorted_list)            # 输出：[1, 1, 2, 3, 3, 4, 5, 5, 5, 6, 9]
```

（2）sort()方法。

该方法会直接修改原列表，使其按升序排序。举例如下：

```
my_list = [3, 1, 4, 1, 5, 9, 2, 6, 5, 3, 5]
my_list.sort()
print(my_list)                # 输出：[1, 1, 2, 3, 3, 4, 5, 5, 5, 6, 9]
```

（3）降序排序。

在默认情况下，这两种方法都是按照升序排序。如果要降序排序，可以传入参数
reverse＝True。例如：sorted_list＝sorted(my_list,reverse＝True)。

3．元组

在 Python 中，元组(Tuple)是一种不可变序列。它用于存储一组有序的值，一旦定义
后，元组中的元素不能被修改或删除。因此在增、删、查、改操作中，元组只有查操作。

1）创建元组

（1）使用圆括号( )：my_tuple＝(1,2,3)。

（2）使用逗号分隔的元素：my_tuple＝1,2,3。

（3）使用 tuple()函数创建：my_tuple＝tuple([1,2,3])。

2）遍历元组

类似字符串、列表，可以利用 for 循环和 while 循环进行遍历。这里以 for 循环为例。
举例如下：

```
my_tuple1 = ("java","php","c#","Python")
for i in my_tuple1:
    print(i,end = " ")
```

运行结果如下：

```
java php c# Python
```

3）查找元组元素

按照下标索引查找元素，类似列表，下标从 0 开始计数。举例如下：

```
my_tuple1 = ("java","php","c#","Python")
print(my_tuple1[ -1])
```

运行结果如下：

```
Python
```

4．字典

字典(Dictionary)是一个无序的数据类型，用于存储键(key)值(value)对。每个键在字
典中是唯一的，它对应的值可以是数字、字符串、列表、字典，甚至是函数。可以通过键来快
速查找和访问对应的值。在 Python 中，字典是可变的，可以添加、删除和修改键值对。字
典在 Python 中通常用于存储配置信息、映射关系、数据转换等场景。

1）创建字典

（1）使用花括号{}。

语法格式如下：my_dict＝{"key1"："value1","key2"："value2",…,"keyn"："valuen"}

（2）使用 dict()函数。

语法格式如下：my_dict＝dict(key1＝"value1",key2＝"value2",…,keyn＝"valuen")

在以上两种创建字典的语法中，参数说明如下。

my_dict：字典名称。

key1,key2,…,keyn：元素的键，必须唯一。

value1,value2,…,valuen：元素的值。

2）增加字典元素

增加键值对时，如果键不存在，则直接添加键值对到字典中，如果键已存在，则修改对应的值。举例如下：

```
my_dict = { }
my_dict["key1"] = "new value"
```

3）删除字典元素

（1）使用 del 语句。举例如下：

```
my_dict = {"key1": "value1", "key2": "value2"}
del my_dict["key1"]
```

（2）使用 pop()方法。举例如下：

```
my_dict = {"key1": "value1", "key2": "value2"}
my_dict.pop("key1")
```

还可以通过传入默认值保留键名。举例如下：

```
my_dict.pop("key3",None)       # 如果"key3"不存在,则返回 None,保留键名"key3"在字典中
```

4）访问字典

（1）使用键直接访问对应的值。

如果键存在，则返回对应的值；如果键不存在，则引发 KeyError 异常。举例如下：

```
my_dict = {'name': 'John', 'age': 30, 'city': 'Guangzhou'}
print(my_dict['city'])          # 输出 Guangzhou
print(my_dict['country'])        # 引发 KeyError: 'country' 键不存在
```

（2）使用 get()方法查找键对应的值。

get()方法允许查找字典中某个键对应的值。如果键存在，则返回对应的值；如果键不存在，则返回一个默认值（如果提供了的话），否则返回 None。

举例如下：

```
my_dict = {'name': 'John', 'age': 30, 'city': 'New York'}
print(my_dict.get('name'))              # 输出: John
print(my_dict.get('country'))            # 输出: None,因为'country'键不存在,且没有提供默认值
print(my_dict.get('country', 'Unknown')) # 输出: Unknown,因为'country'键不存在,且提供了默认
                                         #       值'Unknown'
```

（3）使用 keys()方法查找字典中是否存在某个键。

举例如下：

```
my_dict = {'name': 'John', 'age': 30, 'city': 'New York'}
print(my_dict.keys())     # 输出: dict_keys(['name', 'age', 'city'])
print('name' in my_dict)     # 输出: True,因为'name'键存在于字典中
print('country' in my_dict) # 输出: False,因为'country'键不存在于字典中
```

5）遍历字典

（1）遍历键。

使用 keys()方法获取字典中的所有键，并使用 for 循环逐个遍历键。举例如下：

```
my_dict = {"key1": "value1","key2": "value2"}
for key in my_dict.keys():
    print(key)
```

运行结果如下：

```
key1
key2
```

（2）遍历值。

使用 values()方法获取字典中的所有值，并使用 for 循环逐个遍历值。举例如下：

```
my_dict = {'num': 883366,20: "Python"}
for value in my_dict.values():
    print(value)
```

运行结果如下：

```
883366
Python
```

（3）遍历键值对。

使用 items()方法获取字典中的所有键值对，并使用 for 循环逐个遍历键值对。举例如下：

```
my_dict = {'qq': 883366,20: "Python"}
for key,value in my_dict.items():
    print(key,value)
```

运行结果如下：

```
qq 883366
20 Python
```

5．集合

在 Python 中，集合(Set)是一个无序的不重复元素序列。集合中的元素必须是唯一的，即集合不允许重复元素。

1）创建集合

（1）使用花括号{}定义集合。

语法格式如下：

```
setname = {element1,element2, …,element n}
```

其中，setname 表示集合的名称，element1，element2，…，element n 表示集合中的元素。举例如下：my_set＝{1,2,3,4,5}。

（2）使用 set()函数定义集合。

语法格式如下：

```
setname = set(iteration)
```

其中，setname 表示集合的名称，iteration 表示要转换位集合的对象，可以是列表、元组、字符串等。举例如下：

```
my_set = set([1,2,3,4,5])
```

2）增加集合中的元素

（1）add()方法。

使用 add()方法添加一个元素。举例如下：

```
my_set = {1, 2, 3, 4, 5}
my_set.add(6)              # 添加元素 6
print(my_set)              # 输出：{1, 2, 3, 4, 5, 6}
```

（2）update()方法。

使用 update()方法添加多个元素。举例如下：

```
my_set = {1, 2, 3, 4, 5}
my_set.update([6, 7, 8])        # 添加元素 6、7 和 8
print(my_set)                   # 输出：{1, 2, 3, 4, 5, 6, 7, 8}
```

需要注意的是，由于集合中的元素必须是唯一的，如果尝试添加一个已经存在于集合中的元素，则该操作不会有任何效果，即集合不会包含重复的元素。

3）删除集合中的元素

（1）remove()方法。

使用 remove()方法删除指定的元素。如果元素存在于集合中，则将其删除，并返回该元素。否则抛出 keyError 异常。举例如下：

```
my_set = {1, 2, 3, 4, 5}
my_set.remove(3)           # 删除元素 3
print(my_set)              # 输出：{1, 2, 4, 5}
```

（2）pop()方法。

使用 pop()方法删除集合中的任意一个元素。该方法会随机选择一个元素，并删除它。举例如下：

```
my_set = {1, 2, 3, 4, 5}
my_set.pop()               # 删除集合中的任意一个元素
print(my_set)              # 输出剩余元素，比如{1, 2, 4, 5}
```

（3）clear()方法。

使用 clear()方法清空整个集合。举例如下：

```
my_set = {1, 2, 3, 4, 5}
my_set.clear()             # 清空集合
print(my_set)              # 输出：空集{}
```

4）查

检查元素是否存在：使用 in 关键字检查一个元素是否存在于集合中。举例如下：

```
my_set = {1, 2, 3}
print(2 in my_set)         # 输出：True
print(4 in my_set)         # 输出：False
```

5）集合的运算

Python 中的集合提供了一些基本的运算操作，如交集、并集、差集等。下面是一些示例。

（1）交集。

交集 A∩B 用 intersection()方法或 & 运算符获取两个集合的交集。举例如下：

```
set1 = {1, 2, 3}
set2 = {2, 3, 4}
result = set1.intersection(set2)       # 或者 result = set1 & set2
print(result)                          # 输出：{2, 3}
```

（2）并集。

并集 A∪B 使用 union()方法或|运算符获取两个集合的并集。举例如下：

```
set1 = {1, 2, 3}
set2 = {2, 3, 4}
result = set1.union(set2)              # 或者 result = set1 | set2
print(result)                          # 输出: {1, 2, 3, 4}
```

（3）差集。

取多个集合之间的不同元素，即在其中一个集合中存在而在其他集合中不存在的元素。使用 difference()方法或－运算符获取两个集合的差集。举例如下：

```
set1 = {1,2,3}
set2 = {2,3,4}
result = set1.difference(set2)         # 或者 result = set1 - set2
print(result)                          # 输出: {1}
```

（4）对称差集。

集合 A 与集合 B 中所有不属于 A∩B 的元素的集合。使用 symmetric_difference()方法或^运算符获取两个集合的对称差集。举例如下：

```
# 定义两个集合
set1 = {1,2,3,4}
set2 = {3,4,5,6}
result = set1.symmetric_difference(set2)    # 也可用 result = set1^set2 计算对称差集
print(result)                               # 输出: {1,2,5,6}
```

2.1.5　函数的定义与使用方法

在实际开发中，如果有一段代码需要多次使用，可以将这段代码抽象成一个函数。函数本质上是一个拥有名称、参数和返回值的代码块，能够更高效地实现代码重用，提升代码的可维护性和可靠性。在需要的地方，可以调用函数来完成相应的需求。调用函数时，需要传入外部数据作为函数的参数，并且函数也可以通过返回值将内部的数据传递给外部的代码。

1. 函数的创建

在 Python 中，函数的定义包括函数名、参数和返回值，其中，函数名是必需的，函数参数和返回值是可选的。定义函数的基本格式如下：

```
def 函数名(参数列表):
    '''函数注释字符串'''
    函数体
```

参数说明如下。

函数代码块以 def 开头，后面紧跟的是函数名和圆括号()，以冒号“:”结束。因此函数内部的代码需要用缩进量来与外部代码分开。

函数名：在调用函数时使用，其命名规则跟变量的命名一样，即只能是字母、数字和下画线的任何组合，但是不能以数字开头，并且不能跟关键字重名。

函数的参数：可选参数用于指定向函数中传递的参数。该参数为“形式参数”，简称“形参”。形参对于函数调用者来说是透明的，即形参叫什么与调用者无关。形参是在函数内部使用，在函数外部并不可见。如果有多个参数，各参数间使用逗号“,”分隔。如果不指定，则表示该函数没有参数，调用时也不指定参数。参数必须放在圆括号中，即使函数没有参数，也必须保留一对空的圆括号"()"，否则将显示语法错误。由于 Python 是动态语言，所以函数参数与返回值不需要事先指定数据类型。

函数注释字符串（函数的说明文档）：可选参数，表示为函数指定注释，注释的内容通常是说明该函数的功能、要传递的参数的作用等。通常可以由"help(函数名)"查看。

函数体：即该函数被调用后，要执行的功能代码。如果函数有返回值，可以使用 return 语句返回，结束函数，返回值传给调用方。return 语句可以返回任何值，可以是一个值、一个变量，或者另外一个函数的返回值。不带表达式的 return 相当于返回 None。如果想定义一个什么也不做的空函数，可以使用 pass 语句作为占位符。

需要注意的是，如果参数列表包含多个参数，默认情况下，参数值和参数名称是按函数声明中定义的顺序匹配的。

【例 2.1.5-1】 定义一个打印信息的函数。

```python
def printInfo():
    '''定义一个函数,能够完成打印信息的功能'''
    print('----------------')
    print('Hello World')
    print('----------------')
```

运行以上代码，将不显示任何内容，也不会抛出异常。因为 printInfo() 函数还没有被调用。

2. 函数的调用

定义了函数后，就相当于有了一段具有某些功能的代码，要想让这些代码执行，需要调用它。调用函数的基本语法格式如下。

函数名称(函数参数)

参数说明如下。

函数名称：要调用的函数名称必须是已经创建好的。

函数参数：用于指定各个参数的值，如果需要传递多个参数值，则各参数值间使用逗号","分隔。如果该函数没有参数，则直接写一对圆括号即可。

调用时的参数称为实际参数，简称实参。一般情况下，参数的类型、顺序、个数必须与函数定义中的一致；但带默认值参数的函数调用时，实参个数可以与形参个数不一致；若调用时指定形参名（关键字参数），则实参的顺序可与函数定义的形参列表中指定的顺序不一致。

函数调用时，把实参依序传递给形参，然后执行函数定义体中的语句，执行到 return 语句或函数结束时，程序流程返回调用点。

【例 2.1.5-2】 生成指定长度的斐波那契数列。斐波那契数列的特点是从第 3 项开始，每一项都等于前两项之和，前两项通常定义为 0 和 1。代码如下。

```python
def fibonacci_sequence(n):
    """
    生成长度为 n 的斐波那契数列。
    参数: n -- 数列的长度,需要是一个正整数。
    返回: 包含斐波那契数列的列表。
    """
    if n <= 0:
        return "输入的数字应当是大于 0 的整数"
    elif n == 1:
        return [0]
    elif n == 2:
        return [0, 1]
```

```
        sequence = [0, 1]
        for i in range(2, n):
            next_value = sequence[ - 1] + sequence[ - 2]
            sequence. append(next_value)
        return sequence
print(fibonacci_sequence(10))              # 打印前 10 个斐波那契数
```

运行结果如下：

```
[0,1,1,2,3,5,8,13,21,34]
```

这段代码首先定义了一个名为 fibonacci_sequence 的函数，该函数接受一个正整数 n 作为参数。函数内部首先检查输入 n 是否合法（即是否为正整数）。如果 n 小于或等于 0，则返回错误信息；如果 n 等于 1 或 2，则直接返回相应的基础斐波那契数列[0]或[0,1]。对于更大的 n 值，从已知的前两个斐波那契数（0 和 1）开始，循环计算后续的每一个斐波那契数，并将其添加到列表中。最终，该函数会返回一个包含所需长度的斐波那契数列的列表。

【例 2.1.5-3】　使用冒泡排序算法对列表排序。冒泡排序是一种简单的排序算法，它重复地遍历要排序的列表，比较相邻元素，并在必要时交换它们的位置。这个过程会重复进行，直到整个列表有序为止。例如对列表升序排序，代码如下。

```
def bubble_sort(arr):
    n = len(arr)
    # 遍历所有数组元素
    for i in range(n):
        # 最后 i 个元素已经是排序好的
        for j in range(0, n - i - 1):
            # 如果当前元素大于下一个元素，则交换它们
            if arr[j] > arr[j + 1]:
                arr[j], arr[j + 1] = arr[j + 1], arr[j]
    return arr
# 示例使用
if _ _name_ _ == "_ _main_ _":
    sample_list = [64, 34, 25, 12, 22, 11, 90]
    print("原始列表:", sample_list)
    sorted_list = bubble_sort(sample_list)
    print("排序后的列表:", sorted_list)
```

运行结果如下：

```
原始列表: [64,34,25,12,22,11,90]
排序后的列表: [11,12,22,25,34,64,90]
```

这段代码首先定义了一个名为 bubble_sort 的函数，该函数接受一个列表 arr 作为参数。函数内部通过双重循环实现冒泡排序：外层循环遍历整个列表，而内层循环则负责将较大的元素逐步"冒泡"到列表的末尾。如果在内层循环中发现当前元素比其后面的元素大，则两者交换位置。这样，在每一轮外层循环结束后，最大的元素就会被移动到列表的最后。这个过程会持续进行，直到不需要再进行交换，即列表已经完成排序。

3. 变量的作用域

变量的作用域是指程序代码能够访问该变量的区域，如果超出该区域，再访问时就会出现错误，即变量生效的范围。在程序中，一般会根据变量的"有效范围"将变量分为"局部变量"和"全局变量"。

1）局部变量

局部变量是指在函数内部定义并使用的变量，它只在函数内部有效，只能在函数内使

用，局部变量的作用是临时保存数据，即当函数调用完成后，则销毁局部变量。它与函数外具有相同名称的其他变量没有任何关系。所以，如果在函数外部使用函数内部定义的变量，就会抛出 NameError 异常。

2）全局变量

与局部变量对应，全局变量可以在整个程序范围内访问。在函数体外定义的变量是全局变量，它拥有全局作用域，即在函数体内、外都能生效，在函数内外都可以访问到。

【例 2.1.5-4】 全局变量和局部变量的应用。

```
result = 100                                    # 全局变量
def sum (a,b) :
    result = a + b                              # 局部变量
    print("函数内的 result 的值为:",result)       # result 在这里是局部变量
sum(100,200)                                    # 调用 sum 函数
print("函数外的变量 result 是全局变量,等于",result)
```

运行结果如下：

```
函数内的 result 的值为:300
函数外的变量 result 是全局变量,等于 100
```

尽管 Python 允许全局变量和局部变量重名，但是在实际开发时不建议这么做，因为这样容易让代码混乱，很难分清哪些是全局变量，哪些是局部变量。

3）global 语句

在函数体内定义变量，并且使用 global 关键字修饰后，该变量就变为全局变量。在函数体外也可以访问到该变量，并且在函数体内还可以对其进行修改。

4．Python 的内置常用数学函数

Python 提供了一系列内置的数学函数，这些函数可以处理各种基本和高级的数学运算。表 2.12 是一些常用的 Python 内置数学函数以及它们的功能介绍。

表 2.12 常用的 Python 内置数学函数及功能介绍

函　　数	描　　述	参　　数	返　回　值
abs	返回数字的绝对值	数字	绝对值
divmod	返回除法的商和余数	两个数字	（商，余数）元组
pow	计算数字的幂	底数、指数	结果
round	对数字进行四舍五入	数字、小数位数（可选）	四舍五入后的结果
max	返回可迭代对象中的最大值	可迭代对象（列表、元组等）	最大值
min	返回可迭代对象中的最小值	可迭代对象（列表、元组等）	最小值
sum	计算可迭代对象中元素的和	可迭代对象（列表、元组等）	所有元素的和

5．匿名函数

匿名函数（lambda）是指没有名字的函数，也就是不再使用 def 语句定义的函数，可应用在需要一个函数但是又不想费神去命名这个函数的场合中。在通常情况下，这样的函数只使用一次。

2.1.6　库介绍与导入方式

1．库的导入与执行

在 Python 编程中，库是指一组已经编写好的可重用代码的集合，通常包含有用的功

能、数据结构、算法和接口,旨在帮助程序员更快速地实现特定的任务,不必自己重新编写所有代码。这些代码可以在不同的项目中重复使用,从而提高开发效率和代码质量。Python库可以涵盖多个领域,如数据科学、机器学习、图形化绘图和科学计算等。

Python 库的导入方法主要有使用 import 语句、from 语句。

1)使用 import 语句导入库

使用 import 语句是 Python 中常见的导入库的方式。通过使用 import 语句,我们可以在代码中导入整个库或者库中的特定模块。

例如:`import math`   ♯ 导入 math 库

或者:`import math.sqrt`   ♯ 导入 math 库中的 sqrt 模块

或者:`import math as m`   ♯ 导入 math 库并命名为别名 m

2)使用 from-import-语句导入库

from-import-语句只导入库中的特定函数、类或变量,避免浪费,但如果导入的函数或者类与程序中的变量同名,会出现覆盖的情况。

例如:`from math import sqrt`   ♯ 导入 math 库中的 sqrt 函数

或者:`from math import *`   ♯ 导入 math 库所有函数和变量

2. Python 标准库

Python 标准库通常会随着 Python 解释器一起安装在系统中,主要由一系列的模块组成,这些模块集可以按照不同的方式进行分类。这里着重介绍 Math 库和 Random 库。

1)Math 库

Python 中的 Math 库是一个包含多个数学函数的库,包括三角函数、对数函数、指数函数以及各种常见的数学常量等。Math 库不支持复数类型,仅支持整数和浮点数运算。

使用 Math 库前,需要用"import math"或"from math import 函数或常量名"的方法导入 Math 库。

(1)数学常数如表 2.13 所示。

表 2.13 数学常数

常 数	数 学 表 示	描 述
math. pi	π	圆周率,值为 3.141592……,精确到可用精度
math. e	e	自然对数,值为 2.718281……,精确到可用精度
math. inf	∞	浮点正无穷大,负无穷大为 $-$math. inf
math. nan	NaN	非浮点数标记,"Not a Number"(NaN)
math. tau	τ	圆周常数,等于 2π,值为 6.283185……,精确到可用精度

(2)常用函数如表 2.14 所示。

表 2.14 常用函数

函 数	数 学 表 示	描 述
math. fabs(x)	$|x|$	返回 x 的绝对值
math. fmod(x,y)	x％y	返回 x 与 y 的模
math. fsum([x,y,…])	x+y+…	浮点数精确求和
math. ceil(x)	$\lceil x \rceil$	向上取整,返回不小于 x 的最小整数
math. floor(x)	$\lfloor x \rfloor$	向下取整,返回不大于 x 的最大整数

续表

函　　数	数 学 表 示	描　　述
math.factorial(x)	x!	返回 x 的阶乘，如果 x 是小数或者复数，返回 ValueError
math.gcd(a,b)		返回整数 a 和 b 的最大公约数
math.modf(x)		返回 x 的小数和整数部分，两个结果都是浮点数
math.trunc(x)		返回 x 的整数部分
math.pow(x,y)	x^y	返回 x 的 y 次幂
math.sqrt(x)	$\sqrt{x}$	返回 x 的平方根
math.sin(x)	sinx	返回 x 的正弦函数值，x 是弧度制
math.cos(x)	cosx	返回 x 的余弦函数值，x 是弧度制
math.tan(x)	tanx	返回 x 的正切函数值，x 是弧度制
math.asin(x)	arcsinx	返回 x 的反正弦函数值，x 是弧度制
math.acos(x)	arccosx	返回 x 的反余弦函数值，x 是弧度制
math.atan(x)	arctanx	返回 x 的反正切函数值，x 是弧度制

在编写 Python 代码时，如果需要使用数学函数，可以直接调用 Math 库中的相关函数。

2）Random 库

Python 中的 Random 库主要用于生成随机数，该模块实现了各种分布的伪随机数生成器，可以生成随机浮点数、整数、字符串，甚至还能随机选择列表序列中的一个元素，打乱一组数据等。Random 库中的大部分函数都是基于 random() 函数。

Random 库的导入方法如下：import random 或者 from random import 函数或常量名。

Random 库中的主要函数如表 2.15 所示。

表 2.15　random 库中主要函数

函　　数	描　　述
random.seed(a)	初始化随机数生成器，a 缺省时为当前系统时间。只要确定了随机数种子，每次产生的随机序列都是确定的
random.random()	生成[0.0,1.0)范围内的一个随机浮点数
random.randint(a,b)	生成一个[a,b]之间的随机整数
random.randrange(start, stop[,step])	生成一个[start,stop)之间以 step 为步长的随机整数
random.unform(a,b)	生成一个[a,b]之间的随机浮点数
random.choice(seq)	从非空序列 seq 中返回一个随机元素，如果 seq 为空，则引发 IndexError
random.shuffle(x)	将序列 x 随机打乱位置

通过设置随机种子，可以控制随机数的生成。在实际应用中，Random 库可以用于数据的随机化处理、随机样本的生成、密码的生成等场景。

3. Python 第三方库

Python 的第三方库是指由 Python 社区开发并发布到 Python 软件包索引（Python Package Index，PyPI）上的、用于解决特定问题的可复用代码。这些库包括了各种各样的模块，用于实现各种功能，是 Python 强大和灵活的主要原因之一，让开发者可以更快地构建应用程序。

1）第三方库安装

Python 第三方库一般不包含在 Python 语言环境中，使用第三方库之前通常需要安装。

Python 中安装第三方库最常见也是推荐的方法是使用 pip 在线安装。

　　pip 是 Python 包管理工具，它提供了安装、管理和卸载 Python 包的统一命令行界面。Python 3.4 以上版本都已自带 pip 工具。使用 pip 安装的最大优势是它不仅能下载安装需要的包，还会下载安装相关依赖的包。只需要打开命令提示符（Windows）或终端（macOS/Linux），然后运行"pip install 库名"命令即可。

　　pip 命令默认使用 pypi 镜像（pypi. python. org），有时候会出现超时，导致安装失败。可以通过使用-i 参数指定国内 pypi 镜像，例如清华大学、阿里云、豆瓣等提供的镜像服务，以提高 pip 安装第三方包的速度。例如，使用清华大学的镜像，代码如下。

```
pip install - i https://pypi.tuna.tsinghua.edu.cn/simple 库名
```

卸载已安装的包，代码如下。

```
pip uninstall 库名
```

还可以用 pip list 列出已安装的所有包。更多 pip 用法可输入 pip-h，查看相关指令介绍。

　　2）jieba 库的应用

　　jieba 库是一个用于中文分词的第三方库，它允许开发者将中文文本转换为单个词语。除了分词，jieba 库还提供了增加自定义中文单词的功能。jieba 库提供了以下 3 种不同的分词模式。

- 精确模式：这种模式下，文本会被精确地切成独立的词语，适合文本分析。
- 全模式：在这种模式下，文本中所有的可以成词的词语都扫描出来，速度非常快，但是不能解决歧义。
- 搜索引擎模式：这是在精确模式基础上的扩展，对于长词进行更细致的切分，提高召回率，适合用于搜索引擎分词。

　　（1）jieba 库的安装及导入。

　　运行 pip install jieba 安装 jieba 库，用 import jieba 导入 jieba 库就可以在代码中使用了。

　　（2）jieba 库的主要函数及用法。

　　jieba 库不同分词模式下的函数及用法如表 2.16 所示。

表 2.16　jieba 库不同分词模式

模　　式	函　　数	描　　述
精确模式	jieba. cut(s)	返回一个可迭代数据类型
	jieba. lcut(s)	返回一个列表类型的分词结果
全模式	jieba. cut(s,cut_all＝True)	返回 s 中所有可能的分词
	jieba. lcut(s,cut_all＝True)	返回一个列表类型的分词结果，存在冗余
搜索引擎模式	jieba. cut_for_search(s)	返回适合搜索引擎建立索引的分词结果
	jieba. lcut_for_search(s)	返回一个列表类型的分词结果，存在冗余
自定义新词	jieba. add_word(w)	向分词词典增加新词 w

　　在 jieba 库中，cut()和 lcut()函数的主要区别在于：lcut()返回的是列表类型，cut()返回的结果是一个生成器 generator，可使用迭代的方法访问各个分词。

　　下面通过几个例子来了解相关函数的用法。

```
import jieba
print(jieba.lcut("中国是一个伟大的国家"))                  # 精确模式,句子被精确切分
print(jieba.lcut("中国是一个伟大的国家", cut_all = True))  # 全模式,有冗余
print(jieba.lcut_for_search("中国是一个伟大的国家"))        # 搜索引擎模式
```

运行结果如下：

```
['中国', '是' '一个' '伟大' '的' '国家']
['中国', '国是' '一个', '伟大', '的', '国家']
['中国', '是', '一个', '伟大', '的', '国家']
```

3）NumPy 库的应用

NumPy（Numerical Python）是一个开源的 Python 第三方库，提供了高性能的多维数组对象和用于处理数组的函数，是许多科学计算和数据分析任务的基础库之一。

（1）NumPy 库的安装及导入。

运行"pip install NumPy"安装 NumPy 库。

用"import NumPy"或者遵循惯例，将 np 作为别名导入 NumPy：import NumPy as np。

（2）基本数据类型。

NumPy 常用的数据类型如下。

① 整数类型：包括 bool、int8、uint8、int16、uint16、int32、uint32、int64、uint64。

② 浮点类型：包括 float16、float32、float64、float128。float 类型用于存储带有小数点的数字，数字占用的空间越大，数据精度更高。

③ 复数类型：包括 complex64、complex128、complex256。

④ 字符串类型：包括 string。string 类型用于存储字符串。

在 NumPy 中，可以使用 astype() 函数将数组中的元素转换为指定的数据类型。举例如下：

```
import NumPy as np
arr = np.array([10, 20, 30, 40, 50], dtype = 'int64')
arr_int32 = arr.astype('int32')
```

这段代码首先创建了一个由长整型（int64）数值组成的 NumPy 数组，然后将其转换为短一些的整型（int32）形式。

（3）NumPy 基本数据结构。

NumPy 最重要的特点是其 N 维数组对象 ndarray 支持创建任意维度的数组，可以用于存储和处理任何数值类型的数据，ndarray 中的所有元素必须是相同类型的。举例如下：

```
import NumPy as np
arr1 = np.array([1,2, 3, 4, 5])                                   # 一维数组
arr2 = np.array([ [1,2, 3], [4, 5, 6] ])                          # 二维数组
arr3 = np.array([ [ [1,2,3], [4, 5, 6] ], [ [7, 8, 9], [10, 11, 12] ] ])  # 三维数组
```

（4）NumPy 索引及切片。

ndarray 对象的内容可以通过索引或切片访问和修改，与 Python 中 list 的切片操作一样。ndarray 数组可以基于 0～n 的下标进行索引，切片对象可以通过内置的 slice 函数，并设置 start、stop 及 step 参数进行，从原数组中切割出一个新数组。

① 索引。

在 NumPy 中，可以使用方括号[]访问数组中的元素，索引从 0 开始。可以使用整数或

整数序列来指定索引,多个索引可以使用逗号分隔。负数索引表示从数组的末尾开始访问元素。例如,-1表示访问最后一个,-2表示访问倒数第二个元素。

② 切片。

在NumPy中,可以使用切片来访问数组中的子数组,切片用冒号分隔开始和结束索引,返回的是原始数组的子数组,没有进行数据复制。可以使用[start:end:step]来定制切片。举例如下:

```
import NumPy as np
arr = np.array([1,2, 3,4, 5, 6, 7, 8])
print(arr[1:5])
print(arr[::2])
```

运行结果如下:

```
[2 3 4 5]
[1 3 5 7]
```

对于多维数组,可以对不同维度的切片使用不同的语法,代码如下。

```
import NumPy as np
arr = np.array([[1, 2, 3], [4, 5, 6], [7, 8, 9]])
print(arr[1:5])
print(arr[::2])
```

运行结果如下:

```
[[4 5 6]
 [7 8 9]]
[[1 2 3]
 [7 8 9]]
```

(5) NumPy读取文件。

在数据分析中,经常需要从文件中读取数据或将数据写入文件,常用的存储文件的格式有文本文件、CSV格式文件、二进制格式文件和多维数据文件等。NumPy中提供了接口可以读写磁盘上文件。此外,NumPy为ndarray对象引入了一个简单的文件格式.npy文件。NPY文件用于存储重建ndarray所需的数据、图形、dtype和其他信息。

NumPy中常用的文件读取函数如表2.17所示。

表 2.17　NumPy 中常用的文件读取函数

操　　作	CSV 文件、文本文件	NPY 文件
保存	np. savetxt( )	np. save( )
读取	np. loadtxt( )	np. load( )
格式	文本文件,可读性强	二进制文件,高效但不可读

以下示例代码用于存储和读取文本文件和二进制文件。

```
import NumPy as np
scores = np.random. randint(0,100,size = (10,2))
np.savetxt("score.csv", scores, fmt = "%d", delimiter = ",", header = "英语,数学", comments
= "")  #将数据保存到CSV文件
    #读取CSV文件,跳过第一行表头
    b = np.loadtxt("score.csv",dtype = np.int,delimiter = ",",skiprows = 1)
    #保存为NPY文件
```

```
np.save("score.npy", scores)
score_data = np.load("score.npy")
```

2.2 数据分析基础

在当今数据驱动的时代，数据分析和可视化已成为各行各业不可或缺的技能。无论是商业决策、科学研究，还是日常生活中的健康管理，数据都扮演着至关重要的角色。Python拥有众多专为数据分析和可视化设计的库，如 Pandas 用于数据处理、NumPy 进行数值计算、Matplotlib 用于绘制图表。这些库不仅功能强大，而且易于集成，极大地提高了工作效率。

2.2.1 数据收集

数据分析的第一步是获取数据，常见的数据收集途径有文件读取（如 CSV、Excel、JSON 等），网络爬虫，数据库查询，传感器采集等。网络爬虫通过编写脚本自动抓取网页内容，适用于从网站获取动态更新的信息；数据库查询利用 SQL 语句从关系型或非关系数据库中提取所需数据；传感器采集则是通过物联网设备实时收集物理环境数据，如温度、湿度等。

1. 文件处理

文件读取是通过程序直接加载本地或远程存储的结构化数据文件，如 CSV 适合表格数据，Excel 支持多工作表，JSON 常用于嵌套数据结构。访问文件需要知道文件所在的目录路径，这种从根目录开始标识文件所在完整路径的方式称为绝对路径。如果知道访问文件的程序与文件之间的位置关系，也可以采用相对路径，即相对于程序所在的目录位置建立其引用文件所在的路径。假定文件 file.txt 保存在 D 盘 lecture 目录下的 ex 子目录下，源程序保存在 D 盘的 lecture 目录下，那么包含相对路径的文件名表示为 ex\file.txt，在 Python 语言中，用字符串表示为"ex\\file.txt"或"ex/file.txt"，包含绝对路径的文件名为 D:\lecture\ex\file.txt，在 Python 中用字符串表示为"D:\\lecture\\ex\\file.txt"或"D:/lecture/ex/file.txt"。

程序中对文件的操作一般包括：打开文件，读取文件，对文件数据进行处理，写入文件和关闭文件等。

1）文件的打开与关闭

Python 中内置了文件（File）对象。使用文件对象时，首先需要通过内置的 open() 方法打开文件，并返回一个文件对象。然后通过该对象提供的方法对文件进行读取、写入或追加等操作。

（1）open() 方法。

Python 的 open() 方法用于打开一个文件，并返回文件对象。在对文件进行处理过程中，都需要使用这个函数，使用 open() 方法一定要保证关闭文件对象，即调用 close() 方法。如果该文件无法被打开，会抛出 OSError。

open() 方法的常用格式如下：open(file, 'mode', encoding=None)。

参数说明如下：

file：必需，文件路径（相对或绝对路径）。

encoding：一般使用 utf-8，如 encoding＝'utf-8'。

mode：可选，文件打开模式，几种常见的参数如下。

- r：只读模式（默认）。文件指针被放置在文件开头。
- w：只写模式。如果文件存在，则将其覆盖；如果文件不存在，则创建新文件。
- a：追加模式。文件指针位于文件末尾，准备添加数据。如果文件不存在，则创建新文件。
- b：二进制模式（可以与上述模式结合使用）。例如，通过'rb'（只读）或'wb'（写入）模式以二进制形式处理非文本文件（如图片、音频、视频等）。
- ＋：更新模式（可读可写）。可以与上述模式结合使用。例如，'r＋'打开文件用于更新（既可以读，也可以写），文件指针位于文件开头；'w＋'和'a＋'分别表示可读写的覆盖和追加模式，其中'w＋'会先清空文件内容，再进行读写操作，而'a＋'则是在文件末尾追加内容的同时允许读取文件内容。

open()方法是 Python 中用于文件操作的核心函数。在默认情况下，open()方法在打开不存在的文件时会抛出异常，但通过指定模式参数（如'w'、'w＋'、'a'、'a＋'），可以在文件不存在时自动创建新文件。例如：f＝open('c:\\data.txt','w')。

（2）close()方法。

close()方法用于关闭一个已打开的文件。关闭后的文件不能再进行读写操作，否则会触发 ValueError 错误。使用 close()方法关闭文件是一个好的习惯。

当 file 对象被引用到操作另外一个文件时，Python 会自动关闭之前的 file 对象。

close()方法的语法格式如下：fileObject.close();。

【例 2.2.1-1】　open()和 close()实例的运用。

```
fo = open("runoob.txt","wb")    # 打开文件
print("文件名为：",fo.name)
fo.close()                       # 关闭文件
```

运行结果如下：

文件名为：　runoob.txt

2）文件的读/写操作

（1）write(string)方法。

将字符串 string 的内容写到对应的文件中，并返回写入的字符数。但 write 语句不会自动换行，如果需要换行，则要使用换行符'\n'。

（2）read(size)方法。

该方法返回一个字符串，内容为长度是 size 的文本。如果省略 size 参数，则表示读取文件所有内容并返回。如果已到达文件的末尾，read()将返回一个空字符串（' '）。

【例 2.2.1-2】　文件的读、写示例。举例如下：

```
with open('example.txt', 'r') as file:
    content = file.read()
    print(content)
```

此代码段以只读模式打开 example.txt 文件，并读取其内容，打印出来。使用 with 语

句会在代码块结束时自动关闭文件，避免资源泄露。举例如下：

```
with open('example.txt', 'w') as file:
    file.write("Hello, world!")
```

这段代码将以写入模式打开 example. txt 文件，并将"Hello，world!"写入文件。如果文件已经存在，它的内容将被覆盖。

```
with open('example.txt','a') as file:
    file.write("\nAppending new line.")
```

以上代码将以追加模式打开 example. txt 文件，并在文件末尾另起一行，添加"Appending new line."文本。

3）不同格式文件的读取

处理不同格式的文件（如 CSV、Excel 和 JSON）是数据处理和分析中的常见任务。Python 提供了多种库来简化这些操作。以下是使用 Python 读取这些类型文件的基本方法。

（1）读取 CSV 文件。

CSV(Comma-Separated Values)文件是用于存储表格数据的普通文本文件格式，其中每行代表一个记录，字段由逗号分隔。在 Python 中处理 CSV 文件，可以通过标准库中的 csv 模块或第三方库如 Pandas 来实现。

① 使用 csv 模块。

• 读取 CSV 文件。

基本读取：通过 csv. reader()函数读取 CSV 文件内容，并将其转换为列表形式。

字典读取：使用 csv. DictReader()可以将每一行作为一个有序字典返回，便于按列名访问数据。

例如，读取 example. csv 文件，代码如下。

```
import csv
with open('example.csv',mode = 'r',newline = '',encoding = 'utf-8') as file:
    reader = csv.reader(file)  #使用 reader = csv.DictReader(file)将每行的数据作为字典访问
    for row in reader:
        print(row)              #每行作为一个列表返回
```

• 写入 CSV 文件。

基本写入：利用 csv. writer()创建 writer 对象，通过其方法如 writerows()写入多行数据。

字典写入：使用 csv. DictWriter()允许以字典形式写入数据，需先指定 fieldnames 作为键值。

例如，以字典的形式写入数据，代码如下。

```
import csv
data = [{'Name': 'Alice', 'Age': 30}, {'Name': 'Bob', 'Age': 25}]
with open('output.csv', mode = 'w', newline = '', encoding = 'utf-8') as file:
    fieldnames = ['Name', 'Age']
    writer = csv.DictWriter(file, fieldnames = fieldnames)
    writer.writeheader()        # 写入表头
    writer.writerows(data)       # 写入多行
```

② 使用 Pandas 库。

Pandas 是一个强大的、灵活的开源数据分析和操作工具,特别适合处理结构化数据(如表格数据)。Pandas 提供了两种主要的数据结构:Series 和 DataFrame,Series 是一维标记数组,能够保存任何类型的数据(整数、字符串、浮点数等);DataFrame 是二维表格数据结构,包含按索引标识的行和列,它是 Pandas 最常用的数据结构,适用于大多数数据操作需求,它们使得数据清洗和分析变得更加简单直观。

安装 Pandas 库后,用 Pandas 库读取 example.csv 文件的代码如下。

```
import Pandas as pd
df = pd.read_csv('example.csv')
print(df.head())      # 打印前五行
```

(2) 读取 Excel 文件。

对于 Excel 文件(.xls 或 .xlsx),可以使用 Pandas 或 openpyxl 库。

① 使用 Pandas 库。

使用 Pandas 库读取 example.xlsx,代码如下。

```
import Pandas as pd
df = pd.read_excel('example.xlsx', sheet_name = 'Sheet1')      # 如果需要指定工作表
print(df.head())
```

② 使用 openpyxl。

openpyxl 是一个专门用于读写 Excel 2010 xlsx/xlsm/xltx/xltm 文件的库。

为了支持 Excel 文件,需要安装 openpyxl 库,基本语法如下。

```
from openpyxl import load_workbook
wb = load_workbook('example.xlsx')      # 加载工作簿
sheet = wb['Sheet1']                    # 选择工作表
# 遍历行并打印内容
for row in sheet.iter_rows(values_only = True):
    print(row)
```

(3) 读取 JSON 文件。

JSON 是一种轻量级的数据交换格式,非常适合用于存储配置设置、API(应用程序编程接口)响应等。可以使用 Python 的内置 json 模块来解析 JSON 文件。

① 使用 json 模块。

代码如下。

```
import json
with open('example.json', 'r', encoding = 'utf-8') as file:
    data = json.load(file)
    print(data)
```

② 使用 Pandas 读取 JSON 数据到 DataFrame(如果 JSON 结构适合转换为表格形式)。代码如下。

```
import Pandas as pd
df = pd.read_json('example.json')
print(df.head())
```

2. 公共数据集实例

从公共数据集实例中收集数据是进行数据分析、机器学习模型训练和研究的重要步骤

之一。公共数据集提供了丰富的资源，帮助研究人员、学生和从业者获取真实世界的数据，而无须自行采集。

1）Kaggle

谷歌公司旗下的数据科学社区提供大量免费开放的数据集，供用户下载学习和实践机器学习项目。

访问 Kaggle 官网（https://www.kaggle.com/），并注册一个账号。在 Kaggle 首页导航栏中选择 Datasets，进入数据集页面。使用搜索框查找特定主题的数据集，例如输入 MNIST，可以找到与手写数字识别相关的数据集。也可以根据评分、下载量等条件筛选出高质量的数据集。找到感兴趣的数据集后单击进入详情页。单击页面右侧的 Download 按钮下载数据集到本地计算机。

2）UCI 机器学习库

UCI Machine Learning Repository 是由加州大学欧文分校维护的一个经典机器学习数据仓库，包含各种类型的实验数据集。比如鸢尾花数据集（Iris dataset），是分类算法的经典案例。

访问 UCI Machine Learning Repository 官网（https://archive.ics.uci.edu），使用网站提供的搜索功能寻找所需的数据集。数据集按照任务类型（分类、回归等），领域（健康、金融等）等分类，方便用户查找。单击感兴趣的数据库链接进入详情页，页面通常包含对数据集的描述、特征信息以及下载链接。直接单击提供的链接下载数据文件，这些文件通常是 CSV 格式或其他文本格式，可以直接用 Pandas 库读取。

无论是从 Kaggle 还是 UCI 机器学习库中收集数据，关键在于理解所选数据集的内容，并确保能够有效地将其导入分析工具中。

2.2.2 数据清洗

数据清洗是数据分析过程中的关键步骤，它涉及识别和修正数据集中的错误、不完整或不准确的部分。高质量的数据对于构建有效的模型至关重要。如果数据中存在缺失值、重复记录、异常值等问题，可能会导致分析结果出现偏差，甚至得到完全错误的结论。

数据清洗的主要任务如下。

- 处理缺失值：包括删除含有缺失值的记录或用特定方法填充缺失值。
- 处理异常值：识别并纠正或移除不符合正常模式的数据点。
- 数据标准化与归一化：调整不同特征的比例，以便于比较和分析。

1. Pandas 库的数据清洗功能

1）查看数据的基本信息和前几行

使用 data.info() 查看数据的基本信息，如列名、数据类型、缺失值情况等。

使用 data.head() 查看数据的前几行，以便对数据有一个初步的了解。

2）处理缺失值

使用 isnull() 和 notnull() 方法检测缺失值。

使用 dropna() 方法删除包含缺失值的行或列。

使用 fillna() 方法填充缺失值，填充的值可以是固定值、统计值（如均值、中位数）等。

3）处理重复值

使用 duplicated() 方法识别重复的行。

使用 drop_duplicates()方法删除重复的行,以保证数据的准确性。

4)数据类型转换

有时列的数据类型不符合分析需求,可以使用 astype()方法进行数据类型转换。

例如,将字符串类型转换为日期类型,可以使用 pd. to_datetime()函数。

5)字符串处理

Pandas 提供了许多字符串处理方法,如 str. strip()去除空格、str. lower()转换为小写等。例如去除字符串的前后空格,并转换为小写,代码如下。

```
data['string_column'] = data['string_column'].str.strip().str.lower()
```

6)保存清洗后的数据

完成数据清洗后,可以使用 to_csv()、to_excel()等方法将清洗后的数据保存到文件中,以便后续分析使用。

2. 数据清洗操作

为了展示在 Python 中执行数据清洗操作,创建一个包含年龄、收入、分数和性别四个特征的数据集,并故意加入一些缺失值,并逐步进行这些操作。

1)创建假设数据集

```
import Pandas as pd
import NumPy as np
# 创建一个包含一些缺失值和潜在异常值的假设数据集
np.random.seed(0) # 确保生成的随机数是可重复的
data = {
    'Age': [25, np.nan, 30, 35, 40, 45, 50, 55, 60, 65],
    'Income': [50000, 60000, 75000, 80000, np.nan, 100000, 120000, 130000, 140000, 150000],
    'Score': [90, 85, 130, 88, 92, 95, 98, 100, 102, 200],
    'Gender': ['Male', 'Female', 'Female', 'Male', 'Female', 'Male', 'Female', 'Male', 'Female', 'Male']
}
df = pd.DataFrame(data)
print("Original DataFrame:")
print(df)
```

2)检测和处理缺失值

(1)检查缺失值。

代码如下。

```
print("\nMissing values in each column:")
print(df.isnull().sum())
```

df. isnull():这个方法会返回一个与 df 形状相同的数据框,其中每个元素都是布尔值(True 或 False),表示原数据框对应位置的值是否为缺失值(即 NaN)。

. sum():对于上一步得到的布尔数据框,调用. sum()将对每一列中的 True 值进行求和。因为 True 在 Python 中等价于数值 1,而 False 等价于 0,所以这实际上计算了每一列中缺失值的数量。

. any():函数会检查上一步结果中是否有任意一列的缺失值数量大于零。如果至少有一列存在缺失值,则返回 True;否则返回 False。

(2)处理缺失值。

可以选择删除含有缺失值的行或填充缺失值。

① 删除含有缺失值的行。代码如下。

```
df_dropped_na = df.dropna()  # dropna(): 删除任何包含缺失值的行
print("\nDataFrame after dropping rows with missing values:")
print(df_dropped_na)
```

② 填充缺失值。代码如下。

```
# fillna(): 用指定值填充缺失值. 对于 Age 使用平均值填充, 对于 Income 使用中位数填充
df_filled_na = df.fillna({
    'Age': df['Age'].mean(),
    'Income': df['Income'].median()  # 使用中位数填充, 以减少异常值影响
})
print("\nDataFrame after filling missing values:")
print(df_filled_na)
```

2.2.3 数据分析与可视化

在数据分析中，可视化是理解数据特征和规律的关键步骤。Python 提供了强大的绘图库，如 Matplotlib 和 WordCloud，它们可以帮助我们创建各种类型的图表来展示数据。

1. Matplotlib 库

Matplotlib 是建立在 NumPy 数组基础上的数据可视化 Python 库，开发者可以使用该库，将数据以各种静态、动态、交互式图表等可视化的形式呈现出来，能够绘制线图、散点图、等高线图、条形图、柱状图、3D 图形甚至是图形动画等，是数据科学和机器学习工作者必不可少的工具。

1）Matplotlib 库的安装与导入

和其他 Python 第三方库一样，Matplotlib 通常通过 pip install matplotlib 命令安装。

在 Matplotlib 库中，Matplotlib. pyplot 包中提供了常用的绘图功能接口。因此，在 Python 编程中，一般导入 Matplotlib 库中最为常用的 pyplot 模块。按照惯例，Matplotlib 的通常导入约定是：import Matplotlib. pyplot as plt。

2）Matplotlib 绘图窗口的组成

Matplotlib 绘图窗口的主要组件包括：坐标轴（Axis）、坐标轴名称（Axis Label）、坐标轴刻度（Tick）、坐标轴刻度标签（Tick Label）、网格线（Grid）、图例（Legend）和图标题（Title）。使用 Matplotlib 库作图时，可以添加图表的基本组件，使图表更加清晰和易于理解，增强图表的可读性。

3）基本绘图类型

（1）折线图。

折线图适合二维的数据集，用于展示数据随时间变化的趋势，还可以用于比较多个二维数据集的变化趋势。

函数：plt.plot()

示例代码如下：

```
import Matplotlib.pyplot as plt
x = [1, 2, 3, 4, 5]                  # 数据
y = [2, 4, 6, 8, 10]
plt.plot(x, y)
plt.title("My Matplotlib Figure")    # 设置标题
```

```
plt.xlabel("x-axis label")          # 设置 x 轴标题
plt.ylabel("y-axis label")          # 设置 y 轴标题
plt.legend([ 'Line A' ])            # 设置图例
plt.show()                          # 显示绘制的图形
```

该代码以数据 x、y 绘制了一幅折线图，并设置了图标题、x 轴和 y 轴标题、图例名称，如图 2.6 所示。

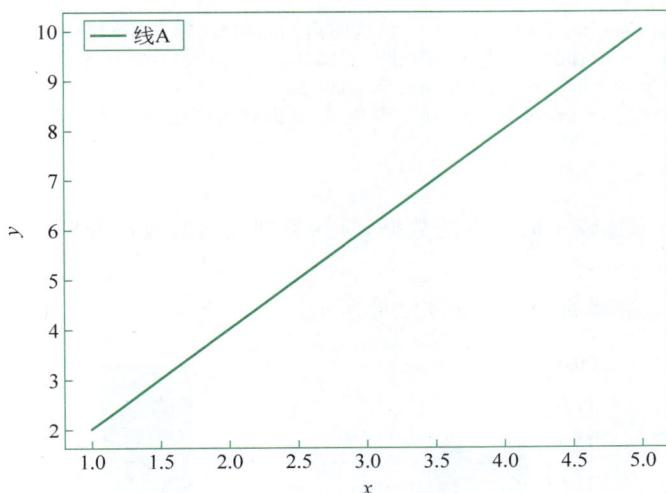

图 2.6　折线图

（2）散点图。

散点图适用于二维或三维的数据集，常用于观察两个变量的相关性分析和数据分布情况，发现数据中的聚类或趋势。

函数：plt.plot(x,y,'o')   # 简单散点图,圆点'o'标记样式
　　　plt.scatter(x,y,c = colors,s = sizes,alpha = 0.3') # 灵活控制颜色、大小、透明度等属性

示例代码如下，绘制的散点图如图 2.7 所示。

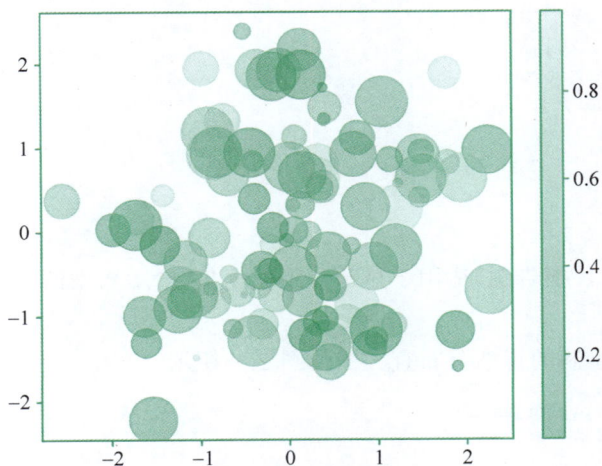

图 2.7　散点图

```
import Matplotlib.pyplot as plt
import NumPy as np
# 使用 NumPy 的随机数生成器创建一个 RandomState 对象,种子设为 0,确保每次运行时生成相同的
随机数序列
r = np.random.RandomState(0)
# 生成 100 个符合标准正态分布(平均值为 0,标准差为 1)的随机数作为 x、y 坐标
x = r.randn(100)
y = r.randn(100)
colors = r.rand(100) # 生成 100 个[0, 1)区间内的随机数,用于控制散点的颜色
sizes = 1000 * r.rand(100) # 生成 100 个[0, 1000)内的随机数值,用于控制散点的大小
plt.scatter(x, y, c = colors, s = sizes, alpha = 0.3)
plt.colorbar() # plt.colorbar():显示颜色条,帮助理解颜色与数值之间的对应关系
plt.show()
```

（3）条形图。

条形图通常用来比较不同类别的数据,显示类别之间的数量差异。

函数：`plt.bar()`

例如,以下代码绘制的条形图如图 2.8 所示。

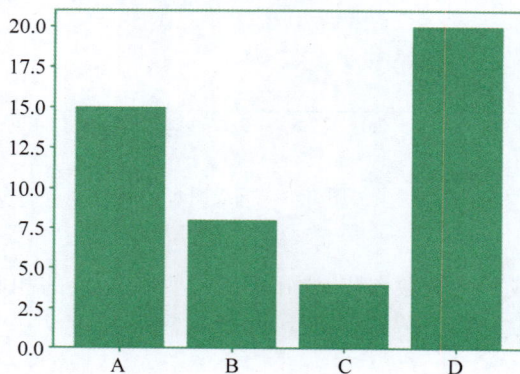

图 2.8　条形图

```
import Matplotlib.pyplot as plt
categories = ['A', 'B', 'C', 'D']
values = [15, 8, 4, 20]
plt.bar(categories, values)
plt.xlabel("Catrgory")
plt.ylabel("Value")
plt.title("Bar")
plt.show()
```

（4）直方图。

直方图是一种统计报告图,适用于显示二维数据集,展示数据的分布和数据的频率。

函数：`plt.hist()`

例如,以下代码绘制的正态分布直方图如图 2.9 所示。

```
import Matplotlib.pyplot as plt
import NumPy as np
import Matplotlib
Matplotlib.rcParams['font.sans-serif'] = ['SimHei'] # 设置 Matplotlib 显示微软雅黑字体和负号
Matplotlib.rcParams['axes.unicode_minus'] = False
data = np.random.randn(10000)
```

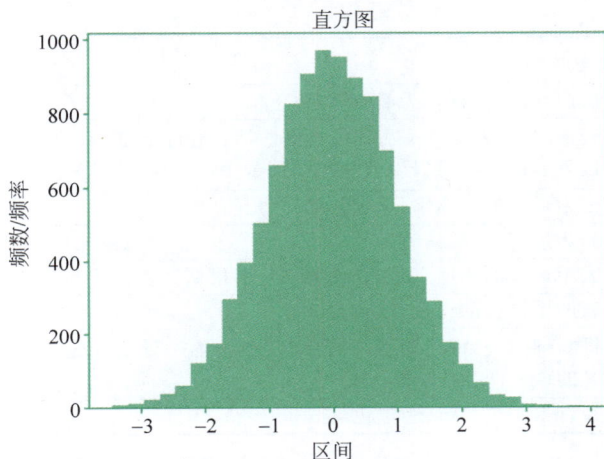

图 2.9　直方图

```
plt.hist(data, bins = 30, facecolor = 'red', alpha = 0.7) ♯ bins = 30: 将数据划分为 30 个区间
(即直方图的柱子数量);facecolor = 'red': 设置直方图各个柱子的填充颜色为红色;alpha = 0.7: 设
置直方图的透明度。
plt.xlabel("区间")
plt.ylabel("频数/频率")
plt.title("直方图")
plt.show()
```

2. WordCloud 库

词云是文本数据的一种可视化表示方式,它由词汇组成类似云朵的彩色图形,通过设置不同的字体大小或颜色来表示每个术语的重要性。在文本分析中,当统计关键字(词)的频率后,可以通过词云图对文本中出现频率较高的"关键词"予以视觉化的方式展现,从而突出文本中的主旨。使用 Python 第三方库 WordCloud 可以方便地实现词云图,WordCloud 将文本中的词汇按照其出现的频率进行大小排序,然后将这些词汇以特定的形状、颜色等元素组合成一个图形,从而直观地展示文本的主题和关键词。

1) WordCloud 库的安装及导入

运行 pip install wordcloud 指令,安装 WordCloud 库。

通过 import wordcloud 或 from wordcloud import WordCloud 导入,即可在代码中使用 WordCloud 库了。

2) WordCloud 库的基本用法

对于英文文本,WordCloud 会默认以空格或标点为分隔符,对目标文本进行分词处理。对于中文文本,则需要使用 Python 第三方库(例如 jieba 库)进行分词处理,再以空格拼接,再调用 WordCloud 库函数来生成词云。

创建 WordCloud 实例对象常用的参数如表 2.18 所示。

表 2.18　WordCloud 实例对象常用的参数

参　　数	功　　能
font_path	指定字体文件的完整路径,默认为 None。注:绘制中文词云图时,必须指定字体
width	生成图片宽度,默认为 400 像素

续表

参　　数	功　　能
height	生成图片高度，默认为 200 像素
mask	词云形状，默认为 None，即方形图。注：通过指定词云形状的掩码图片（形状为白色以外的区域），可以生成炫酷的词云图
min_font_size	词云中最小的字体字号，默认为 4 号
font_step	字号步进间隔，默认为 1
max_font_size	词云中最大的字体字号，默认为 None，根据高度自动调节
max_words	词云图中最大的词数，默认为 200
stopwords	被排除词列表，排除词不在词云中显示。注：通过指定排除词列表，可以生成更有意义的词云图
background_color	图片背景颜色，默认为黑色

以中共二十大报告（20th_report.txt 文件）为例，生成词云图的示例代码如下。

```
from wordcloud import WordCloud
import Matplotlib.pyplot as plt
import jieba
# 从 cn_stopwords.txt 文件中读取停用词(即在分析中不希望出现的常见但无意义的词,如"的" "是"等)
stop_words_pth = "cn_stopwords.txt"
with open(stop_words_pth, 'r', encoding = 'utf-8') as f:
  lines = f.readlines()
  stop_words = [line.strip() for line in lines]  # 使用列表推导式去除每行的空白字符,并存储为 stop_words 列表
twentieth_report_path = "20th_report.txt"
with open(twentieth_report_path, 'r', encoding = 'utf-8') as f:
  words = f.read()
lst = jieba.lcut(words)
text = ''.join(lst)                # 使用''.join(lst)将列表转换成以空格分隔的字符串
report = WordCloud(font_path = "C:\Windows\Fonts\msyh.ttc", width = 1000,
height = 1000, background_color = 'white', max_words = 100, stopwords = stop_words)
report.generate(text)             # 使用 generate(text)方法根据提供的文本生成词云
report.to_file("report.jpg")      # 使用 to_file("report.jpg")将生成的词云保存为图片文件
plt.imshow(report)
plt.axis('off')                   # 隐藏坐标轴,使图像更美观
plt.show()
```

生成的词云图如图 2.10 所示。

图 2.10　中文词云图示例结果

2.3　森林火灾数据集分析实验

本实验讲解使用 NumPy、Pandas 和 Matplotlib 对森林火灾数据集（Forest Fires Dataset）进行探索性数据分析。我们将重点放在理解数据的基本统计信息、可视化不同特征之间的关系以及计算特定条件下的平均值上。

1. 实验环境准备

确保在环境中已安装 NumPy、Pandas、Matplotlib 库。若未安装，可以使用 pip 来安装这些依赖项：pip install NumPy Pandas Matplotlib。

2. 数据集描述

森林火灾数据集包含了葡萄牙东北部蒙特西尼奥自然公园内记录的森林火灾的相关信息。该数据集包括地理坐标、日期、气象条件等信息，目标是预测森林火灾的烧毁面积。

数据集字段包括：X，Y：蒙特西尼奥自然公园地图内的空间坐标；month，day：发生火灾的月份和星期几；FFMC，DMC，DC，ISI：分别代表不同的火险指数；temp：以摄氏度为单位的温度；RH：相对湿度（以％为单位）；wind：风速（以 km/h 为单位）；rain：外部降雨量（以 mm/m^2 为单位）；area：森林的燃烧面积（以公顷为单位）。

3. 实验步骤

1）导入必要的库

代码如下。

```
import NumPy as np
import Pandas as pd
import Matplotlib.pyplot as plt
```

2）加载数据

从 UCI Machine Learning Repository 官网下载森林火灾数据集文件 forestfires.csv，使用 Pandas 库的 read_csv 函数来加载这个本地 CSV 文件。

代码如下。

```
# 加载本地 CSV 文件,forestfires.csv 文件位于与 Python 脚本相同的目录中(如果文件不在相同目
录下,需提供完整路径)
df = pd.read_csv('forestfires.csv')
print(df.head())
print(df.describe())
```

运行结果如图 2.11 所示。

3）数据探索与预处理

检查数据是否存在缺失值，并处理缺失值（如果有的话，删除缺少记录）。

代码如下。

```
# 检查缺失值并删除
if df.isnull().sum().any():
    df.dropna(inplace = True)
# 查看描述性统计信息
print(df.describe())
```

其中：

```
     X  Y month  day  FFMC   DMC     DC  ISI  temp  RH  wind  rain  area
0    7  5   mar  fri  86.2  26.2   94.3  5.1   8.2  51   6.7   0.0   0.0
1    7  4   oct  tue  90.6  35.4  669.1  6.7  18.0  33   0.9   0.0   0.0
2    7  4   oct  sat  90.6  43.7  686.9  6.7  14.6  33   1.3   0.0   0.0
3    8  6   mar  fri  91.7  33.3   77.5  9.0   8.3  97   4.0   0.2   0.0
4    8  6   mar  sun  89.3  51.3  102.2  9.6  11.4  99   1.8   0.0   0.0
                X           Y        FFMC         DMC          DC         ISI  \
count  517.000000  517.000000  517.000000  517.000000  517.000000  517.000000
mean     4.669246    4.299807   90.644681  110.872340  547.940039    9.021663
std      2.313778    1.229900    5.520111   64.046482  248.066192    4.559477
min      1.000000    2.000000   18.700000    1.100000    7.900000    0.000000
25%      3.000000    4.000000   90.200000   68.600000  437.700000    6.500000
50%      4.000000    4.000000   91.600000  108.300000  664.200000    8.400000
75%      7.000000    5.000000   92.900000  142.400000  713.900000   10.800000
max      9.000000    9.000000   96.200000  291.300000  860.600000   56.100000

             temp          RH        wind        rain         area
count  517.000000  517.000000  517.000000  517.000000   517.000000
mean    18.889168   44.288201    4.017602    0.021663    12.847292
std      5.806625   16.317469    1.791653    0.295959    63.655818
min      2.200000   15.000000    0.400000    0.000000     0.000000
25%     15.500000   33.000000    2.700000    0.000000     0.000000
50%     19.300000   42.000000    4.000000    0.000000     0.520000
75%     22.800000   53.000000    4.900000    0.000000     6.570000
max     33.300000  100.000000    9.400000    6.400000  1090.840000
```

图 2.11　加载数据代码运行结果

if df.isnull().sum().any()：用于判断数据框中是否存在任何缺失值。如果存在缺失值（即.any()返回 True），则执行缩进下的代码块。

df.dropna(inplace＝True)：如果检测到有缺失值，这行代码将删除数据框中包含任何缺失值的所有行。参数 inplace＝True 意味着这个操作会在原始数据框上直接修改，而不是返回一个新的数据框。

df.describe()：这个方法生成了一个包含数值型特征的基本统计摘要的数据框，包括：

- count：非空观测数。
- mean：平均值。
- std：标准差。
- min：最小值。
- 25％,50％,75％：第一分位数、中位数、第三分位数。
- max：最大值。

对于非数值型的列（如字符串类型的分类变量），不会出现在 describe()的结果中，除非明确指定 include＝'all'来包含所有类型的数据。

print(df.describe())：将上述统计摘要打印出来，便于快速了解数据集的基本分布情况。

4）数据可视化与分析

为了让生成的可视化图表标题和坐标轴标签显示为中文，需要设置 Matplotlib 使用支持中文的字体。这里以 Windows 系统中的"微软雅黑"字体为例。如果使用的是其他操作系统，请选择相应的字体文件路径或名称。

```
# 设置中文字体(微软雅黑),可以用其他字体文件替换代码中的 Microsoft YaHei
plt.rcParams['font.sans-serif'] = ['Microsoft YaHei']
# 解决负号显示问题
plt.rcParams['axes.unicode_minus'] = False
```

（1）展示烧毁面积分布情况。

生成一个直方图，展示森林火灾数据集中"烧毁面积"特征（area）的分布情况，并对烧毁面积进行对数变换，以处理可能存在的偏态分布问题。这是因为原始烧毁面积数据中的大多数样本的烧毁面积较小，但存在少数极端值（即非常大的烧毁面积）。这种分布会导致统计模型处理数据时遇到困难，因为许多统计方法假设数据大致呈正态分布。通过对数变换，可以有效地压缩数据的范围，减少极端值的影响，使得数据分布更加接近正态分布。在可视化方面，对数变换后的数据通常能更清晰地显示变量之间的关系。例如，在探索温度与烧毁面积的关系时，直接绘制这两个变量的散点图可能会由于烧毁面积的巨大差异而难以看出任何模式，通过对烧毁面积进行对数变换，可以使这种关系变得更加明显。

代码如下。

```python
plt.figure(figsize = (8,6))
df['area'].apply(np.log1p).hist(bins = 50, color = 'skyblue', edgecolor = 'black')
plt.title('烧毁面积（对数变换后）的分布')
plt.xlabel('对数（烧毁面积 + 1）')
plt.ylabel('数量')
plt.show()
```

其中：

df['area']：选择数据框 df 中的'area'列，该列代表火灾的烧毁面积。

.apply(np.log1p)：对'area'列中的每个值应用自然对数加一（np.log1p）变换。使用 log1p(x) 而不是直接使用 log(x) 的原因是为了处理 x=0 的情况，因为 log(0) 是未定义的，而 log1p(0)=log(1+0)=0。这有助于保持数据完整性，并且在处理包含零值的数据时特别有用。

.hist(…)：调用 Pandas 的 hist()方法来绘制选定列的直方图。

- bins=50：指定直方图的柱数为 50。增加柱数可以提供更详细的分布信息，但过多可能导致噪声过多；过少则可能丢失重要细节。
- color='skyblue'：设置直方图的颜色为天蓝色。
- edgecolor='black'：设置每个柱的边缘颜色为黑色，这有助于提高图表的可读性，使各个柱更加清晰。

森林烧毁面积分布直方图如图 2.12 所示。

（2）不同月份与每周不同天的火灾次数分布情况。

用条形图展示不同月份与每周不同天的火灾次数分布情况，代码如下。

```python
# 定义名为 plot_fire_frequency 的函数，参数 group_col 指定数据框 df 中用来进行分组的列名，参数 title 是生成图表的标题
def plot_fire_frequency(group_col, title):
    plt.figure(figsize = (8,6))
    df.groupby(group_col)['area'].count().plot(kind = 'bar',color = 'lightgreen',edgecolor = 'black')
    plt.title(title)
    plt.xlabel(group_col.capitalize())
    plt.ylabel('火灾次数')
    plt.xticks(rotation = 45) # 设置 x 轴刻度标签旋转 45°,以避免标签重叠问题
    plt.show()
# 调用函数绘制月份和星期几的火灾频率图
plot_fire_frequency('month', '各月份的火灾次数')
plot_fire_frequency('day', '各天的火灾次数')
```

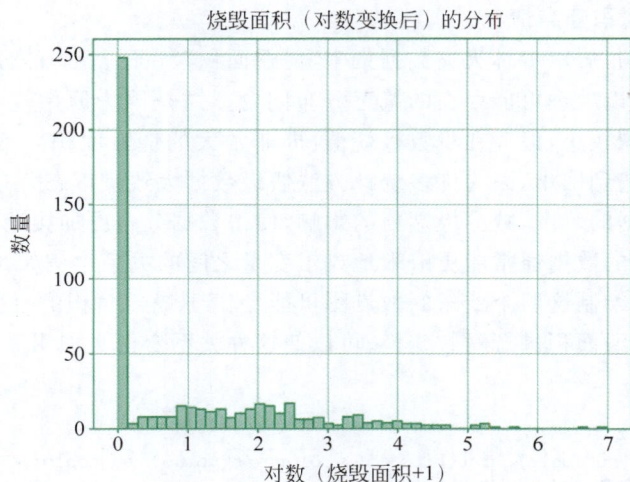

图 2.12　森林烧毁面积分布直方图

其中：

df.groupby(group_col)：根据 group_col 指定的列对数据框 df 进行分组。

['area'].count()：对于每个分组，计算'area'列中的非 NA 值数量，这里可以理解为统计各组内的火灾次数。

.plot(kind='bar',color='lightgreen',edgecolor='black')：将上述结果绘制成柱状图，使用浅绿色作为柱体颜色，黑色作为边框颜色，以便更清晰地区分各个柱子。

以上代码运行结果如图 2.13 所示。

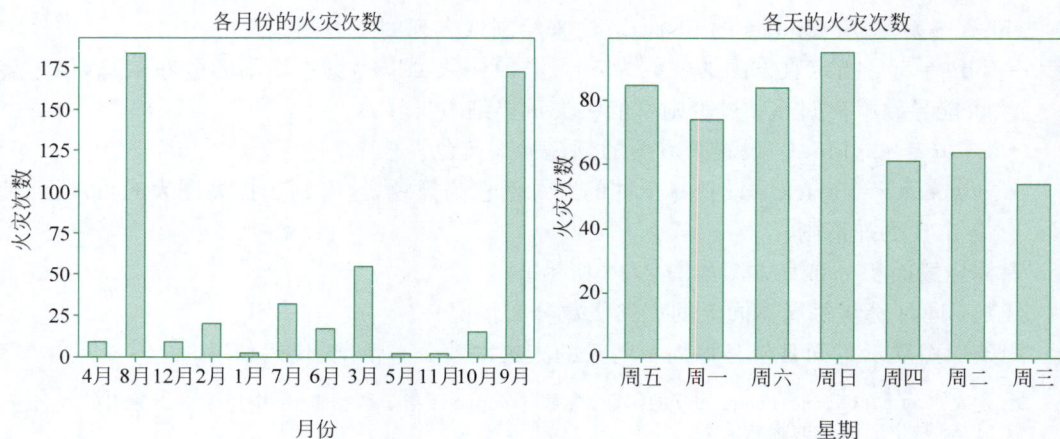

图 2.13　不同月份与每周不同天的火灾次数分布情况

（3）温度与烧毁面积的关系。

用 Matplotlib 库绘制散点图（scatter plot），用于展示数据框 df 中温度变量（'temp'列）与烧毁面积变量（'area'列）之间的关系。代码如下。

```
plt.figure(figsize=(8,6))
plt.scatter(df['temp'], df['area'].apply(np.log1p), alpha=0.5, color='orange')
plt.title('温度 vs 烧毁面积（对数变换后）')
plt.xlabel('温度（℃）')
```

```
plt.ylabel('对数(烧毁面积 + 1)')
plt.grid(True) # 显示网格线
plt.show()
```

其中:

plt.scatter()函数用来生成散点图。

df['temp']和 df['area'].apply(np.log1p)分别作为 x 轴和 y 轴的数据。df['temp']代表温度数据,而 df['area'].apply(np.log1p)表示对烧毁面积数据应用自然对数变换后得到的结果。

alpha=0.5 设置点的透明度为 0.5,让点看起来有一定程度的透明,有助于观察重叠点的密度。

color= 'orange'指定散点的颜色为橙色。

温度与烧毁面积的关系散点图如图 2.14 所示。

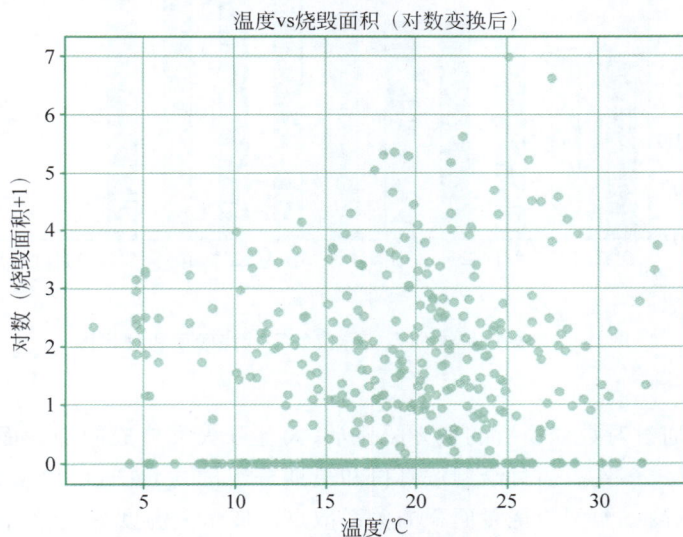

图 2.14　温度与烧毁面积的关系散点图

(4) 按月份统计火灾导致的平均烧毁面积。

计算不同月份火灾导致的平均烧毁面积(对数变换后),并绘制柱形图直观展示每个月份的结果,用于分析不同月份火灾严重程度的变化趋势。代码如下。

```
mean_area_by_month = df.groupby('month')['area'].apply(lambda x: np.log1p(x[x > 0]).mean()).sort_values()
mean_area_by_month.plot(kind = 'bar', figsize = (10,6), color = 'skyblue', edgecolor = 'black')
plt.title('不同月份火灾导致的平均烧毁面积(对数变换后)')
plt.xlabel('月份')
plt.ylabel('对数(平均烧毁面积 + 1)')
plt.xticks(rotation = 45)
plt.show()
```

其中:

.apply(lambda x: np.log1p(x[x > 0]).mean()):对于每个月份分组后的'area'数据应用一个匿名函数(lambda 表达式)。在这个函数中,

- x[x ＞ 0]：筛选出所有大于 0 的烧毁面积值。这一步可能是为了排除那些没有发生火灾或记录错误的情况。
- np.log1p(x)：对筛选后的烧毁面积值执行自然对数加一的转换。使用 np.log1p 而非直接 log 的原因是为了避免对 0 取对数时出现的问题，同时保持数值的正性。
- .mean()：计算经过上述处理后烧毁面积值的平均数。
- .sort_values()：最后，按计算得到的平均值对结果进行排序。

按月份统计火灾导致的平均烧毁面积柱形图如图 2.15 所示。

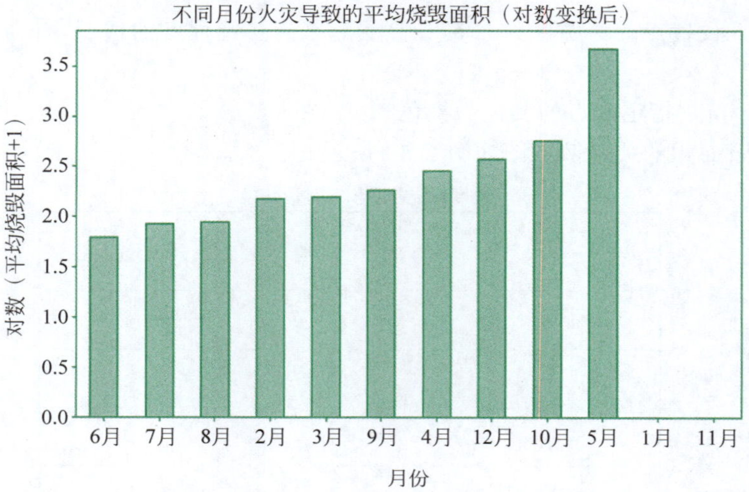

图 2.15　按月份统计火灾导致的平均烧毁面积柱形图

4. 总结

分析本实验，通过对数变换后的直方图显示，大部分火灾造成的烧毁面积较小，但存在少数非常严重的火灾事件。通过绘制按月份和星期分组的柱状图，可以发现某些月份或星期的火灾发生率较高。温度与烧毁面积的关系散点图展示了温度与烧毁面积之间可能存在某种正相关关系，但并非绝对。根据月份计算的平均烧毁面积有助于识别哪些月份更可能经历严重火灾。可在此基础上尝试分析其他气象因素（如风速、湿度）与烧毁面积之间的关系。有效的数据处理和可视化分析，为理解和预防森林火灾提供了数据支持。

2.4　智能化编程

智能化编程是指利用人工智能和机器学习技术来辅助或增强软件开发过程的一系列方法和技术。旨在通过自动化常规任务、智能化和优化的手段提高编程的效率、质量和可靠性，帮助开发者更高效地编写高质量的代码，并管理复杂的项目。智能化编程的目标是提高生产力，减少人为错误，加速开发周期，使非专业人员也能更容易地参与到软件开发过程中。

智能化编程可以包括以下几个方面。

（1）代码自动生成：允许用户通过自然语言描述需求，利用机器学习算法，根据输入的需求描述或示例代码自动生成符合要求的程序代码，降低编程门槛。

（2）代码分析与优化：通过人工智能技术对代码进行静态分析，发现潜在的错误、性能瓶颈、安全漏洞或改进空间,并给出优化建议,提前预防缺陷,进入生产环境。

（3）智能调试：利用人工智能技术来辅助调试过程,快速定位并修复代码中的错误。

（4）智能代码补全与推荐：利用上下文感知的代码补全工具,并基于当前代码环境自动推荐可能的代码片段或函数调用,甚至可以直接生成代码。

（5）智能文档生成：自动生成应用程序编程接口（API）文档或其他形式的技术文档,减轻手动维护文档的工作量,确保文档与实际代码保持同步。

（6）项目管理与协作：人工智能技术还可以应用于项目管理中,帮助开发者更好地规划任务、分配资源、跟踪进度以及进行团队协作。

智能化编程的目标是使编程过程更加高效、智能和可靠,减轻开发者的负担,提高软件开发的质量和速度。随着人工智能技术的不断发展,智能化编程将继续演进,带来更多的可能性和变革。

2.4.1　智能化编程工具介绍

智能化编程工具近年来快速发展,覆盖了从代码编写、测试、调试到文档生成等多个方面。它们利用人工智能技术,如自然语言处理、机器学习和深度学习等,为程序员提供了强大的代码生成、补全、修改和优化功能。以下是一些主要的智能化编程工具：

（1）GitHub Copilot。

由 GitHub 与 OpenAI 合作开发的一款基于人工智能的代码补全工具,它能够理解开发者在编辑器中编写的上下文,并根据该上下文自动生成代码片段、函数乃至完整的类。通过学习海量公开代码库中的模式,Copilot 支持多种编程语言,可以加速开发流程,减少重复劳动,帮助开发者快速解决常见的编码问题,提升编码效率。

（2）通义灵码。

阿里云推出的智能化编程助手,旨在利用先进的人工智能技术为开发者提供代码补全、智能提示、错误检测及修复等多方面的支持。其特点包括高度精准的代码预测能力、对多种编程语言和框架的广泛支持以及深度集成于开发环境中的无缝使用体验。通过自动化常规编程任务,通义灵码不仅能够显著提升开发效率,还能帮助开发者减少错误,专注于更具创造性的软件开发工作。

（3）Visual Studio IntelliCode。

为 Visual Studio 系列 IDE 提供的智能扩展,通过机器学习模型提供个性化的代码建议。IntelliCode 不仅提高了代码补全的准确性,还能识别最佳实践,帮助开发者减少潜在错误,特别适合团队协作开发环境。

（4）Amazon CodeWhisperer。

一款由亚马逊云服务推出的智能编程助手,可以集成到各种 IDE 中,比如 Visual Studio Code 和 JetBrains 系列 IDE,为开发者提供了一个无缝的工作流程。它能够根据开发者输入的注释或部分代码自动生成完整的函数或代码块。支持多种编程语言,并能理解上下文,以提供相关的代码建议。除了代码补全功能外,还集成了安全扫描功能,可以检测并警告潜在的安全漏洞,如 SQL 注入、跨站脚本攻击（XSS）等,帮助开发者编写更安全的代码。且与其云服务紧密集成,简化了调用 AWS、API 和服务的过程。

（5）DeepSeek Coder。

国产人工智能辅助编程工具，是一个极具创新性和实用性的开源项目。它不仅在技术上取得了突破，更在开源社区的协作和贡献方面树立了良好的榜样。它由一系列代码语言模型组成，每个模型都从零开始训练，庞大的数据量使得模型能够更好地理解和生成代码。项目提供了从 1B 到 33B 不同规模的模型版本，可以根据需求和资源情况选择最合适的模型版本，展现出高度的灵活性和可扩展性。采用 16K 的窗口大小和填空任务，支持项目级别的代码补全和填充，这意味着在进行代码补全时，模型能够考虑更大范围的上下文信息，生成更加准确和合理的代码片段，这对于提高编程效率和代码质量都具有重要意义。

这些智能化编程工具各具特色，有的侧重代码生成和补全，有的则专注于代码修复和优化，可按需求和编程环境选择。它们的共同目标是通过人工智能技术简化开发流程，提高工作效率，降低错误率，促进高质量软件的开发。

2.4.2　GitHub Copilot 示例

GitHub Copilot 能够帮助用户快速编写高质量代码，极大地提高了编码效率。对于初学者来说，这是一个很好的辅助工具，可以帮助他们更快地理解和实现特定功能。下面以在 PyCharm 中使用 GitHub Copilot 为例，讲解智能化编程工具的便捷性。

1. 注册 GitHub Copilot

首先需要在 GitHub 官网（https://github.com/）注册一个账号。有两种方式获取 Copilot，一种是学生注册申请可以免费获得（需要有学校的邮箱以及学生身份证明），另一种是通过付费获取，有一个月的免费试用期。

2. 安装 GitHub Copilot 插件

打开 PyCharm，然后进入 File（文件）菜单，单击 Settings（设置）（对于 macOS 用户，选择 PyCharm＞Preferences）。在打开的设置对话框中选择左侧菜单中的 Plugins（插件）。在插件市场搜索栏中输入 GitHub Copilot。找到 GitHub Copilot 插件并单击 Install（安装）按钮，进行安装。如图 2.16 所示，安装完成后，重启 PyCharm 以使更改生效。

3. 登录 GitHub Copilot

通过 Tools（工具）菜单中的 GitHub Copilot 选项子菜单中的 Open GitHub Copilot Chat 手动启动登录流程。单击打开的登录窗格中的 Sign In to GitHub，在打开的页面中用已注册的账号登录。

4. 开始使用 GitHub Copilot

创建或打开一个 Python 文件，例如新建 Github.py。输入一段描述性的注释来说明想要实现的功能。例如"♯ 加载一个 CSV 文件并显示前 5 行"。按回车键后，光标移到下一行，GitHub Copilot 会自动显示建议的代码片段，如果第一次使用 GitHub Copilot，会显示接受建议代码的操作方法，如图 2.17 所示。此时按下 Ctrl＋→，将在光标所在处插入建议代码的一个单词，按下 Ctrl＋Alt＋→，将插入一行建议代码。

GitHub Copilot 还能快速生成代码注释、函数说明、参数描述等文档内容，以便于其他开发者与用户理解和使用代码。如图 2.18 所示，在光标所在处自动对 plt.xticks(rotation＝45)语句生成注释。

GitHub Copilot Chat 是 GitHub Copilot 功能的一部分，它允许开发者通过与 AI 对话

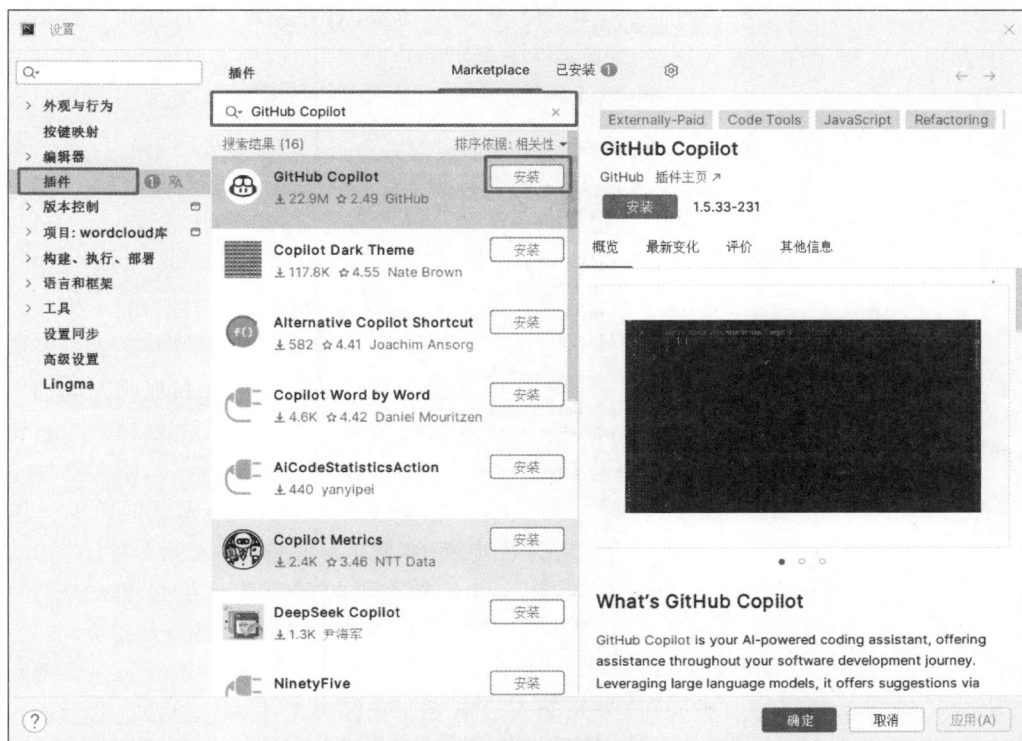

图 2.16　PyCharm 设置对话框

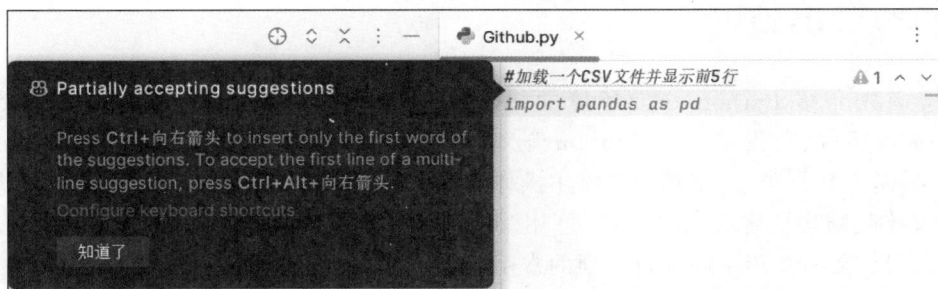

图 2.17　GitHub Copilot 建议代码

图 2.18　GitHub Copilot 生成注释

来获取代码建议,解释代码,修复错误等。这种交互方式使得编程更加直观和高效,特别是对于那些需要快速解决问题或学习新概念的开发者来说。例如,在右侧 GitHub Copilot Chat 窗格对话框中输入"输出九九乘法表"并发送(send),对话框中将自动生成代码,如图 2.19 所示。

PyCharm 中使用通义灵码的方法与 GitHub Copilot 类似。

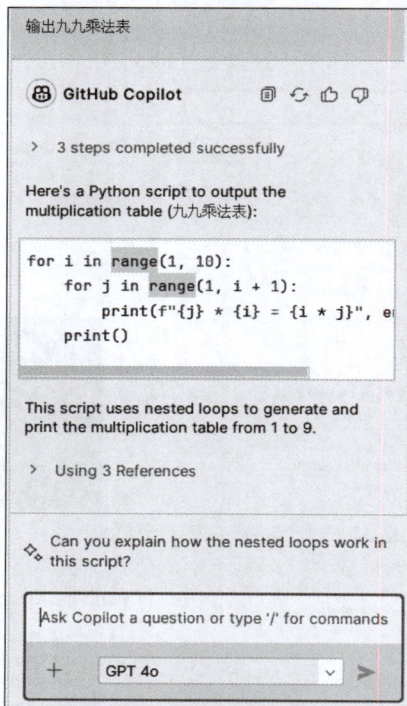

图 2.19　GitHub Copilot 自然对话生成代码

2.5　本章小结

本章首先介绍 Python 开发环境的搭建和第三方常用开发工具 PyCharm、Jupyter Notebook 的下载、安装方法，为 Python 开发打下基础。然后介绍了 Python 的语法特点，变量的定义、基本数据类型、字符串的常用操作、运算符与表达式，需要重点掌握。接着详细介绍了三大控制结构的定义、逻辑、语法、用法、使用场景，帮助初学者打开设计 Python 复杂程序的大门。随后介绍了序列及序列的常用操作，重点介绍了列表、元组、字典和集合，这些都是非常重要的数据结构，对于学习复杂的算法起到重要作用。还介绍了函数的基本使用、参数、变量作用域、匿名函数和内置函数，以及创建函数、调用函数、使用函数实现某些算法的方法。在函数中，难点是通过不同的方式为函数传递参数。还详细介绍了第三方库的安装、导入和本课程中常用的第三方库，本章还详细介绍了以 NumPy、Pandas、Matplotlib 库实现数据分析和可视化的基本操作与流程。最后讲解了几个辅助编程的智能化编程工具，并以 PyCharm 中使用 GitHub Copilot 为例演示了智能化编程工具。

## 第 3 章

语音处理及其应用

思维导图：

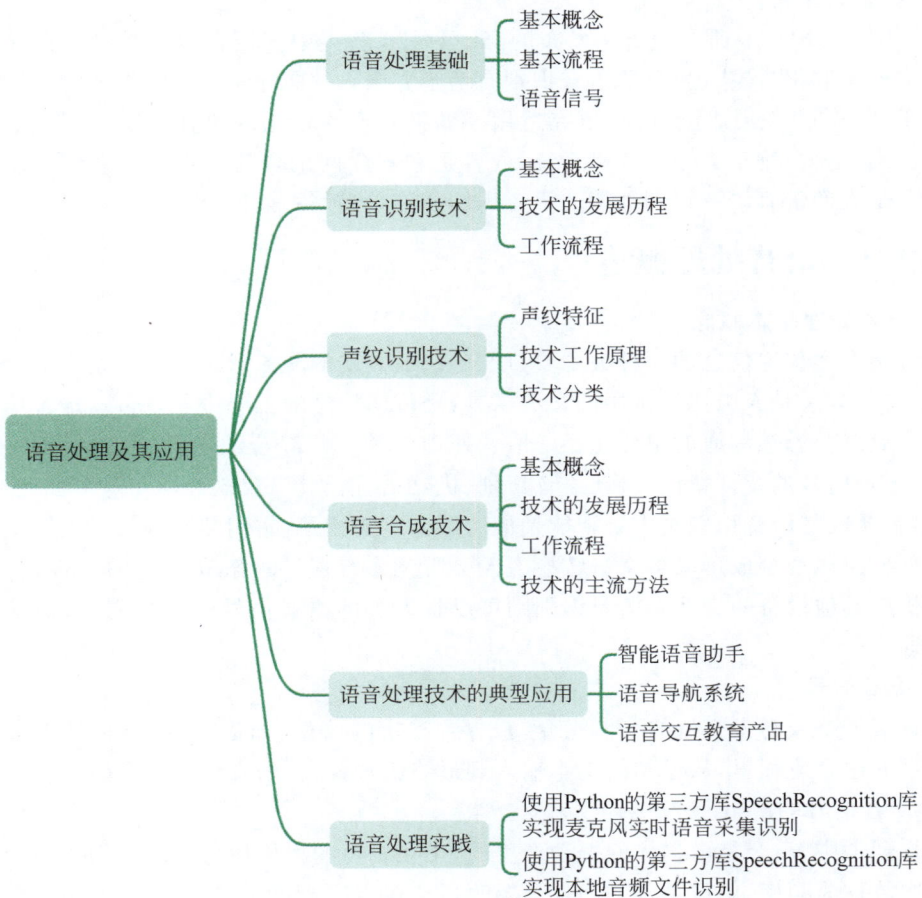

语音处理及其应用
- 语音处理基础
  - 基本概念
  - 基本流程
  - 语音信号
- 语音识别技术
  - 基本概念
  - 技术的发展历程
  - 工作流程
- 声纹识别技术
  - 声纹特征
  - 技术工作原理
  - 技术分类
- 语言合成技术
  - 基本概念
  - 技术的发展历程
  - 工作流程
  - 技术的主流方法
- 语音处理技术的典型应用
  - 智能语音助手
  - 语音导航系统
  - 语音交互教育产品
- 语音处理实践
  - 使用Python的第三方库SpeechRecognition库实现麦克风实时语音采集识别
  - 使用Python的第三方库SpeechRecognition库实现本地音频文件识别

学习目标：

- 了解语音处理的基本概念，语音信号的特征和语音信号处理的基本流程
- 了解语音识别、声纹识别、语音合成等核心技术的概念以及发展历程
- 理解语音识别和语音合成技术的基本工作流程，熟悉语音合成的主流方法
- 理解语音处理技术在智能助手、语音车载系统、语音交互教育产品等典型领域的应

用场景及技术实现路径

- 能够使用 Python 的第三方库 SpeechRecognition 自主编程实现简单的语音识别和本地音频文件识别

3.1 语音处理基础

随着深度学习、云计算、大数据等新一代信息技术的快速发展，人类正进入人工智能与万物互联时代，人类和机器的交互正逐渐进入以"语音交互为主、键盘触摸手势为辅"的阶段。作为万物互联时代最重要、最直接的入口，中国的智能语音技术研发及其产业应用推广近年来取得了长足进步，并长期占据国际领先地位。"能理解会思考"的智能语音技术是指能使信息时代的各种机器像人一样具有"能听会说"和"能理解会思考"的感知和认知能力的智能技术，是人工智能技术产业的核心发展领域。

2020 年，中国产业研究报告网发布的《2021—2027 年中国语音识别系统行业深度研究与发展前景预测报告》指出，目前语音识别有两个方向：一是对词汇量比较大的连续语音进行语音识别；二是发展小型方向，研究适用于便携式产品使用的语音识别。词汇量比较大的语音识别主要应用于大型计算机系统，或者是和互联网结合的语音服务系统。发展小型方向主要是生产带有语音识别性能的语音识别芯片，两者各有各的前景。

3.1.1 语音处理概述

1. 语音处理基本概念

语音是人类传递信息的一种最主要、最有效、最方便的交流形式。语言是人类特有的交流方式，而声音又是人类比较常用的交流工具，是传递信息的主要手段，所以，语音信号是人们情感交流以及思想沟通的主要途径。语音处理作为一门综合性学科，致力于研究语音发声机制、语音信号的统计特性、自动语音识别、机器语音合成以及语音感知等多种处理技术。其中，语音合成与语音识别是人工智能领域的两个重要技术，它们共同构成了人机交互的核心组成部分。语音合成可以将文本转换为人类听觉系统能够理解和接受的声音，从而实现与计算机或其他设备的交互。语音识别则可以将人类的语音信号转换为文本，实现人机的双向沟通。

2. 语音信号

语音信号是人与人交流的自然媒介，它包含丰富的信息，如语义、情感和身份特征。在语音处理的整个流程里，从最初的文本输入到最终语音输出，语音信号贯穿始终。

1）语音信号的产生

在物理学中，声音是由物体的振动产生的，正在发声的物体称为声源。物体在 1 秒钟内振动的次数称为频率，单位是赫兹（Hz），人的耳朵可以听到 20～20 000Hz 的声音，其中最敏感是 1000～3000Hz 的声音。人类语音信号的产生和感知是一个极其复杂的过程，主要可以分为三个阶段：语音的产生、语音的传递和语音的感知。

（1）语音的产生。

人类的发音器官包括肺、气管、喉、咽、鼻、口，它们共同组成一套复杂的发音系统。其中喉的部分称为声门，而从声门到嘴唇的呼气通道称为声道。声道是语音产生以后在人体内传播的通道。语音的产生有两种不同的方式,分别为声带的震动和声道窄部产生的涡流。声道好比一个滤波器或者共鸣系统,当声音经过声道时,频谱将会发生改变,同时口唇和鼻腔也会使声音的频谱发生改变,声源的不同以及声道形状、嘴型等都会影响声音的音位。每个人的发音器官存在很大的差异性,这也导致了不同人的语音存在一定的差异性。

（2）语音的传递。

语音以声波的形式通过空气等媒介传播。在这个过程中,语音会受到来自环境因素的干扰,例如噪音信号等会造成语音的失真。

（3）语音的感知。

语音的感知是由人耳和大脑共同构成的复杂的听觉系统来完成的。首先,人耳接收到语音的声波信号后会转化成电信号,传递给大脑皮层,然后由大脑内复杂的听觉神经元进行感知。大脑可以感知的语音信号包含音高、音强、音长、音色和语调等复杂信息,从而听话者能准确地判断说话人的意思。

2）语音的声学特征

语音的声学特征是指各种语音音频信号在声学上的特征。这些特征是通过语音信号的产生、传输和接收过程

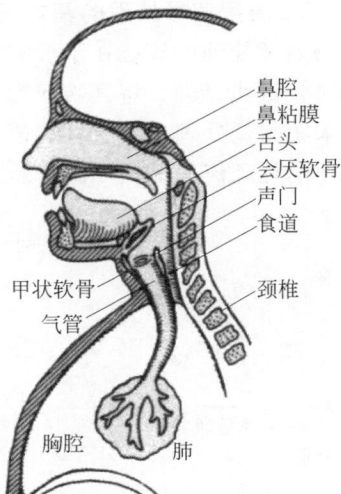

图 3.1　语音发音系统

中的声学效应产生的。因此,在理解语音的声学特征时,需要考虑语音的基本单位——音素（Phoneme）,以及声学参数,如频率（Frequency）、振幅（Amplitude）、时长（Time）、共振（Resonance）,等等。

语音信号是由一系列较小的语音单元构成的。这些单元被称为音素。音素是语音的最小基本单位。它们被用来构建单词、短语和句子。音素有元音和辅音两种类型。元音由良好的声音质量和长短程度特征定义,辅音由有息音、无息音和破裂音组成。

语音以声波的方式在空气中传播。声波是一种纵波,它的振动方向和传播方向是一致的。声波有一些物理意义上的描述,而从语音学角度看,它具有一些其他特征。声波从声源向四面八方传播,它的频率指在单位时间内声波的周期数。而波长（Wave Length）指声波中两个波峰之间相隔的时间距离。波长是用声波的传播速度/声波的频率。频率越高,波长越短;频率越低,波长越长。从物理描述上看,声波具有两个参数:一个是频率;另一个是振幅。声波的频率是指一个声音波形中每秒的振荡周期数,单位是赫兹（Hz）,声音的频率与声音的音高有关。声音的频率高,声音就高;声音的频率低,声音就低。振幅是声波在传播过程中能量的大小,单位是分贝（dB）。在语音中,振幅通常用来表征语音的响度和音量。在荒郊野外大声呼喊,必然振幅大,响度大;在近处低声交头接耳,必然振幅小,响度小。

时长是声音的持续时间,单位为秒（s）。在语音中,时长通常用于描述元音的持续时间和辅音的持续时间。音素的声学特征与其时长有关。例如,元音的声学特征被定义为其始音、高峰和次谷之间的时长;辅音的声学特征则被定义为其始音和尾音之间的时长。

共振是声波在特定频率下放大或减弱的形式,单位是 dB。在语音中,共振通常用来描述元音的音高和声音的质量。元音的声音质量与其所包含的共振特征成正比,而辅音的声音质量则取决于其所在音素的元音共振特征。

总体而言,语音的声学特征是指各种语音音频信号在声学上的特征。这些特征对于语音的理解和识别非常重要,因此对于不同语种的学习和研究都具有重要意义。通过对语音声学特征的深入了解,我们能够更好地理解语音的产生与传递,也能更好地进行语音信号的分析和处理。

3. 语音信号处理的基本流程

语音处理的核心在于理解语音信号的物理特性(频率、振幅、频谱),并利用数字化技术(采样、量化、编码)将其转换为计算机可处理的形式。语音信号处理的基本流程涵盖语音信号采集与预处理、特征提取、模式识别等环节,各环节协同实现语音识别和语音合成等应用,具体的处理流程如图 3.2 所示。

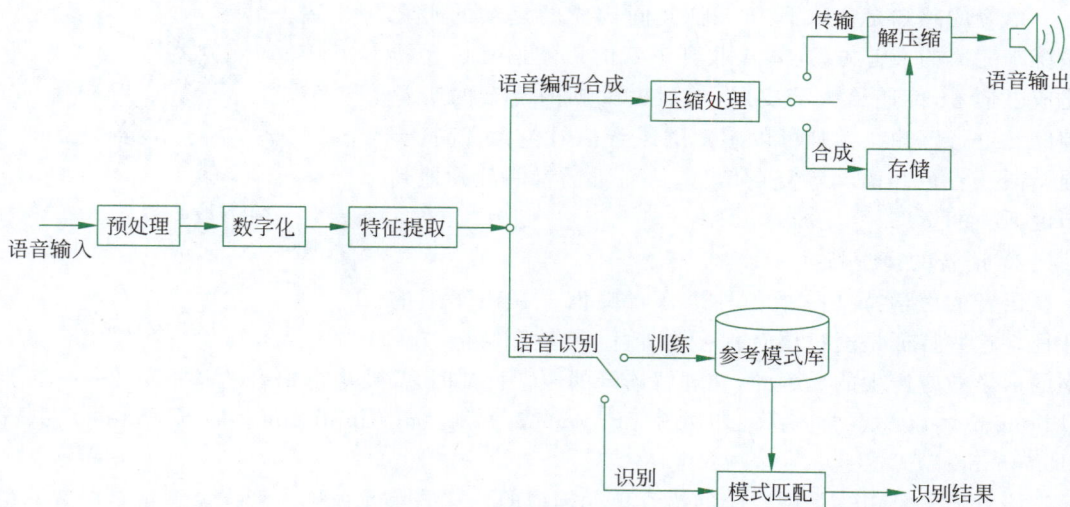

图 3.2　语音信号处理的总体结构图

无论是语音识别,语音编码还是语音合成,输入的语音信号首先要进行预处理,对信号进行适当放大和增益控制,并进行反混叠滤波来消除工频信号的干扰;然后进行数字化,将模拟信号转化为数字信号,便于计算机处理;接着进行特征提取,用反映语音信号特点的若干参数来代表语音。在此之后,根据任务的不同采取不同的处理办法。

语音信号处理技术已经渗透到生活的方方面面,从智能助手的便捷交互到安全领域的高级加密,它在不同行业展现出无限的可能性。深入探索这些应用,不仅可以帮助我们理解语音技术的实际效用,还能激发更多的创新思路。

3.1.2　语音识别技术

1. 语音识别的基本概念

语音识别技术(Automatic Speech Recognition,ASR)是一种利用机器对语音信号进行识别和理解,并将其转换成相应文本和命令的技术,其本质是一种模式识别,通过对未知语音和已知语音的比较,匹配出最优的识别结果。这项技术融合了生理学、声学、信号处理、计算机科学、模式识别、语言学和心理学等多个学科领域的知识,因此被视为一门交叉学科。

2. 语音识别技术的发展历程

20 世纪 50—70 年代(萌芽起步阶段):1952 年,贝尔实验室研发了世界上第一个语音识别系统 Audry,它可以识别 10 个英文数字发音。20 世纪 60 年代,计算机的应用推动了语音识别技术的发展,人们使用电子计算机进行语音识别,提出了一系列语音识别技术的新理论动态规划线性预测分析技术,较好地解决了语音信号产生的模型问题。代表性方法是动态时间规整(Dynamic Time Warping,DTW),它依靠动态规划(Dynamic Programming,DP)技术解决了语音输入输出不定长的问题。20 世纪 70 年代,随着自然语言理解以及微电子技术的发展,语音识别研究取得了突破性进展。日本的 Sakoe(迫江)和 Chiba(千叶)的研究则展示了利用动态规划技术在待识语音模式与标准语音模式之间进行非线性时间匹配的方法;日本板仓的研究则提出了将线性预测分析技术加以扩展,将其用于语音信号特征抽取的方法。同时,这个时期还提出了矢量量化(Vector Quantification,VQ),VQ 是将词库中的字、词等单元形成矢量量化的码本,作为模板,再用输入的语音特征矢量与模板进行匹配。总体而言,这一阶段主要实现了小词汇量、孤立词的语音识别。

20 世纪 80 年代—21 世纪初(发展阶段):这一阶段的语音识别主要是以隐马尔可夫模型(Hidden Markov Model,HMM)为基础的概率统计模型为主,识别的准确率和稳定性都得到极大提升。经典成果包括 1990 年李开复等研发的 SPHINX 系统,该系统以 GMM-HMM(Gaussian Mixture Model-Hidden Markov Model)为核心框架,是有史以来第一个高性能的非特定人、大词汇量、连续语音识别系统。GMM-HMM 结构在相当长时间内占据语音识别系统的主流地位,并且至今仍然是学习、理解语音识别技术的基石。

21 世纪至今(应用落地阶段):这一阶段的语音识别建立在深度学习基础上,得益于神经网络对非线性模型和大数据的处理能力,取得了大量成果。2009 年,Mohamed 等提出深度置信网络(Deep Belief Network,DBN)与 HMM 相结合的声学模型在小词汇量连续语音识别中取得成功。2012 年,深度神经网络与 HMM 相结合的声学模型 DNN-HMM 在大词汇量连续语音识别(Large Vocabulary Continuous Speech Recognition,LVCSR)中取得成功,掀起利用深度学习进行语音识别的浪潮。此后,以卷积神经网络(Convolutional Neural Network,CNN)、循环神经网络(Recurrent Neural Network,RNN)等常见网络为基础的混合识别系统和端到端识别系统都获得了不错的识别结果和系统稳定性。迄今为止,以神经网络为基础的语音识别系统仍旧是国内外学者的研究热点。

3．语音识别的工作原理

从语音识别系统的构成来讲,一套完整的语音识别系统包括预处理、特征提取、声学模型、语言模型以及搜索算法等模块,具体的语音识别流程如图 3.3 所示。

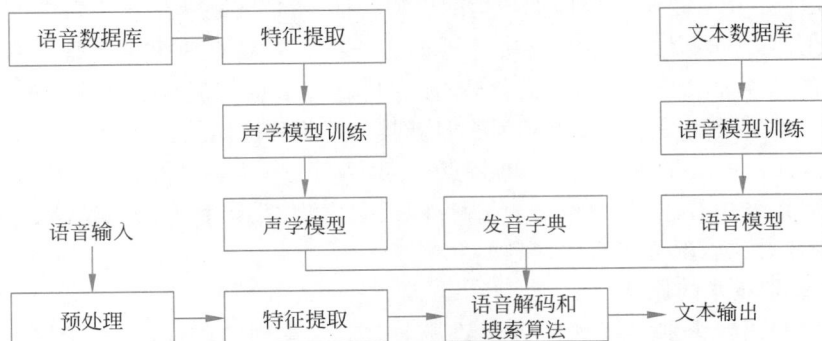

图 3.3　语音识别系统结构图

1）预处理

预处理包括预滤波、采样、模/数转换、预加重、分帧加窗、端点检测等操作。其中，信号分帧是将信号数字化后的语音信号分成短时信号，作为识别的基本单位。这主要是因为语音信号是非平稳信号，且具有时变特性，不易分析，但其通常在短时间范围（一般为 10～30ms）内特性基本不变，具有短时平稳性，可以用来分析其特征参数。

2）特征提取

通常在进行语音识别之前，需要根据语音信号波形提取有效的声学特征。特征提取的性能对后续语音识别系统的准确性极其关键，因此需要具有一定的鲁棒性和区分性。目前语音识别系统常用的声学特征有梅尔频率倒谱系数（Mel-Frequency Cepstrum Coefficient，MFCC）；感知线性预测（Perceptual Linear Predictive，PLP）系数、线性预测倒谱系数（Linear Prediction Cepstral Coefficient，LPCC）、梅尔滤波器组系数（Mel Filter Bank，Fbank）等。

3）声学模型

声学模型是整个语音识别系统中最重要的部分，只有学好了发音，才能顺利和发音词典、语言模型相结合，得到较好的识别性能。GMM-HMM 是最为常见的一种声学模型，该模型利用 HMM 对时间序列的建模能力，描述语音如何从一个短时平稳段过渡到下一个短时平稳段。深度学习的兴起为声学建模提供了新途径。

4）语言模型

语言模型是用来预测字符（词）序列产生的概率，判断一个语言序列是否为正常语句。随着深度学习的发展，语言模型的研究也开始引入深度神经网络。

3.1.3　声纹识别技术

声纹识别（Voiceprint Recognition），是一种通过分析语音信号中的个性化特征来识别或验证说话人身份的生物识别技术。每个人的发声器官（声带、口腔、鼻腔等）和发音习惯具有独特性，导致语音信号中隐含的声学特征（如基频、共振峰、频谱包络等）具有个体差异性。这些特征被称为"声纹"，类似于指纹的独特性。

1. 声纹特征

（1）交互性：声音是唯一可双向传递信号的生物特征，既可以接收信息，也可以发出信息，实现交互。

（2）便捷性：声音是唯一周边无死角的生物特征，可以实现非接触式采集，方便使用。

（3）变化性：声音是高可变性与唯一性的完美统一。没有两个声音是完全一样的，但里面所蕴含的信息，比如你是谁、你的年龄、你的情感等信息却都是唯一确定的。这种高可变性和唯一性的完美统一使得语音信号自身就具备了很强的防攻击能力。

（4）丰富性：声音有"形简意丰"的特点，它虽然只是一个一维信号，但是蕴含着丰富的信息。在一段语音中，除了包含说话人信息外，还包含内容、语种、性别、情绪、年龄，甚至包含出生地、身体健康状况等丰富的信息。

2. 声纹识别技术的原理

声纹识别和语音识别在原理上一样，都是通过对采集到的语音信号进行分析和处理提取相应的特征或建立相应的模型，然后据此做出判断。但二者的根本目的，提取的特征、建立的模型是不一样的。声纹识别试图寻找的是区别每个人的个性特征,而语音识别则是侧重于对话者所表述的内容进行识别。简而言之,语音识别关心说的是什么,声纹识别关心是谁说的,声纹识别通常又称作说话人识别。

3．声纹识别技术的分类

根据实际场景需求的区别,《2019 中国声纹识别产业发展白皮书》中将声纹识别技术细分为 4 类,如表 3.1 所示。

表 3.1 声纹识别的技术分类

技 术 分 类	技 术 特 点
声纹确认	即给定一个说话人的声纹模型和一段只含一名说话人的语音,判断该段语音是否是该说话人所说
声纹辨认	即给定一组候选说话人的声纹模型和一段语音,判断该段语音是哪个说话人所说
声纹检出	即给定一个说话人的声纹模型和一些语音,判断目标说话人是否在给定的语音中出现
声纹追踪	即给定一个说话人的声纹模型和一些语音,判断目标说话人是否在给定的语音中出现,若出现,则标示出对话语音中目标说话人所说的语音段的位置

3.1.4 语音合成技术

1．语音合成的基本概念

语音合成,又称文语转换(Text-to-Speech,TTS)技术,它涉及声学、语言学、数字信号处理、计算机科学等多个学科技术,是中文信息处理领域的一项前沿技术,解决的主要问题是将文字信息转化为可听的声音信息,是一种让机器模仿人类说话者发出类似人的语音的技术。这项技术在现代科技社会中广泛应用,如广播电视、网络视听等。在传统的语音合成技术中,需要先录制一段人工语音,然后通过计算机算法将其转换为人工合成语音。随着人工智能技术的发展,语音合成技术也得到了快速发展,其应用场景也越来越广泛。

2．语音合成技术的发展历程

语音合成技术的研究距今已有两百年历史,在第二次工业革命之前,语音的合成主要以机械式的音素合成为主。1779 年,德裔丹麦科学家克里斯蒂安·戈特利布·克拉岑斯坦建造了人类的声道模型,使其可以产生 5 个长元音。1791 年,沃尔夫冈·冯·肯佩兰添加了唇和舌的模型,使其能够发出辅音和元音。贝尔实验室于 20 世纪 30 年代发明了声码器(Vocoder),将语音自动分解为音调和共振,此项技术由荷马·达德利改进为键盘式合成器,并于 1939 年纽约世界博览会展出。语音合成技术的发展大致可以分为以下几个阶段。

(1)拼接合成阶段。

最早的语音合成系统采用录音单元拼接的方式,通过拼接预先录制的音素或音节来生成语音。这种技术最大限度地保留了原始发音人的音质,自然度和清晰度都很高,达到人们能够接受的水平。但这样直接拼接的方法导致语音听起来人工、生硬,韵律修饰导致边界处明显不连续。拼接处容易产生意想不到的错误,合成效果不稳定,音库容量大,构建周期长,可扩展性太差,不适宜作为嵌入式应用。

(2)参数合成阶段。

通过建立声学模型来描述语音的频谱特征,如共振峰频率等参数,再用这些参数驱动声码器合成语音。代表性方法有共振峰合成(formant 合成)和基于隐马尔可夫模型的参数合成（HMM-based）。

（3）统计参数合成阶段。

随着计算机处理速度和存储容量的不断提升，语音合成技术也快速发展。20世纪90年代，人们提出了基于统计参数的语音合成方法，采用统计模型如隐马尔可夫模型来建模语音参数的分布，能够生成更自然的语音。这种方法提出了语音合成十分重要的三个模块：语言模型、声学模型和声码器，如图3.4所示。其中，语言模型的任务是通过自然语言处理的技术将输入文本提取为语言特征，这些特征具有后端声学模型所需要的语言学信息。声学模型负责将语言特征转换为声学特征，再由单独的声码器完成声学特征到原始语音波形的转换。

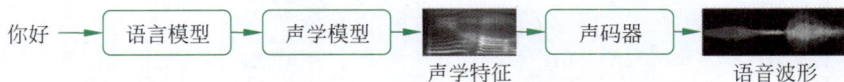

图3.4　统计参数语音合成技术流程图

（4）深度学习阶段。

进入21世纪，随着深度学习技术的发展，语音合成技术快速发展。利用深度神经网络直接从文本特征映射到声学特征，大幅提升了合成语音的自然度和表现力，具体的技术流程如图3.5所示。代表性方法有WaveNet、DeepVoice等。2010年，科大讯飞公司成功研发出首个基于深度学习的语音合成系统——讯飞语音合成系统。该技术使用了深度神经网络模型，能够实现更加自然流畅的语音合成效果。此后，科大讯飞公司在语音合成领域取得了重大突破，相继推出了"讯飞智能语音合成系统"和"讯飞混合语音合成系统"等多个系统。2017年，百度公司发布了首个基于深度学习的语音合成系统DeepVoice。该系统利用神经网络模型实现语音合成，具有较高的语音自然度和情感表达能力。

图3.5　深度学习语音合成技术流程图

（5）端到端神经网络阶段。

采用端到端的神经网络架构，可以直接将语音信号映射到文本信息，无须手动提取语音特征或训练隐马尔科夫模型等传统方法，简化了系统的设计与实现，提高了识别性能。代表性方法有FastSpeech、VITS等。2020年，阿里巴巴自然语言处理实验室提出了Meta-VoiceGAN模型，该模型采用基于GAN的方法，通过学习语音信号与语音特征之间的映射关系实现了高保真度的语音合成效果。2021年，京东AI实验室发布了"京东流式语音合成技术"，该技术采用了基于Transformer的神经网络模型，结合预训练和微调等技术，能够实现更加自然流畅的语音合成效果，并具有较高的适应性和灵活性。目前，我国越来越多的科研单位大力投入AI语音合成的技术开发当中，未来技术发展和应用空间极为广阔。

3. 语音合成的工作流程

语音合成的工作流程主要包括文本分析和语音合成两大模块。文本分析阶段涉及将输入的文本转换为语音合成的内部表示，包括文本预处理、分词与词性标注、语法分析、韵律分析等。语音合成阶段则是将这些内部表示转换为声音波形，包括声学特征生成、波形合成、后处理等。这两个阶段紧密相连，高效地完成从文本到语音的转换任务，具体流程如图3.6所示。

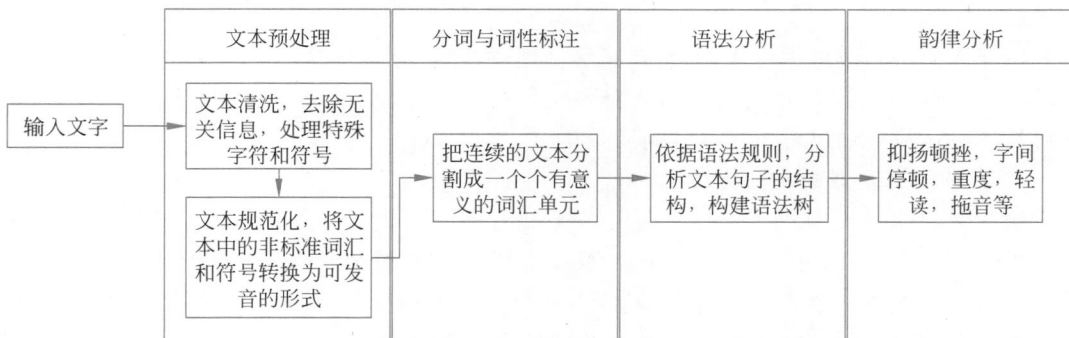

图 3.6 文本分析基本流程

1) 文本分析

（1）文本预处理。

将原始文本转换为标准化的文本格式，包含无关信息、特殊符号等情况。此步骤首先对文本进行清理，去除无关的标点符号、特殊字符，统一文本格式，例如将全角字符转换为半角字符，去除文本中的多余空格、标点符号、HTML 标签，将数字（如"123"）转换为可发音的形式（如"一百二十三"）等。

（2）分词与词性标注。

把连续的文本分割成一个个有意义的词汇单元，如将"我喜欢学习人工智能课程"分词为"我""喜欢""学习""人工智能""课程"。确定每个分词后的词汇在句子中的词性，如名词、动词、形容词等。对于"我喜欢学习人工智能课程"这句话，"喜欢"为动词，"人工智能"和"课程"被标注为名词。词性标注有助于理解词汇在句子中的语法作用和语义关系，为后续语法和语义分析提供支持。

（3）语法分析。

依据语法规则分析文本句子的结构，构建语法树。例如对于"我喜欢人工智能课程"，语法分析可确定"我"是主语，"喜欢"是谓语，"人工智能课程"是宾语，其中"人工智能"是名词短语，"人工智能"修饰"课程"，表明课程的类型或内容。

（4）韵律分析。

人类在语言表达的时候总是附带语气与感情，语音合成的音频是为了模仿真实的人声，所以需要对文本进行韵律预测，如什么地方需要停顿，停顿多久，哪个字或者词语需要重读，哪个词需要轻读等，实现声音的高低曲折，抑扬顿挫。

2) 语音合成

（1）声学特征生成。

根据文本分析结果确定语音的韵律特征，包括语调、语速、重音等。如陈述句语调通常较为平稳，而疑问句语调则会在句末上扬，重音也会根据语义重点进行标注。基于韵律规划信息，结合声学模型生成语音的声学参数，如基频、共振峰、时长。这些参数决定了语音的音高、音色、音长等物理特性，确保合成的语音更加自然流畅。

（2）波形合成。

利用生成的声学参数，选择合适的波形合成方法，将其转换为实际的语音波形。常见的波形合成方法包括拼接合成、参数合成、深度学习合成等。

（3）后处理。

对合成的语音波形进行优化，包括降噪处理，去除可能存在的背景噪音或合成过程中产生的杂音；调整音量，使语音音量适中且保持一致；还可能进行音色调整，让语音听起来更加自然、舒适，最终输出可供播放的高质量语音。

4．当前语音合成的主流方法

1）WaveNet

WaveNet 是 2016 年谷歌公司 DeepMind 开发的一种深度神经网络，旨在生成人类自然语音。与传统的语音合成方法相比，WaveNet 具有显著的优势，能够生成听起来更真实、更自然的语音，擅长语音合成、音乐生成以及音效合成等任务。WaveNet 的工作原理是通过使用真实语音记录训练的神经网络来直接模拟波形，从而生成类人声音。这是一种概率性和自回归性的生成方式，意味着对于每个预测的音频样本，其分布都基于前面的样本分布。这种技术使得 WaveNet 能够生成具有连续性和自然性的语音，而不仅仅是单个音素或音节。WaveNet 具有如下优点。

（1）高质量语音。

WaveNet 生成的语音听起来非常自然，几乎与人类录制的语音无法区分。这是因为 WaveNet 直接模拟波形，而不是简单地复制或合成已有的语音样本。

（2）连续性。

WaveNet 能够生成连续的语音样本，这意味着它能够模拟出流畅的语音流，而不会出现音素之间的断裂或不连续性。

（3）自然度。

由于 WaveNet 是基于真实语音数据训练的，因此生成的语音具有很高的自然度。这使得 WaveNet 在语音合成和语音识别领域都有广泛的应用。

2）Tacotron 系列

2017 年，谷歌公司提出了基于端到端的 Tacotron 语音合成模型，Tacotron 一经出现，便立刻成了端到端语音合成技术的标杆。Tacotron 训练使用的是带标注的数据，即文本和语音配对的数据，它不需单独使用一个模块来提取语言学特征。该模型包括声学模型和声码器两部分，从文本直接生成音频波形。这解决了很多前端文本分析的复杂问题，简化了语音合成模型的网络结构，同时还提高了语音合成的速度及质量。

因为 Tacotron 是一个完全的端到端模型，直接将文本特征映射到声学特征上，从被提出后就一直受到研究人员广泛的关注，研究人员在最初的 Tacotron 版本基础上提出了各种各样的改进版本。Tacotron 也得到了谷歌的关注，并在 Tacotron 被提出不久后对其进行了深入研究，把 Tacotron 的网络结构进行优化，并且把其和 WaveNet 进行组合，提出了 2.0 版本 Tacotron2 模型，提升了语音的自然度和质量。Tacotron 系列模型在中文语音合成中的应用表现出色，尤其在处理方言和非标准发音方面。

3）FastSpeech 系列

FastSpeech 系列是语音合成领域的重要成果，它由微软研究院与浙江大学研究团队于 2019 年首次发表在国际机器学习顶会 NeurIPS 上，标志着非自回归语音合成模型的重大突破。这一模型的诞生旨在解决传统神经网络端到端语音合成模型（如 Tacotron2）存在的诸多问题，如推理速度慢、合成语音不稳定（存在跳字或重复字现象）以及缺乏可控性（难以对语速、韵律等进行有效控制)。FastSpeech 基于 Transformer 架构构建,采用非自回归方式生成语音,这一创新性的思路为语音合成技术开辟了新的方向。FastSpeech 模型具有以下优势:

(1)推理速度极快。

能依据音素时长预测结果对源音素序列进行扩展,实现并行生成梅尔频谱图。与自回归 Transformer TTS 模型相比,其梅尔频谱图生成速度快了 270 倍,端到端语音合成速度快 38 倍,这使得实时语音合成得以轻松实现。

(2)语音输出稳定且高质量。

它通过从基于编码器-解码器的教师模型提取注意力对齐信息,用于音素时长预测,长度调节器据此对音素序列合理扩展,避免了跳字和重复字问题,让生成的语音更加流畅自然,与人类真实语音相似度更高。

(3)强大的可控性。

能灵活调节语速,通过调整长度调节器参数,加快语速就缩短音素持续时间,减慢语速则延长音素持续时间。还能通过调节句子中的空格字符持续时间控制单词间停顿,对合成语音韵律进行调整,以适应不同应用场景和表达需求。

FastSpeech 系列凭借"速度+质量+可控性"的三重优势重塑了语音合成领域的技术格局。从初代的速度革命到 FastSpeech2 的质量突破,该系列持续推动行业向更智能、更人性化的语音交互迈进,成为支撑 AI 语音生态的核心技术之一。FastSpeech 系列模型的应用非常广泛。在智能语音助手方面,像苹果 Siri、亚马逊 Alexa、小米小爱同学等,FastSpeech 的快速推理速度和高质量语音合成能力,使智能语音助手能迅速响应用户指令,并以自然流畅的语音回答,极大提升了交互体验。语音导航系统也离不开 FastSpeech,它能快速把导航信息转化为清晰准确的语音提示,根据路况和导航场景合理调整语速和重点,保障用户及时理解导航信息。

3.2 语音处理技术的典型应用

语音处理技术广泛应用于通信、语音识别、语音合成、音频处理等领域,提高通信系统的效率和用户体验,在安全验证和多模式通信方面发挥着关键作用,为科技的不断进步提供动力。随着人工智能的飞速发展,语音处理技术逐步演变为结合深度学习等人工智能技术的智能语音识别。智能语音交互是人们接触智能语音最普遍的渠道,从手机语音助手、家庭智能音箱、智能耳机、智能电视、故事机到智能车载等等。下面主要以智能语音助手、语音导航系统、语音交互教育产品为例介绍语音处理技术的典型应用。

3.2.1 智能语音助手

智能语音助手是用于终端的语音控制程序,通过智能对话与即时问答的智能交互让智能机器助手帮助完成用户指派的任务。2011 年,第一款手机语音助手 Siri 伴随 iPhone 4S 亮相,各大厂商纷纷入局。从 2017 年下半年开始,通过开放语音生态系统进行产业内合作,语音助手向家居、车载、可穿戴设备等领域不断延伸和迁移,构建出全产业生态链。

1. 智能语音助手的发展历程

智能语音助手从简单的语音识别发展到深度学习驱动的智能助手,如今正在向更高阶的类人交互 AI 迈进,未来将更加智能化、个性化和无缝地融入人类生活。智能语音助手的发展大致可以分为以下几个阶段。

20 世纪 60—80 年代(初期探索阶段):1962 年,IBM 推出首个语音识别系统 Shoe box,可识别 16 个英文单词和数字,标志着语音技术首次应用于指令识别。1971 年,美国国防部研究所资助了为期五年的语音理解研究项目,推动了语音识别技术的一次重大发展。当时的 IBM、卡内基-梅隆大学、斯坦福大学等学术界和工业界的顶尖研究机构都加入了语音识别技术的研究。卡内基-梅隆大学开发的 Harpy 语音识别系统能够识别 1010 个单词,在发展初期取得了大词汇量孤立词识别方面的实质性进展,但主要用于文字转录,准确率较低。1984 年,IBM 发布的语音识别系统在 5000 个词汇量级上达到了 95% 的识别率。

20 世纪 90 年代—21 世纪 10 年代(深度学习驱动的产品智能化阶段):20 世纪 90 年代,语音助手采用隐马尔可夫模型(HMM)与高斯混合模型(GMM)成为主流,提升语音识别准确率。代表产品如 Dragon Systems 的 Dragon NaturallySpeaking(1997 年),其首次实现大词汇量连续语音识别,并进入消费市场。20 世纪初,深度学习(DNN)、卷积神经网络(CNN)、循环神经网络(RNN)、Transformer 模型飞速发展,支持多轮对话且具备一定的情境理解能力,大幅提升了语音识别和语义理解能力。2011 年,苹果推出 Siri,标志着语音助手进入移动互联网时代。2012 年,谷歌公司推出 Google Now,强调预测性搜索。2014 年,微软公司推出 Cortana,整合 Windows 生态。2016 年,Google Assistant 发布,整合深度学习,提供更精准的回答。2017 年,亚马逊的 Alexa 和 Echo 音箱普及,语音助手进入智能家居领域。2018 年,百度公司推出 DuerOS,小米推出"小爱"同学,国内语音助手快速发展。

21 世纪 20 年代至今(大模型与多模态 AI 阶段):大语言模型(LLM)如 GPT-3、GPT-4 的兴起,使语音助手进入多轮交互、上下文理解、个性化推荐的时代。AI 可以生成更自然的对话,甚至能处理编程、创意写作等任务。语音助手开始支持多模态交互(语音＋文本＋图像),与 AR/VR、元宇宙等技术结合。2023 年,OpenAI 公司发布 GPT-4＋Whisper 语音系统,具备流畅语音对话和上下文记忆功能。2024 年,国内企业如百度(文心一言)、科大讯飞、阿里巴巴等相继将大模型集成至语音助手系统。

2. 智能语音助手的工作流程

(1) 语音唤醒。

通过语音(指定词语)唤醒设备,这里的"唤醒"指的是让设备从待机状态进入工作状态,开始对用户的话语进行监听、识别与回应。其中唤醒词分为固定唤醒词、自定义唤醒词,固定唤醒词一般为语音助手的名称(如"小度小度"),而自定义唤醒词一般为用户定义的指令(如"打开空调")。

(2) 语音识别。

通过麦克风阵列收集用户语音信号,将声音的模拟信号转换为数字信号,进行降噪、滤波、回声消除等预处理操作,提升语音信号质量。将预处理后的语音信号转化为计算机可处理的特征向量,并与预先训练好的声学模型进行比对,计算出最可能的音素序列。最后结合语言模型对声学模型输出的音素序列进行解码,得到最终的文本结果。

（3）语义理解。

对语音识别得到的文本进行清理、分词、词性标注等操作，将文本转化为适合计算机处理的格式。通过机器学习算法或深度学习模型，如支持向量机、卷积神经网络等对文本进行分析，判断用户的意图，如查询天气、设置闹钟、播放音乐等。确定意图后，从文本中提取关键信息，例如查询哪个城市的天气，将用户的问题与已有的知识体系进行关联和匹配，获取更准确和全面的信息。

（4）指令执行。

根据语义理解的结果确定需要执行的任务，并将任务分配给相应的模块或功能组件。如果需要获取外部信息或执行特定操作，如查询天气、发送短信等，语音助手会调用相应的API接口或应用程序来完成任务。对于与智能设备连接的语音助手，还可以直接控制设备的运行状态，如调节灯光亮度、控制家电开关等。

（5）语音反馈。

根据指令执行的结果生成要反馈给用户的文本内容。利用文本转语音技术（TTS），将文本转换为自然流畅的语音信号。TTS技术通常基于深度学习模型，如WaveNet、Tacotron等，能够生成接近人类语音的声音。通过扬声器将合成的语音播放出来，反馈给用户。

3.2.2　语音导航系统

语音导航是以语音识别、语音编解码为代表的智能语音技术，该技术应用在车载领域，实现车内语音声控操作，可改变汽车现有的人机信息交流方式，极大提升了驾驶的便捷性和安全性。其核心功能包括语音指令输入、路线规划语音播报、实时路况语音反馈等，均依赖于语音处理技术的支持。

（1）语音指令输入。

借助语音识别技术，将用户的语音转化为机器可理解的指令。当用户说出如"导航到中心公园"等指令时，语音导航设备首先对输入语音进行预处理，包括降噪、增益等操作，以提高语音质量。随后，利用声学模型将语音信号转换为对应的音素序列，再通过语言模型分析音素序列的语法和语义，确定用户的意图。

（2）路线规划语音播报。

借助语音合成技术，在系统规划好从起点到目的地的路线后，将文字形式的路线信息（如"前方500米右转进入XX路"）通过语音合成转化为语音输出。语音合成技术从文本预处理开始，对文字进行分词、词性标注等分析，确定每个词汇的发音和韵律信息。接着，依据声学模型生成对应的声学参数合成语音波形。为了使播报更自然、易懂，还会融入情感合成技术，根据路况和导航信息调整语音的语调、语速和重音。例如，在复杂路口转弯提示时，加重语气，并适当放慢语速，引起驾驶者注意，让驾驶者在无须分心查看屏幕的情况下清晰获取路线指引，在提高出行效率的同时保障驾驶专注度与安全性。

（3）实时路况语音反馈。

综合运用了语音识别、语音合成以及数据处理等技术。语音导航系统通过与交通数据中心实时连接，获取道路拥堵、事故、施工等路况信息。当路况发生变化，影响原定路线时，系统自动分析并重新规划路线。同时，利用语音合成技术，将新的路况信息和路线调整建议以语音形式反馈给用户。例如，"前方路段拥堵，建议您选择 XX 备用路线，预计可节省 15 分钟行程时间"。在此过程中，语音识别技术可用于用户对路况信息的进一步询问，如"这条备用路线的具体情况"，系统识别指令后，经数据处理和分析，再通过语音合成给予准确回复。这种实时语音反馈让驾驶者及时了解路况，灵活调整路线，避免拥堵，提高出行效率，减少因交通堵塞带来的烦躁情绪，间接提升驾驶安全性。

随着人工智能技术不断迭代，语音导航的语音交互将愈发精准智能。一方面，语音识别技术会进一步优化，能在更复杂环境下准确识别语音指令。例如，在嘈杂的车内环境，结合多麦克风阵列降噪技术与先进的语音识别算法，即便车内播放音乐、乘客交谈，系统也能精准捕捉驾驶者的语音，理解复杂语义。另一方面，自然语言处理能力提升，让语音导航不仅能理解指令，还能像人类对话般交流，根据用户过往出行习惯、偏好主动提供个性化建议。

3.2.3　语音交互教育产品

在智能教育领域，AI 课堂的建设进入快车道：一是解决家校之间、线上线下之间学习资源互通的问题，二是通过多模态识别收集课堂学情信息，并做数据精准分析，因此通过语音转录、语音识别等技术实现授课语音转录为文字、利用多模态识别进行课堂质量监测不可或缺。另一方面，在线教育竞争呈白热化态势，用技术解决教育资源的复用、增加学习交互体验感等诉求也促进了智能语音技术在线上口语测评、虚拟教师等领域的应用。智能语音在教育领域的主要应用如下。

（1）语音转录丰富教学模式：通过语音识别实时转写教师讲课的语音为文字，可在授课视频中嵌入字幕，并进行关键词和知识点的快速定位，应用于直播课、小班课、互动课堂。

（2）语音算法助力课堂质量监测：利用静音检测、语速检测，结合计算机视觉等多模态算法，自动化监测上课互动情况和教学质量。

（3）虚拟教师互动教学：通过语音合成＋VR 技术可以打造虚拟的名师形象，通过亲切的语音、动作、文字等方式与学生互动。

（4）口语测评：可对语音的完整性、韵律节奏及语义、语法进行评测等综合打分，有些产品涉及发音纠正功能，中文测评还可覆盖轻音、儿化音等汉语语音特征，可用于日常口语学习及新中/高考口语机考。

3.3　语音处理实践

请使用 Python 的第三方库 SpeechRecognition 库编写代码，分别实现麦克风实时语音采集识别和识别本地音频文件。

1. 任务准备

（1）使用 pip 命令安装第三方库 SpeechRecognition、pyaudio、chardet、baidu-aip，安装过程以 SpeechRecognition 为例，如图 3.7 所示。

SpeechRecognition 是一个功能强大且易于使用的 Python 第三方库，用于执行语音识别任务。它为开发者提供了统一的接口，能够与多种语音识别引擎集成，方便实现从语音到文本的转换。该库具有以下特点。

① 支持多种语音识别引擎：支持 Google Web Speech API、Microsoft Bing Voice

Recognition、IBM Speech to Text 等多种流行的语音识别服务，开发者可以根据需求和场景选择合适的引擎。

② 跨平台兼容性：可以在 Windows、macOS、Linux 等多种操作系统上使用，只要 Python 环境能够正常运行，就能利用该库进行语音识别开发。

③ 多种音频源支持：能够从麦克风、音频文件（如 WAV、AIFF 等常见格式）获取音频数据，为不同的应用场景提供便利。

```
  Downloading idna-3.10-py3-none-any.whl (70 kB)
     |████████████████████████████████| 70 kB 180 kB/s
Collecting certifi>=2017.4.17
  Downloading certifi-2025.1.31-py3-none-any.whl (166 kB)
     |████████████████████████████████| 166 kB 218 kB/s
Collecting urllib3<3,>=1.21.1
  Downloading urllib3-2.0.7-py3-none-any.whl (124 kB)
     |████████████████████████████████| 124 kB 243 kB/s
Installing collected packages: charset-normalizer, idna, certifi, urllib3, requests, SpeechRecognition
Successfully installed SpeechRecognition-3.9.0 certifi-2025.1.31 charset-normalizer-3.4.1 idna-3.10 requests-2.31.0 urllib3-2.0.7
```

图 3.7　安装第三方库 SpeechRecognition

pyaudio 库用于处理音频输入和输出，为开发者提供了与底层音频设备交互的便捷方式。chardet 是一个用于自动检测文本编码的 Python 库。它通过分析文本的字节模式推测出最可能的字符编码（如 UTF-8、GBK、ISO-8859-2 等），帮助开发者处理未知编码的文本数据。baidu-aip 库是百度公司 AI 开放平台的官方 PythonSDK，用于快速调用百度 AI 服务（如 OCR、语音识别、自然语言处理等）。

PS C:\Users\Terry\Desktop > pip install SpeechRecognition

温馨提示：除了能使用 pip 命令安装第三方库，还可以直接通过 PyCharm 软件中的“设置”，在相应的 Python 解释器中搜索所需的第三方库和相应版本安装，如图 3.8 所示。

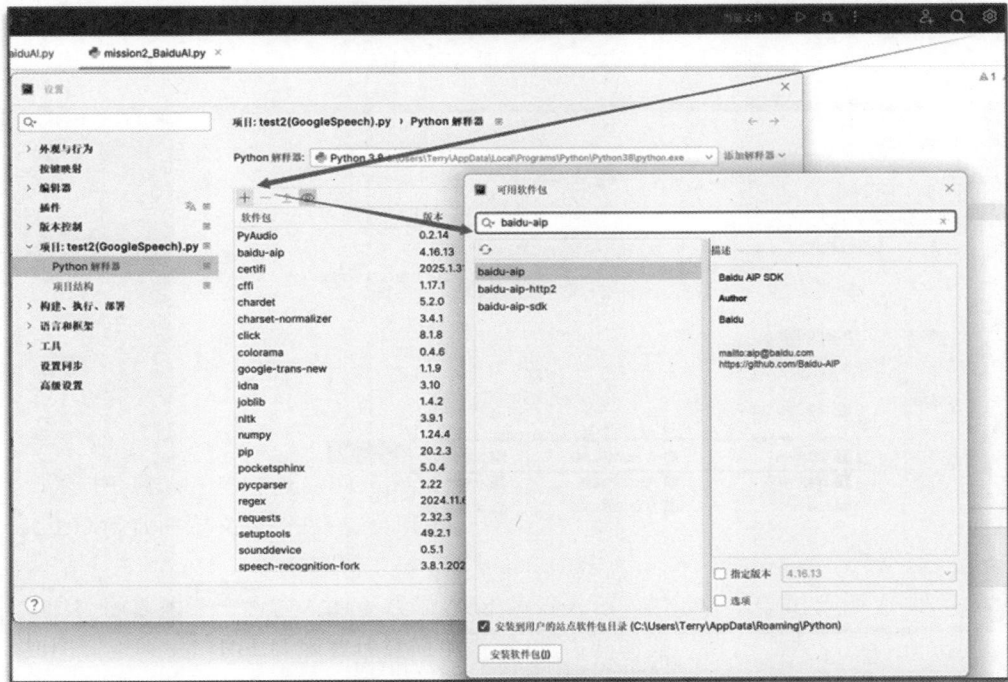

图 3.8　在 PyCharm 中直接安装第三方库

（2）获取百度 AI 的语音识别服务。

① 注册登录：访问百度公司 AI 开放平台官网地址（https://ai.baidu.com/），使用本人手机号注册百度账号，如先前已用本人手机号注册过相关百度应用，可直接使用百度账号登录，并完成个人实名认证，便于后续使用百度提供的 AI 服务。

② 创建应用——调用百度 AI 服务：通过控制台左侧导航选择产品导览→人工智能，自行选择"语音技术"人工智能服务项。进入语音技术控制台，单击使用指引模块的快速接入服务按钮。应用名称和应用描述应当尽量反映应用的实际用途，方便后续管理应用。在服务接口列表确保已勾选需调用的接口"短语音识别"和"实时语音识别"，勾选完毕后单击"立即创建"按钮。具体操作流程如图 3.9 和图 3.10 所示。

图 3.9　创建百度 AI 应用（1）

图 3.10　创建百度 AI 应用（2）

③ 获取 API Key 和 Secret Key：创建成功后，可以在应用列表页查看应用的 API Key 和 Secret Key，如图 3.11 所示。这是后续调用该应用内接口的凭证。

序号	应用名称	AppID	API Key	Secret Key
1	speech	117941339	xK6Ne... 展开 复制	3p0JE... 展开 复制

图 3.11 获取 API Key 和 Secret Key

2. 任务实施

（1）编写以下代码，实现麦克风实时语音采集识别。

```python
import speech_recognition as sr
# pip install chardet
# pip install baidu-aip
# 导入百度语音识别 SDK 客户端
from aip import AipSpeech
# 百度 AI 语音识别配置
APP_ID = '117778282'                                        # 替换你的 AppId
BAIDU_APP_KEY = 'LLUPeJLJoq7A52QIZNokYzvV'                   # 替换你的 App Key
BAIDU_APP_SECRET = 't5w61aaWek5rhWXLIaqcGmDscvEWOCyy'        # 替换你的 Secret Key
client = AipSpeech(APP_ID, BAIDU_APP_KEY, BAIDU_APP_SECRET)
# 分析音频数据
def get_text(wav_bytes):
    result = client.asr(wav_bytes, 'wav', 16000,
                            # 语言类别
                            {'dev_pid': 1537, })
    try:
        text = result['result'][0]
    except Exception as e:
        print(e)
        text = ""
    return text
def recognize_speech():
    # 创建识别器实例
    recognizer = sr.Recognizer()
    # 配置麦克风
    with sr.Microphone() as source:
        print("正在调整环境噪声，请保持安静...")
        recognizer.adjust_for_ambient_noise(source, duration = 1)
        print("准备就绪，请开始说话...")
        while True:
            try:
                # 实时监听麦克风输入
                audio = recognizer.listen(source, timeout = 5, phrase_time_limit = 10)
                print("识别中...")
                audio_data = audio.get_wav_data(convert_rate = 16000)
                print('正在分析...')
                text = get_text(audio_data)
                # 调用百度语音识别 API
                # text = recognizer.recognize_google(audio, language = 'zh-CN')
                if text:
                    print(f"识别结果：{text}")
                else:
```

```
                              print("没有识别到有效语音")
                except sr.WaitTimeoutError:
                    print("检测超时,请重新说话...")
                except sr.UnknownValueError:
                    print("无法识别语音")
                except sr.RequestError as e:
                    print(f"请求错误: {e}")
                except KeyboardInterrupt:
                    print("\n语音识别已停止")
                    break
if __name__ == "__main__":
    # 验证配置信息
    if BAIDU_APP_KEY != 'LLUPeJLJoq7A52QIZNokYzvV' or BAIDU_APP_SECRET != = 
't5w61aaWek5rhWXLIaqcGmDscvEW0Cyy':
        print("请先配置正确的百度 AI App Key 和 Secret Key")
    else:
        recognize_speech()
```

程序运行结果如图 3.12 所示。

```
C:\Users\Terry\AppData\Local\Programs\Python\Python38\python.exe D:\pythonProject2\mission1_BaiduAI.py
正在调整环境噪声,请保持安静...
准备就绪,请开始说话...
识别中...
正在分析...
识别结果: 今天天气真不错.
```

图 3.12　实时语音识别程序运行结果

（2）编写以下代码,实现识别本地音频文件（.wav 格式）。

```
import base64
import urllib
import requests
import json
API_KEY = "LLUPeJLJoq7A52QIZNokYzvV"                    # 替换你的 App Key
SECRET_KEY = "t5w61aaWek5rhWXLIaqcGmDscvEW0Cyy"          # 替换你的 Secret Key
def main(file_path):
    url = "https://vop.baidu.com/server_api"
    # speech 可以通过 get_file_content_as_base64("C:\fakepath\test.wav",False) 方法获取
    payload = json.dumps({
        "format": "pcm",
        "rate": 16000,
        "channel": 1,
        "cuid": "V4tWTfRkV8q4dXH2DoZuxeFnto5KF5Qu",
        "speech": get_file_content_as_base64(file_path),
        "len": 92526,
        "token": get_access_token()
    }, ensure_ascii = False)
    headers = {
        'Content-Type': 'application/json',
        'Accept': 'application/json'
    }
    response = requests.request("POST", url, headers = headers, data = payload.encode("utf-8"))
    print(response.text)
def get_file_content_as_base64(path, urlencoded = False):
    """
    获取文件 Base64 编码
```

```
:param path: 文件路径
:param urlencoded: 是否对结果进行 urlencoded
:return: Base64 编码信息
"""
with open(path, "rb") as f:
    content = base64.b64encode(f.read()).decode("utf8")
    if urlencoded:
        content = urllib.parse.quote_plus(content)
return content
def get_access_token():
    """
    使用 AK,SK 生成鉴权签名(Access Token)
    :return: access_token,或是 None(如果错误)
    """
    url = "https://aip.baidubce.com/oauth/2.0/token"
    params = {"grant_type": "client_credentials", "client_id": API_KEY, "client_secret":
SECRET_KEY}
    return str(requests.post(url, params = params).json().get("access_token"))
if __name__ == '__main__':
    # 上传的文件路径
    file = "D:\\pythonProject2\\test.wav"
    main(file)
```

程序运行结果如图 3.13 所示。

```
C:\Users\Terry\AppData\Local\Programs\Python\Python38\python.exe D:\pythonProject2\mission2_BaiduAI.py
{"corpus_no":"7479675596048391930","err_msg":"success.","err_no":0,"result":["快点过来. "],"sn":"858974328891741497683"}

进程已结束,退出代码0
```

图 3.13 识别本地音频文件程序运行结果

3.4 本章小结

本章系统性介绍了语音处理技术的基础理论与应用实践,构建了从基础概念到前沿技术的完整知识体系。在理论基础部分,首先阐述了语音信号的声学特征及其处理流程,随后深入解析了语音识别与语音合成两大核心技术,包括其技术演进历程、典型算法框架(如WaveNet、Tacotron、FastSpeech 等系列模型)以及完整的工作流程。在应用实践层面,本章选取了智能语音助手、车载语音系统和教育语音产品三大典型场景,详细分析了其系统架构、实现原理以及对社会生活的积极影响。为强化理论与实践的结合,最后通过 Python 的SpeechRecognition 库实现了语音识别的基础应用开发,包括实时语音识别和本地音频文件处理,为读者的深入学习提供了实践切入点。

第 4 章

机器学习基础

思维导图：

```
                        ┌── 线性回归
              有监督学习 ├── 逻辑回归
              │         └── 决策树与随机森林
              │
              │         ┌── 聚类分析
    机器学习 ─┼── 无监督学习 └── 主成分分析
              │
              ├── 强化学习
              │
              └── 半监督学习
```

学习目标：

- 了解机器学习及其应用
- 了解机器学习的常见算法
- 能够进行简单编程，完成机器学习实践

4.1　有监督学习

有监督学习的核心思想是从有标签的数据中训练模型，使得模型能够预测未知数据的标签或输出。在学习过程中，模型通过学习输入和相应输出之间的关系来进行训练，模型会收到已标记的数据，这意味着每个数据都标有正确的标签。

根据标签的性质，有监督学习任务可分为回归和分类。

（1）在回归任务中，输出标签是一个连续的数值变量，目标是预测一个数值。例如，可以根据住房的面积、位置和卧室数量等特征预测房价、预测股票市场价格、天气温度等。

（2）在分类任务中，输出标签是一个离散的分类变量，代表某一种类别。目标是预测输入属于哪个类别。例如，将电子邮件分类为垃圾邮件或非垃圾邮件；识别图像中的水果类型是苹果还是香蕉；根据医学检测结果诊断是否患有某种疾病。

常见的监督学习算法包括线性回归、逻辑回归、决策树与随机森林等。例如，线性回归用于预测房价,逻辑回归用于邮件垃圾分类,而决策树则适用于多分类任务。这些算法通过优化目标函数(如最小化误差)来调整模型参数,最终实现对未知数据的准确预测。

4.1.1 线性回归

1. 线性回归的基本原理

线性回归(Linear Regression)是机器学习领域的一种基础且极为重要的监督学习算法。它以简洁明了的数学形式和强大的可解释性广泛应用于各个领域,例如房价预测、销售额预测和股票价格分析等。线性回归的核心思想是用线性模型来描述输出目标(因变量)与一个或多个输入特征(自变量)之间的关系。

当只有一个自变量时,模型称为一元线性回归,其数学表达式如公式(4.1)所示。

$$y = w \times x + b \tag{4.1}$$

式中,y 是因变量(或目标变量),即要预测的变量;x 是自变量(或特征变量),即用来预测因变量的变量;w 是斜率(或权重),表示自变量每变化一个单位因变量的平均变化量;b 是截距(或偏差),表示当自变量为零时因变量的期望值。

当有多个自变量时,模型称为多元线性回归,其数学表达式用向量形式表示如公式(4.2)所示。

$$y = \boldsymbol{W}^{\mathrm{T}} \times \boldsymbol{X} + b \tag{4.2}$$

式中,y 是因变量;$\boldsymbol{X}$ 是自变量向量;$\boldsymbol{W}$ 是权重向量;b 是截距。

线性回归的目标是找到最佳的权重 $\boldsymbol{W}$ 和截距 b,使得模型预测值 $\hat{y}$ 与真实值 y 之间的差异尽可能小。这个差异通常通过损失函数来衡量。

常用的损失函数是均方误差(Mean Squared Error,MSE),它计算的是模型预测值与真实值之差的平方的平均值。对于有 m 个数据对的数据集,其均方误差可表示为公式(4.3)。

$$\mathrm{MSE} = \frac{1}{m} \sum_{i=1}^{m} (y_i - \hat{y}_i)^2 \tag{4.3}$$

线性回归的目标就是最小化 MSE,最常用的参数估计方法是最小二乘法(Ordinary Least Squares,OLS),直接求解使 MSE 最小的参数值。通过微积分运算,对 MSE 函数关于参数 $\boldsymbol{W}$ 和 b 求偏导数,并令偏导数为零,从而得到参数的解析解。对于多元线性回归,可以使用矩阵运算推导出解析解,涉及矩阵的转置和逆等操作。Scikit-learn 等机器学习库已经封装了这些复杂的计算过程,只需要调用相应的函数即可。除了最小二乘法外,另一种常用的参数估计方法是梯度下降法(Gradient Descent),它是一种迭代优化算法,通过沿着损失函数梯度的反方向不断调整参数,逐步逼近损失函数的最小值。梯度下降法更适用于数据量非常大或者解析解难以计算的情况。

为了保证线性回归模型的有效性和可靠性,数据集需要满足以下几个前提条件。

(1)线性关系:最重要的假设。自变量和因变量之间必须存在线性关系。这意味着因变量的变化应该能被自变量的线性组合所解释。在实际应用中,可以通过绘制散点图来初步判断线性关系。如果关系呈现曲线或其他非线性形态,则线性回归不是最佳选择。

(2)独立性:误差项之间必须相互独立。误差项指的是真实值与模型预测值之间的差异。这个假设意味着一个样本的误差不应该影响另一个样本的误差。

(3)同方差性:误差项的方差必须是恒定的。这意味着误差项的波动程度不应该随着自变量的变化而系统性地改变。如果方差不恒定，模型的预测效果可能受到影响，尤其是在自变量取值范围不同的情况下。可以通过残差图来检验同方差性。

（4）正态性：误差项应该服从正态分布。这个假设主要用于统计推断，例如进行显著性检验和计算置信区间。在样本量较大时，即使误差项不是完全正态分布，中心极限定理也能保证参数估计的渐近正态性。可以通过绘制误差项的直方图来检验正态性。

（5）无多重共线性：对于多元线性回归，自变量之间应避免高度相关性。多重共线性会导致模型参数估计不稳定，并且难以解释各个自变量的独立影响。可以使用相关系数矩阵或方差膨胀因子来检测多重共线性。

需要注意的是，在实际应用中，完美满足所有条件比较困难。通常轻微违反假设是可以接受的，但严重违反假设可能会导致模型性能下降或解释性减弱。因此，在建模前和建模后，都应该对模型假设进行检验和评估。

2．线性回归的编程实例

下面通过一个房价预测数据集案例演示如何使用 Python 的 Scikit-learn 库实现线性回归模型。为了简化演示，该数据集只使用一个面积特征，如表 4.1 所示。

表 4.1　房价预测数据集

房屋面积/m^2	60	70	80	100	120	150
房价/万元	303	342	405	506	598	754

具体实现步骤如下。

（1）数据加载和探索：使用 Pandas 创建 DataFrame，并使用 Matplotlib 绘制散点图，初步观察房屋面积和房价之间是否存在线性关系。

（2）特征工程和数据预处理：本案例为一元线性回归，直接将面积列作为特征 X，房价列作为目标 y。使用 train_test_split 划分训练集和测试集。

（3）模型训练：创建 LinearRegression 对象，并使用 fit() 方法在训练集上训练模型。

（4）模型预测：使用 predict() 方法在测试集上进行预测。

（5）模型评估：使用 mean_squared_error 和 r2_score 计算 MSE 和 R-squared 指标，评估模型性能。

（6）模型参数和结果可视化：打印模型截距和斜率，并绘制散点图和回归线，直观展示预测结果。

在代码运行结束后，查看模型评估指标和参数。

（1）均方误差 MSE 越小，模型预测越准确。

（2）R^2（R-squared）衡量模型对因变量方差的解释程度，取值范围为 0 到 1。R^2 越接近 1，表示模型的拟合效果越好。

（3）模型截距（b）：截距表示当房屋面积为 0 时预测的房价。在实际意义上，截距的解释需要结合具体业务场景考虑。

（4）模型斜率（w）：斜率表示房屋面积每增加 $1m^2$，预测房价平均增加的万元数。斜率的正负号表示了特征与目标变量的正相关或负相关关系。

运行代码后，会生成一个散点图，图中的点代表测试集的真实房价，直线代表线性回归模型的预测结果。观察回归线与散点分布的贴合程度，可以直观判断模型的拟合效果。如

图 4.1 所示。

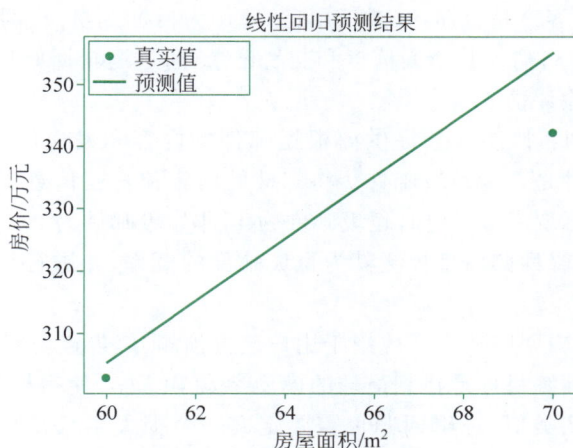

线性回归预测结果

图 4.1　线性回归实际值和预测值分布

4.1.2　逻辑回归

1. 逻辑回归的基本原理

在机器学习的世界中,分类问题占据至关重要的地位。从垃圾邮件识别到图像分类,再到风险评估,分类算法无处不在地帮助人们理解和处理各种数据。逻辑回归(Logistic Regression)是一种用于分类问题的监督学习算法,尽管名字中带有"回归",但它却是一种强大的线性分类器,通常用于二分类或多分类问题。逻辑回归通过构建输入特征与输出类别之间的关系来进行预测,不同于线性回归,它的输出是一个概率值,用于决定样本属于某一类别的可能性。

逻辑回归的核心思想是在线性回归的基础上,通过 Sigmoid 函数将线性回归的输出结果转换为概率值,将输出映射到一个(0,1)的区间,从而实现分类的目的。

逻辑回归模型将线性回归的输出(公式(4.2))作为 Sigmoid 函数的输入,最终模型的输出如公式(4.4)所示。

$$P(y=1 \mid \boldsymbol{X}) = \sigma(\boldsymbol{W}^{\mathrm{T}} \times \boldsymbol{X} + b) = \frac{1}{1 + \mathrm{e}^{-(\boldsymbol{W}^{\mathrm{T}} \times \boldsymbol{X} + b)}} \tag{4.4}$$

其中,$P(y=1 \mid \boldsymbol{X})$ 表示给定输入特征 $\boldsymbol{X}$ 时,样本属于类别1的概率。为了进行分类决策,需要设定一个阈值,通常为 0.5。

(1) 如果 $P(y=1 \mid \boldsymbol{X}) \geqslant$ 阈值,则将样本分类为类别1。

(2) 如果 $P(y=1 \mid \boldsymbol{X}) <$ 阈值,则将样本分类为类别0。

逻辑回归模型在各种二分类问题中都有广泛的应用。

(1) 疾病诊断:基于患者的各种生理指标(如血压、血糖、年龄等)预测患者是否患有某种疾病(如糖尿病、心脏病等)。将患者的生理指标作为输入模型特征 $\boldsymbol{X}$,是否患病作为目标变量 y(例如,患病为 1,未患病为 0)。对于新的患者,输入其生理指标,通过逻辑回归模型预测其患病概率,辅助医生诊断。

(2) 信用分类:银行或金融机构根据客户的个人信息和交易记录(如年龄、收入、信用评分等）评估客户的信用风险，决定是否批准贷款或信用卡申请。将客户的个人信息和交易记录作为输入特征 X，客户是否违约（或信用良好）作为目标变量 y（例如，违约为 1，信用良好为 0）。对于新的客户，输入其个人信息和交易记录，通过逻辑回归模型预测其违约概率，辅助银行进行信用风险评估。

（3）垃圾邮件识别：邮件服务提供商根据邮件的内容和发送信息（如发件人、邮件主题、关键词等）判断邮件是否为垃圾邮件。将邮件的内容和发送信息提取为特征 X，邮件是否为垃圾邮件作为目标变量 y（例如，垃圾邮件为 1，非垃圾邮件为 0）。当收到新的邮件时，提取邮件特征，通过逻辑回归模型预测其为垃圾邮件的概率，并进行相应的处理（例如放入垃圾邮件箱）。

除了上述场景，逻辑回归还广泛应用于用户流失预测、广告点击率预测或者情感分析。

逻辑回归模型的训练目标是找到最佳的模型参数 W 和 b，使得模型在训练数据集上的表现最优。与线性回归类似，逻辑回归也需要定义一个损失函数来衡量模型的预测误差。常用的损失函数有交叉熵损失（Cross-Entropy Loss）和对数损失（Log Loss）。

对于二分类问题，交叉熵损失函数如公式（4.5）所示。

$$\text{Loss}(y, \hat{y}) = -\left[y\log(\hat{y}) + (1-y)\log(1-\hat{y})\right] \tag{4.5}$$

式中，y 是真实标签（0 或 1）；$\hat{y}$ 是模型预测的概率 $P(y=1|X)$。

当真实标签 $y=1$ 时，如果预测概率 $\hat{y}$ 越接近 1，损失越小；如果 $\hat{y}$ 越接近 0，损失越大。

当真实标签 $y=0$ 时，如果预测概率 $\hat{y}$ 越接近 0，损失越小；如果 $\hat{y}$ 越接近 1，损失越大。

逻辑回归的训练目标就是最小化整个训练数据集上的平均交叉熵损失。常用的优化算法包括梯度下降法及其变种，如随机梯度下降法、批量梯度下降法等。

在模型训练完成后，可以得到最佳的模型参数 W 和 b。对于新的输入样本 X_new，则可以使用训练好的模型进行预测，如公式（4.6）所示。

$$\hat{y} = \sigma(W^{\text{T}} \times X\_new + b) \tag{4.6}$$

最后根据阈值进行分类：如果 $\hat{y} \geqslant$ 阈值（通常为 0.5），则预测为类别 1；否则预测为类别 0。

2. 常见的模型性能指标

对于分类模型，常见的模型性能指标有以下几种。

	实际正例	实际反例
预测为正例	真正例（TP）	假正例（FP）
预测为反例	假反例（FN）	真反例（TN）

图 4.2 二分类混淆矩阵

1）混淆矩阵（Confusion Matrix）

混淆矩阵是评估分类模型性能的重要工具，它展示了模型预测结果与真实标签之间的对应关系。对于二分类问题，混淆矩阵通常为 2×2 的矩阵，如图 4.2 所示，包含以下四个指标。

（1）真正例（True Positive，TP）：真实类别为正例，模型预测也为正例。

（2）真反例（True Negative，TN）：真实类别为反例，模型预测也为反例。

（3）假正例（False Positive，FP）：真实类别为反例，模型预测为正例。

（4）假反例（False Negative，FN）：真实类别为正例，模型预测为反例。

2）准确率（Accuracy）

准确率是最常用的分类指标之一，它表示模型预测正确的样本数占总样本数的比例，如公式（4.7）所示。

$$Accuracy = \frac{TP + TN}{TP + TN + FP + FN} \tag{4.7}$$

准确率能够整体评估模型的分类性能，但在类别不平衡的情况下，准确率可能会产生误导。例如，如果正负样本比例为 99∶1，即使模型将所有样本都预测为负例，也能获得 99% 的准确率，但这显然不是一个好的模型。

3）精确率（Precision）

精确率衡量的是在所有被模型预测为正例的样本中，真正例的比例。它关注的是模型预测的正例中有多少是真正的正例，如公式（4.8）所示。

$$Precision = \frac{TP}{TP + FP} \tag{4.8}$$

4）召回率（Recall）

召回率衡量的是在所有真实正例样本中，被模型正确预测为正例的比例。它关注的是模型能够找出多少真正的正例，也称为灵敏度（Sensitivity）或真正例率（True Positive Rate，TPR），如公式（4.9）所示。

$$Recall = \frac{TP}{TP + FN} \tag{4.9}$$

5）F1 分数（F1-Score）

F1 分数是精确率和召回率的调和平均值，综合考虑了精确率和召回率，能够更全面地评估模型的性能，如公式（4.10）所示。

$$F1 = 2\frac{Precision \times Recall}{Precision + Recall} \tag{4.10}$$

F1 分数越高，表示模型在精确率和召回率之间取得了更好的平衡。

6）AUC-ROC 曲线

ROC（Receiver Operating Characteristic）曲线和 AUC（Area Under the ROC Curve）值是评估二分类器性能的常用方法，尤其是在阈值选择不确定的情况下。

ROC 曲线是以假正例率（False Positive Rate，FPR）为横轴，TPR 为纵轴绘制的曲线。FPR 表示在所有真实反例样本中，被模型预测为正例的比例，如公式（4.11）所示。

$$FPR = \frac{FP}{FP + TN} \tag{4.11}$$

ROC 曲线可以展示在不同阈值下，模型 TPR 和 FPR 之间的权衡关系。

AUC 值是 ROC 曲线下的面积。AUC 值越大，表示模型的整体性能越好。AUC 值在 0.5 到 1 之间。AUC=0.5，表示模型性能与随机猜测相同；AUC=1，表示模型完美。

3. 逻辑回归的编程实例

下面以一个简化的疾病诊断案例展示逻辑回归的应用方法。假设有一个数据集，包含患者的两个生理指标（特征）：指标 A 和 B，以及是否患病（目标变量）：illness。如表 4.2 所示。

表 4.2 疾病判定数据集

A	2.5	3.2	4.1	5.0	5.5	...
B	1.8	2.5	3.0	3.5	4.2	...
illness（0/1）	0	0	1	1	1	...

具体实现步骤如下。

（1）数据加载和准备：加载包含特征和目标变量的数据集。

（2）特征工程和预处理：在本例中特征已数值化，无需复杂处理。

（3）划分数据集：使用 train_test_split 将数据集划分为训练集和测试集。

（4）模型训练：创建 LogisticRegression 对象，并使用 fit()方法在训练集上训练模型。

（5）模型预测：使用 predict()方法在测试集上进行预测。

（6）模型评估。

① 使用 accuracy_score 计算准确率。

② 使用 classification_report 输出包含精确率、召回率、F1 分数和支持度的分类报告。

③ 使用 confusion_matrix 计算混淆矩阵，并使用 Seaborn 绘制热图，直观展示混淆矩阵。

运行代码后，将输出模型的准确率、分类报告和混淆矩阵。通过这些指标，可以评估逻辑回归模型在疾病诊断任务上的性能。混淆矩阵则更详细地展示模型在不同类别上的预测表现，例如模型在识别患病患者和未患病患者方面的能力。如图 4.3 所示，可以看出，5 个预测数据的预测值和实际值完全吻合。

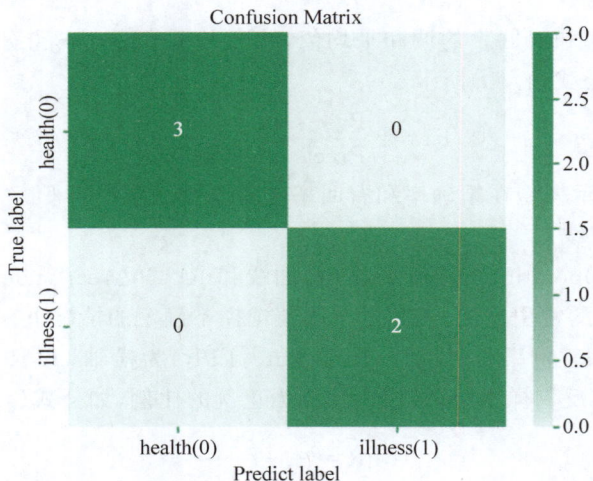

图 4.3 混淆矩阵

4.1.3 决策树

1. 决策树的基本原理

决策树（Decision Tree，DT）是机器学习领域中一个经典且实用的监督学习算法。决策树以直观的树形结构和易于理解的决策过程，成为初学者的理想选择。

决策树是一种基于树状结构的分类与回归算法。决策树的每个节点代表一个特征，每个分支代表该特征的一个取值,通过一系列的决策规则,将数据集逐层分割,直至最终叶节点,从而完成分类或回归任务。决策树的最大特点是其直观性和可解释性,它能够清晰地展现决策过程,使模型结果易于理解和解释。

决策树的构建核心在于选择最佳特征作为节点进行分裂,以及及时停止分裂。构建决策树是一个自上而下的递归过程,具体步骤如下。

(1)特征选择:从当前节点可用的特征集中选择一个最优特征作为分裂属性。"最优"的衡量标准通常基于分裂指标,例如信息增益(Information Gain)、基尼指数(Gini Index)等。

(2)节点分裂:根据选定特征的不同取值将数据集划分为若干个子集,每个子集代表树的一个分支。

(3)递归构建:对每个子集递归地重复上述步骤,构建子树,直至满足停止条件。

(4)停止条件:决定何时停止树的生长,将当前节点设置为叶节点。常见的停止条件包括以下几种。

① 所有样本属于同一类别:当前节点包含的所有样本都属于同一类别,无需继续分裂。

② 特征集为空:当前节点可用的特征集为空,无法找到新的分裂特征。

③ 达到预设的树的深度:树的深度达到预先设定的最大深度,防止树过度生长。

④ 节点样本数过少:节点包含的样本数量少于设定的阈值,避免对少量样本过度细分。

信息增益是决策树构建中最常用的准则之一,尤其在ID3算法中使用。它基于信息熵(Entropy)的概念来衡量数据的不纯度。信息熵用于度量数据集的混乱程度或不确定性。熵值越高,数据集的纯度越低,数据越"混乱"。反之,熵值越低,数据集越纯。信息增益衡量的是使用某特征对数据集进行划分后,数据集熵的减少量。信息增益越大,表明使用该特征进行划分后,数据集的纯度提升越高,因此该特征更适合作为分裂节点。

基尼指数,也称为基尼不纯度(Gini Impurity),用来度量数据集的纯度。其数值越小,数据集的纯度越高。某特征下样本集的基尼指数是使用特征对数据集进行划分后的基尼指数的加权平均值。基尼指数小,表明使用该特征进行划分后,数据集的纯度提升越高,因此该特征更适合作为分裂节点。CART(Classification and Regression Trees)算法在选择分裂特征时,会选择基尼指数最小的特征进行分裂。

2. 决策树的应用场景

决策树算法在很多领域都有广泛的应用。

1)分类问题

① 客户流失预测:基于客户的个人信息和行为特征,预测客户是否会流失。

② 风险评估:根据用户的申请信息,评估用户的信用风险或欺诈风险。

③ 疾病诊断:根据患者的症状和体征,辅助医生进行疾病诊断。

④ 图像识别:用于简单的图像分类任务,例如手写数字识别、简单物体识别等。

2)回归问题(回归树)

① 房价预测:根据房屋的特征(面积、地段、房龄等),预测房屋价格。

② 销售额预测:根据历史销售数据和市场因素,预测未来销售额。

③ 股票价格预测：根据股票的历史数据和市场指标，预测股票价格（但效果通常不如时间序列模型）。

3. 决策树的优缺点

决策树的优点如下。

（1）易于理解和解释：决策树的结构直观，决策规则清晰，易于向业务人员和非专业人士解释模型的决策过程。

（2）可处理多种类型的数据：决策树既可以处理数值型数据，也可以处理类别型数据。

（3）对数据预处理要求低：相对于其他算法，决策树对缺失值和异常值的稳定度较好，通常不需要进行复杂的特征缩放或标准化处理。

（4）可用于特征选择：决策树可以评估特征的重要性，帮助进行特征选择。

（5）非线性建模能力：决策树可以学习复杂的非线性决策边界。

决策树的缺点如下。

（1）容易过拟合：决策树容易在训练集上过度学习，导致在测试集上的泛化能力较差，容易产生过拟合现象，尤其是当树的深度过大时。

（2）对数据敏感：决策树的结构容易受到训练数据的影响，数据集的微小变化可能导致树结构发生显著改变。

（3）不是最优解：决策树的构建过程是贪心算法，每次选择局部最优的分裂特征，可能无法得到全局最优的决策树。

（4）类别不平衡问题：当数据集中类别不平衡时，决策树容易偏向样本数量较多的类别。

4.1.4　随机森林

1. 随机森林的基本原理

随机森林（Random Forest，RF）属于机器学习领域中的一种集成学习算法，它通过集成多棵决策树来提升模型的预测性能和泛化能力。随机森林不是构建单棵决策树，而是构建多棵决策树，然后通过投票（分类问题）或平均（回归问题）的方式，综合多棵树的预测结果，最终得到模型的预测结果。随机森林主要通过以下两种随机化策略来构建多棵决策树。

（1）Bootstrap 抽样。

在构建每棵决策树时，从原始训练集中有放回地随机抽样一部分样本作为当前决策树的训练集。这种抽样方式保证每棵树的训练集略有不同，降低了树之间的相关性。通常，Bootstrap 抽样会抽取出与原始训练集大小相同的样本集，但其中大约有 1/3 的样本在抽样过程中没有被选中，这些未被选中的样本称为袋外样本（Out-of-Bag，OOB），可以用于评估模型的泛化性能，无须额外的交叉验证。

（2）特征随机选择。

在决策树的每个节点进行分裂时，不是从所有特征中选择最优特征，而是随机选择一部分特征子集，再从这个子集中选择最优特征进行分裂。这种随机选择特征的方式进一步降低了树之间的相关性，增强了模型的稳定度和泛化能力。通常，对于含有 M 个特征的数据集，随机森林会随机选择 $\sqrt{M}$ 个特征作为候选特征子集。

对于分类问题，随机森林对样本的最终分类结果由多棵决策树投票决定。每棵树都对样本进行分类预测,最终样本被分类到得票数最多的类别。

对于回归问题,随机森林对样本的最终回归预测值由多棵决策树预测值的平均值决定。每棵树都对样本进行回归预测,最终样本的预测值为所有树预测值的平均值。

随机森林的实现步骤如下。

(1) Bootstrap 抽样:从原始训练集中有放回地随机抽取 N 个样本,重复 K 次,得到 K 个训练集。

(2) 特征子集随机选择:在每个决策树的节点分裂时,随机选择一个包含 m 个特征的子集($m<M,M$ 为总特征数)。

(3) 决策树构建:使用上述 K 个训练集分别训练 K 棵决策树。在每棵树的节点分裂过程中,只在随机选择的特征子集中寻找最优分裂特征。

(4) 随机森林集成:将训练好的 K 棵决策树组合成随机森林模型。

(5) 预测输出:对于新的样本,让随机森林中的每棵决策树都进行预测,然后通过投票(分类问题)或平均(回归问题)的方式得到最终的预测结果。

对于一个中等规模客户数据集,包含数值型和类别型特征,往往都存在一定的噪音和冗余特征。和决策树相比,随机森林的泛化能力更强,更能抵抗过拟合和数据噪音的影响。而对于图像数据集,图像像素作为特征,类别数量较多,数据量较大。决策树容易过拟合,且可能无法充分利用高维特征信息。随机森林可以通过特征随机选择,在一定程度上解决高维数据带来的问题,且通过集成学习降低了过拟合风险,提高了模型的稳定度。这也体现了集成学习的核心思想:通过组合多个学习器(基学习器),可以创造出比单一学习器性能更好的模型。这不仅降低了过拟合风险(减少方差),还可能捕获到更多数据特征(提高偏差)。

集成学习通过构建并结合多个"弱学习器",例如决策树,来得到一个"强学习器",强学习器通常具有更好的预测性能和泛化能力。随机森林正是集成学习的典型代表,它通过Bootstrap 抽样和特征随机选择等策略构建多棵"弱而不同"的决策树,然后通过投票或平均的方式将这些弱学习器集成起来,最终得到一个性能强大的随机森林强学习器。

2. 随机森林的编程实例

下面通过一个天气数据集展示使用 Scikit-learn 库来实现决策树算法,进行模型训练、预测和评估。实现步骤如下。

(1) 数据加载与预处理:使用 Pandas 创建 DataFrame 加载数据,并使用 LabelEncoder 对类别特征进行数值编码,以便 Scikit-learn 处理。

(2) 模型训练:创建 DecisionTreeClassifier 对象,并使用 fit()方法在训练集上训练模型。criterion= 'entropy'参数指定使用信息增益作为分裂标准。也可以替换为 criterion= 'gini' 使用基尼系数。

(3) 模型预测:使用 predict()方法在测试集上进行预测。

(4) 模型评估:使用 accuracy_score 计算准确率,使用 classification_report 输出分类报告,使用 confusion_matrix 和 seaborn 绘制混淆矩阵。

(5) 决策树可视化:使用 tree_rules= export_text(model,feature_names= features_name),将训练好的决策树模型 model 导出为文本规则,并存储在 tree_rules 变量中。调用 plot_text_tree(tree_rules)函数,使用导出的文本规则绘制文本树状图,并显示。

4.2　无监督学习

无监督学习在从未标记的数据中发现隐藏的模式、结构和关系。与有监督学习不同，无监督学习的特点是数据没有明确的标签或目标变量，而是依靠数据自身的内在属性进行学习。这种学习方式广泛应用于数据挖掘、聚类和降维等领域。例如，在聚类分析中，无监督学习可以将相似的数据点分组，如客户细分；而在降维中，可以减少数据的复杂性，同时保留重要信息，例如，主成分分析（Principal Component Analysis，PCA）。常见的无监督学习算法包括 K 均值聚类、层次聚类和自编码器等。无监督学习更接近人类探索未知数据的方式，适用于数据量大但标注信息不足的情况，能够揭示隐藏在数据中的潜在规律，为进一步分析提供基础。

4.2.1　聚类分析

1. 聚类分析的基本原理

聚类分析的目标是将数据集中的样本划分为若干个簇（Cluster），使得同一簇内的样本彼此相似，而不同簇的样本彼此相异。聚类分析无须预先标记数据，即能够从数据集中发现隐藏的结构和模式，因此在诸多领域有着广泛的应用。

聚类分析旨在根据数据集中样本的内在相似性，将样本自动分组。这里的“相似性”通常通过样本之间的距离来度量，距离越近，相似度越高。聚类分析算法种类繁多，根据不同的划分原则，可以分为以下几种类型。

（1）划分聚类（Partitioning Clustering）：将数据集划分为互不重叠的簇，如 K-Means、K-Medoids 等。

（2）层次聚类（Hierarchical Clustering）：通过构建层次化的簇结构进行聚类，如凝聚层次聚类、分裂层次聚类等。

（3）密度聚类（Density-based Clustering）：基于样本密度进行聚类，能够发现任意形状的簇，如 DBSCAN、OPTICS 等。

（4）模型聚类（Model-based Clustering）：假设数据是由一些潜在的模型生成的，通过拟合模型进行聚类，如高斯混合模型等。

K-Means 算法是最经典也是最常用的划分聚类算法之一。它的原理简单直观，易于实现，且效率较高，因此在实践中应用广泛。K-Means 的核心思想是迭代优化，通过不断调整簇的中心点，使得每个样本到其所属簇中心的距离平方和最小化。K-Means 算法的具体步骤如下。

（1）初始化聚类中心：随机选择 K 个数据点作为初始的聚类中心（也称为质心）。这里的 K 是预先设定的簇的数量。

（2）分配样本到簇：对于数据集中的每个样本，计算其到 K 个聚类中心的距离，将该样本分配到距离最近的聚类中心所代表的簇。常用的距离度量方法包括欧氏距离、曼哈顿距离等。

（3）更新聚类中心：对于每个簇，重新计算该簇中所有样本的均值，将该均值作为新的聚类中心。

（4）迭代优化：重复步骤（2）和（3），直到聚类中心不再发生显著变化，或者达到预设的迭代次数。此时,认为算法收敛,聚类完成。

在 K-Means 算法中,计算数据点到聚类中心的距离是至关重要的步骤。常用的距离度量方法是欧氏距离,两个 n 维数据点 $x = (x_1, x_2, \cdots, x_n)$ 和 $y = (y_1, y_2, \cdots, y_n)$ 的欧氏距离如公式(4.12)所示。

$$d(x, y) = \sqrt{\sum_{j=1}^{n} (x_j - y_j)^2} \tag{4.12}$$

聚类数 K 是一个重要的参数,需要预先设定。选择合适的 K 值对于聚类效果至关重要。如果 K 值选择不当,可能会导致聚类结果不理想。常用的选择 K 值的方法包括肘部法则和轮廓系数。

肘部法则通过绘制簇内平方和(WCSS)与 K 值的关系图来确定最佳的 K 值。WCSS 是指每个簇内数据点到聚类中心的距离平方和的总和。随着 K 值的增大,WCSS 通常会减小。肘部法则认为,最佳的 K 值对应 WCSS 下降速度变缓的"肘部"位置。肘部法则求解 K 值的步骤如下所示。

(1) 计算不同 K 值(例如从 1 到 10)对应的 K-Means 聚类结果,并计算每个结果的 WCSS。

(2) 绘制 K 值与 WCSS 的折线图。

(3) 观察折线图,找到 WCSS 下降速度显著变缓的点,该点对应的 K 值即为肘部位置,可以作为最佳的 K 值。

而轮廓系数综合考虑了簇的凝聚度和分离度,能够更客观地评估聚类效果。轮廓系数如公式(4.13)所示。

$$s(i) = \frac{b(i) - a(i)}{\max(a(i), b(i))} \tag{4.13}$$

式中,$a(i)$ 是数据点 i 到所属簇内其他点的平均距离(簇内凝聚度),$b(i)$ 是数据点 i 到其他簇所有样本的平均距离的最小值(簇间分离度)。

轮廓系数的取值范围为 $[-1, 1]$。值越接近 1,表示聚类效果越好;值越接近 -1,表示聚类效果越差;值接近 0,表示聚类效果重叠。轮廓系数求解 K 值步骤如下所示。

(1) 计算不同 K 值(例如从 2 到 10)对应的 K-Means 聚类结果,并计算每个结果的平均轮廓系数。

(2) 绘制 K 值与平均轮廓系数的折线图。

(3) 选择平均轮廓系数达到峰值时对应的 K 值作为最佳的 K 值。

聚类结果通常以可视化的形式展现,常用的可视化方法有以下几种。

(1) 散点图:对于二维或三维数据,可以使用散点图将数据点投影到二维或三维空间中,用不同的颜色或形状表示不同的簇。

(2) 箱线图:用于比较不同簇在各个特征维度上的分布情况。

(3) 平行坐标图:用于展示高维数据在不同簇中的特征差异。

(4) 热图:用于展示数据之间的相似性或距离矩阵,可以辅助判断聚类效果。

2. K-Means 算法的应用场景

K-Means 聚类广泛应用于市场营销中的客户细分。通过分析客户的购买行为、消费金额、人口统计学特征,可以将客户划分为多个簇,从而为不同群体制定个性化的营销策略。也可以用于图像处理的图像分割任务。将图像像素的 RGB 值或灰度值作为特征向量,

K-Means 可以将图像划分为不同的区域（如背景与前景、不同物体的区域等），并将聚类结果映射回图像像素，使用不同的颜色表示不同的区域，得到分割后的图像。

3. K-Means 算法的编程实例

使用 Scikit-learn 库实现 K-Means 聚类算法的步骤如下。

（1）数据生成：可使用 make_blobs 创建模拟数据，设置簇的数量。

（2）标准化：使用 StandardScaler 标准化数据，确保每个特征的尺度一致。

（3）肘部法则：通过迭代不同 K 值找到拐点。

（4）聚类：使用 K-Means 进行最终聚类，并可视化结果。

（5）轮廓系数：评估聚类质量，值接近 1，表示效果好。

4.2.2 主成分分析

1. 主成分分析的基本原理

数据的维度指的是数据的分类特征或属性。高维数据不仅给数据存储和计算带来挑战，还会导致"维度灾难"问题，即随着维度的增加，数据稀疏性增强，模型性能可能下降。因此，数据降维成为数据预处理中的一个关键步骤，旨在降低数据的维度，同时尽可能保留数据中的重要信息。主成分分析是最常用且最有效的线性降维方法之一，它通过线性变换将高维数据映射到低维空间，保留数据的主要特征，同时减少冗余和噪声。

主成分分析的核心思想是通过线性变换，将原始高维数据投影到一个低维空间，这个低维空间由数据中最重要的主成分构成。这些主成分是原始数据在特定方向上的投影，能够最大程度地保留原始数据的方差信息。其处理过程包含以下几个步骤。

（1）数据标准化：首先对原始数据进行标准化处理，通常是中心化（减去均值）和标准化（除以标准差），使得每个特征的均值为 0，标准差为 1。这有助于消除不同特征量纲和数值范围的影响。

（2）计算协方差矩阵：计算标准化后数据的协方差矩阵。协方差矩阵描述了不同特征之间线性关系强度和方向。假设数据集有 n 个样本，每个样本有 m 个特征，数据矩阵为 $\boldsymbol{X}$，其每一列表示一个特征，每一行表示一个样本，大小为 $n \times m$。则协方差矩阵 $\boldsymbol{C}$ 的计算如公式（4.14）所示。

$$C = \frac{1}{n-1} \boldsymbol{X}^{\mathrm{T}} \boldsymbol{X} \tag{4.14}$$

（3）特征值分解或奇异值分解：对协方差矩阵进行特征值分解或奇异值分解，这两种分解方法都可以得到协方差矩阵的特征值和特征向量。特征向量表示数据的主成分方向，而特征值表示每个特征向量所对应的"重要性"或方差大小。排序后的特征值越大，代表对应的特征向量（主成分）包含的数据方差越多。

（4）选择主成分：将特征值从大到小排序，选择前 k 个最大的特征值对应的特征向量作为主成分。这些特征向量代表了数据中最重要的方向（通常累计贡献率超过 95%）。k 是降维后的目标维度。

（5）数据投影：将原始数据投影到由选定的主成分构成的低维空间中。具体做法是将原始数据与主成分特征向量组成的矩阵 $\boldsymbol{W}$ 相乘，得到数据矩阵 $\boldsymbol{Z}$。$\boldsymbol{W}$ 是用选定的 k 个特征向量组成，大小为 $m \times k$。$\boldsymbol{Z}$ 是降维后的数据矩阵，维度从 m 降到 k。如公式（4.15）所示。

$$Z = XW \tag{4.15}$$

作为一种强大的降维工具,主成分分析作用主要有以下 3 个。

(1)减少数据维度:这是主成分分析最主要的应用。通过降维,可以显著减少数据的特征数量,降低计算复杂度和存储空间需求。在高维数据分析和机器学习中,降维是提高算法效率和性能的关键步骤。

(2)去除噪声:主成分分析可以有效地去除数据中的噪声。噪声通常对应于较小的特征值和特征向量,它们对数据方差的贡献较小。通过保留主要的特征向量(对应于较大特征值),可以滤除噪声,提高数据质量。

(3)数据可视化:对于高维数据,直接进行可视化通常很困难。通过主成分分析降维到二维或三维空间,可以将高维数据投影到低维空间,进行可视化展示,有助于更好地理解数据的结构和分布模式。例如将基因表达数据降维到二维平面上,以便观察不同基因样本之间的关系。

2. 主成分分析的应用场景

在人脸识别系统中,每张人脸图像通常被表示为一个高维向量,向量的维度等于图像像素的数量。例如,一张 100×100 像素的灰度人脸图像,其维度为 10 000。直接使用如此高维的数据进行人脸识别,计算量巨大,且容易受到光照、姿态等因素的影响。可以将大量人脸图像数据通过主成分分析降维,提取出人脸图像的主要特征成分,例如眼睛、鼻子、嘴巴等。降维后的数据维度大大降低,可以降到几百维甚至更低,同时保留了人脸识别的关键信息。使用降维后的人脸特征进行识别,可以提高识别效率和稳定度。Eigenfaces 方法就是主成分分析在人脸识别中的经典应用。

在自然语言处理中,文本数据通常被表示为高维的词向量,例如,使用 TF-IDF 或 Word2Vec 等方法将文本转换为词向量。这些向量的维度可能非常高,尤其是在处理大规模文本语料库时。可以使用主成分分析对文本的词向量进行降维,降低词向量的维度,减少模型的参数量,提高文本分类、文本聚类等任务的效率。降维后的词向量可以更好地捕捉文本的语义信息,去除冗余和噪声。

3. 主成分分析的编程实例

基于 Iris 数据集,利用 Scikit-learn 实现主成分分析的步骤如下。

(1)加载数据:使用 Scikit-learn 的 load_Iris 函数加载 Iris 数据集;Iris 数据集是一个经典的多分类数据集,包含 4 个特征和 3 个类别。

(2)标准化:通过 StandardScaler 标准化数据,确保每个特征的均值为 0,方差为 1。

(3)PCA 降维:通过 PCA(n_components=2)将数据降到二维空间。

(4)解释方差比:利用 PCA 模型的 explained_variance_ratio_ 获取每个主成分解释的方差比例。这个比例反映了每个主成分在保留原始数据方差方面的贡献程度。结果应该显示前两个主成分已经解释了原始数据约 95% 以上的方差信息。

(5)数据可视化:使用 Matplotlib 将降维后的数据进行可视化,并按类别着色。

4.3 强化学习

与有监督学习和无监督学习不同,强化学习并不需要预先准备好的数据集。强化学习旨在通过试错让智能体（Agent）在与环境（Environment）的交互中学习如何做出最优决策，它所需的数据是动态产生的经验数据。目标是训练智能体如何在环境中学习，以采取一系列行动（Actions），从而最大化累积奖励（Rewards）。智能体根据环境的反馈（奖励或惩罚）来调整策略，以便在未来做出更好的决策。

强化学习与有监督学习和无监督学习的主要区别在于学习的方式和目标，详见表 4.3。

表 4.3　强化学习、有监督学习和无监督学习的区别

	强 化 学 习	有 监 督 学 习	无 监 督 学 习
数据类型	经验数据 （状态-行动-奖励-新状态）	带标签的数据 （输入-输出）	无标签的数据 （输入）
反馈类型	延迟且稀疏的奖励信号	即时且信息丰富的标签	无显式反馈信号
学习目标	最优策略 （最大化累积奖励）	映射关系 （预测/分类）	数据结构/表示 （模式发现/特征提取）
探索与利用	需要平衡探索与利用	通常无须显式权衡	通常无须显式权衡
示例算法	Q-learning、深度 Q 网络（DQN）、策略梯度、蒙特卡洛方法等	线性回归、逻辑回归、决策树、支持向量机（SVM）、神经网络等	K-Means 聚类、层次聚类、主成分分析（PCA）等

4.3.1　强化学习概述

1. 强化学习的基本原理

强化学习是一种让智能体在环境中学习如何做出最优决策，以获得最大累积奖励的方法。其核心要素包括以下几个。

（1）智能体：是学习和做出决策的主体。它可以是一个软件程序、机器人或任何能够与环境互动的实体。智能体的目标是通过学习策略来最大化累积奖励。

（2）环境：是智能体所处的外界，可以是真实的物理世界，也可以是模拟的虚拟世界。环境接收智能体的动作，并根据动作改变自身状态，同时向智能体返回奖励。

（3）状态：是环境在某一时刻的描述，包含了智能体做出决策所需的信息。状态可以是环境的直接观测，也可以是智能体对环境的抽象表示。例如，在迷宫游戏中，状态可以是智能体当前在迷宫中的位置。

（4）动作：是智能体在某一状态下可以执行的操作。动作会影响环境的状态，并可能带来奖励或惩罚。在迷宫游戏中，动作可以是向上、下、左、右移动。

（5）奖励：是环境对智能体动作的即时反馈，用于评价动作的好坏。奖励信号可以是正数（奖励）、负数（惩罚）或零。强化学习的目标是学习一个策略，使得智能体获得的累积奖励最大化。例如，在迷宫游戏中，到达终点可能获得正奖励，撞墙可能获得负奖励。

2. 马尔可夫决策过程

强化学习问题通常被建模为马尔可夫决策过程（Markov Decision Process，MDP）。MDP 提供了一个形式化框架来描述序贯决策问题，其核心特点是马尔可夫性质，即未来状态只取决于当前状态和动作，而与过去的历史无关。一个 MDP 有以下几个要素。

（1）状态空间（S）：所有可能状态的集合。

（2）动作空间（A）：智能体在每个状态下可以采取的所有动作的集合。

（3）转移概率函数（P）：描述了在状态 s 下采取动作 a 后，转移到下一个状态 s' 的概率，表示为 $P(s'|s,a)$。

（4）奖励函数（R）：描述了在状态 s 下采取动作 a 后获得的即时奖励，表示为 $R(s,a,s')$。

（5）折扣因子（γ）：介于 0 和 1 之间的常数，用于衡量未来奖励相对于当前奖励的重要性。折扣因子越高，智能体越注重长期奖励。

MDP 假设状态转移具有马尔可夫性质，即下一状态只依赖当前状态和动作，不依赖之前的历史。这为强化学习提供了理论基础。目标是找到一个策略（Policy）π，该策略定义了在每个状态 s 下，智能体应该采取的动作 a 的概率分布，表示为 $\pi(a|s)$。最优策略旨在最大化期望累积折扣奖励。

强化学习的学习过程是一个试错的过程。智能体最初对环境一无所知，通过与环境不断交互尝试不同的动作，并根据环境的反馈（奖励）逐步学习到最优策略。学习过程通常包含以下 4 个步骤。

（1）初始化：智能体初始化一个策略（通常是随机策略），并与环境开始交互。

（2）探索：智能体在环境中探索不同的状态和动作，收集经验数据，包括状态、动作、奖励、下一个状态。

（3）学习：智能体利用收集到的经验数据更新自身的策略或价值函数，改进决策能力。

（4）利用：智能体根据当前学到的策略选择认为最优的动作，以最大化累积奖励。

探索和利用是强化学习中一对重要的矛盾。智能体需要在探索未知环境和利用已知经验之间进行权衡。过度的探索可能导致效率低下，而过度的利用可能陷入局部最优。

3. Q-learning 强化学习算法

强化学习算法种类繁多，根据学习方式和模型类型，可以分为多种类别。

Q-learning 是一种值迭代的离策略强化学习算法。它学习一个 Q 函数 $Q(s,a)$，表示在状态 s 下采取动作 a 的期望累积折扣奖励。Q-learning 通过迭代更新 Q 函数最终得到最优策略，适用于状态和动作空间较小的场景。其更新公式如公式（4.16）所示。

$$Q(s,a) \leftarrow Q(s,a) + \alpha[R + \gamma \max_{a'} Q(s',a') - Q(s,a)] \tag{4.16}$$

式中，$Q(s,a)$ 是状态 s 下采取动作 a 的价值，R 是即时奖励，α 是学习率，γ 是折扣因子，s' 是下一个状态，a' 是在状态 s' 下可以采取的所有动作。

深度 Q 网络（Deep Q-Network，DQN）是 Q-learning 的一种改进算法，结合了深度学习的能力。DQN 使用深度神经网络来逼近 Q 函数，能够处理高维状态空间和连续动作空间的问题。DQN 的主要创新包括经验回放和目标网络，有效解决了 Q-learning 在深度学习中训练不稳定的问题。

强化学习常常应用在游戏环境。如在迷宫游戏中，智能体位于迷宫的起点，目标是到达迷宫的终点。环境是迷宫地图，状态是智能体在迷宫中的位置，动作是向上、下、左、右移动。奖励函数设置为：到达终点奖励+1，撞墙奖励-1，其他情况奖励 0。智能体通过强化学习算法（如 Q-learning）学习最优策略，找到从起点到终点的最短路径。在贪吃蛇游戏中，智能体控制贪吃蛇在地图上移动，目标是吃到食物，并尽可能地增长蛇身。环境是游戏地图，状态包括蛇头的位置、蛇身的位置、食物的位置等。动作是控制蛇头向上、下、左、右移动。奖励函数设置为：吃到食物奖励+10，撞墙或撞到自身奖励-10，每步行动奖励-0.1。智能体通过强化学习算法学习最优策略，尽可能地吃到更多食物，并避免游戏结束。

4.3.2　强化学习案例

强化学习在复杂游戏领域取得了举世瞩目的成就，最典型的例子就是 AlphaGo 在围棋领域战胜人类顶尖棋手。围棋是一种状态空间和动作空间极其庞大的棋类游戏，被认为是人工智能的巨大挑战。DeepMind 团队开发的 AlphaGo 采用了深度强化学习（Deep Reinforcement Learning，DRL）技术，结合蒙特卡洛树搜索（Monte Carlo Tree Search，MCTS）。AlphaGo 的学习过程包括大量的自我对弈，使用强化学习优化策略，并利用神经网络评估棋盘状态，成功地训练出了超越人类水平的围棋 AI，证明了强化学习在解决复杂决策问题方面的强大能力。

《星际争霸》是一款即时战略游戏，具有复杂的游戏规则、庞大的兵种单位和高度动态的游戏环境。DeepMind 推出的 AlphaStar，通过与自己对战，利用强化学习不断优化策略，最终在多场比赛中战胜了人类职业玩家。AlphaStar 的成功证明了强化学习在处理更复杂的、实时性更强的游戏环境方面也具有潜力。

强化学习在机器人控制领域也展现出巨大的应用价值。传统的机器人控制方法通常需要人工设计复杂的控制策略，而强化学习可以让机器人通过自主学习适应不同的环境和任务。

机器人导航：强化学习可以用于训练机器人在未知环境中自主导航。智能体（机器人）通过传感器获取环境状态（如摄像头图像、激光雷达数据），通过强化学习算法学习控制策略，控制机器人的运动（如前进、后退、转向），奖励基于距离目标的缩短和碰撞的惩罚，最终实现自主避障和路径规划。

机械臂操作：强化学习可以用于训练机械臂完成复杂的抓取、装配等操作任务。智能体（机械臂）通过视觉或力量传感器获取环境状态，通过强化学习算法学习控制策略，控制机械臂的关节运动，最终实现精确的操作。在学习抓取不同形状的物体时，奖励机制可以是成功抓取的正反馈和掉落的负反馈。

尽管强化学习取得了显著进展，但仍然面临着如下一些挑战。

（1）样本效率低：强化学习通常需要大量的环境交互才能学到有效的策略。尤其是在复杂环境中，探索空间巨大，学习过程可能非常耗时。解决方法有研究更高效的探索策略（如基于好奇心的探索、分层探索），利用先验知识（如模仿学习、迁移学习），结合模型预测等方法。

（2）奖励函数设计困难：奖励函数的设计直接影响着智能体的学习效果。设计一个合适的、能够引导智能体学习到期望行为的奖励函数并非易事。解决方法有研究自动奖励函数设计方法（如逆强化学习、基于演示的学习），利用稀疏奖励学习，分层奖励等方法。

（3）泛化能力弱：强化学习学到的策略可能在训练环境之外的环境中表现不佳，泛化能力较弱。解决方法有研究领域自适应强化学习、元强化学习、多任务强化学习等方法，提高智能体的泛化能力。

（4）探索与利用的平衡：有效地平衡探索和利用，在保证探索充分性的前提下提高学习效率，仍然是一个重要的研究问题。解决方法有研究更智能的探索策略，如基于不确定性的探索、参数化噪声探索等。

（5）算法稳定性：深度强化学习算法训练过程可能不稳定，对超参数敏感，难以复现。

解决方法有研究更稳健的深度强化学习算法,改进训练方法,提高算法的稳定性。

尽管面临挑战,强化学习在实际工程应用中仍展现出巨大的潜力。随着算法的不断进步和计算能力的提升,强化学习有望在以下更多领域发挥重要作用。

(1)智能交通:交通信号灯控制优化、自动驾驶汽车决策规划、交通流量预测与管理。

(2)智能制造:机器人自动化生产线优化、智能仓储物流管理、设备故障预测与维护。

(3)金融科技:智能投资组合管理、量化交易策略优化、风险控制与欺诈检测。

(4)智慧医疗:个性化医疗方案推荐、药物研发与优化、手术机器人辅助操作。

(5)能源管理:智能电网调度优化、可再生能源存储与分配、节能控制系统。

未来,强化学习将朝着更通用化、更高效、更稳健的方向发展。随着理论研究的深入和算法的改进,强化学习有望成为解决复杂决策问题的关键技术,深刻地改变人工智能的未来。

实际的强化学习应用通常会使用专门的强化学习库,如 Gym、Stable-Baselines3、TensorFlow、PyTorch 等。下面是一个基于 Python 基本库的简单的 Q-learning 算法实现步骤,用于解决一个小的网格迷宫问题。

(1)环境:迷宫是一个 4×4 的网格,智能体从[0,0]开始,目标是到达[3,3]。

(2)动作:智能体可以向上、右、下、左移动。

(3)Q 表:使用 NumPy 数组存储状态-动作对的价值,初始化为 0。

(4)Q-learning 算法:通过迭代更新 Q 表,学习每个状态下的最佳动作。

(5)奖励:到达目标得 100 分,每步移动−1 分。

(6)测试:训练完成后,打印从起点到目标的路径。

评价强化学习效果的指标有以下几个。

(1)收敛性:Q 表是否在训练后稳定,是否找到最优策略。本例通过 plot_rewards 函数绘制训练过程中的累计奖励曲线。如果曲线趋于平稳且奖励较高,说明 Q 表收敛。在理想情况下,奖励应接近最优策略的最大值(例如 6 步到达目标:−5+100=95)。

(2)累计奖励:智能体在测试中获得的奖励总和。在本例中,test_policy 返回单次测试的累计奖励。多轮测试的平均奖励(avg_reward)反映策略的稳定性。

(3)路径长度:智能体从起点到目标的步数(最优为 6 步,对应曼哈顿距离)。本例中 test_steps 和 avg_steps 显示智能体到达目标所需的步数。在 4×4 网格中,最优路径长度为 6 步(曼哈顿距离:从(0,0)到(3,3)需 3 下+3 右)。

(4)成功率:智能体在多次测试中到达目标的概率。在本例中,success_rate 计算 100 次测试中到达目标的比例,反映策略的稳定性。

4.4　半监督学习

1. 半监督学习的基本原理

在机器学习领域,有监督学习依赖大量带标签数据,而无监督学习则处理无标签数据。然而,在现实世界中,标注数据往往昂贵且耗时,而无标签数据却相对容易获得。半监督学习应运而生,它的特点在于结合少量带标签数据和大量无标签数据进行模型训练。在降低标注成本的同时又借助无标签数据中蕴含的丰富信息,提升模型在少量带标签数据下学习到的性能，使其能够更好地泛化到未见过的数据上。

半监督学习之所以有效，主要基于以下两个关键假设。

1）平滑性假设

如果两个数据点在输入空间中彼此靠近，那么它们在输出空间中也应该彼此靠近。换句话说，相似的数据点应该具有相似的标签。无标签数据可以用来更好地理解数据空间的结构，从而利用平滑性假设进行标签推断。

2）聚类假设

数据往往会形成簇状结构，处于同一个簇的数据点应该具有相同的标签。无标签数据可以有助于发现这些数据簇，并将带标签数据点的标签传播到同一簇的其他无标签数据点。

基于这两个假设，半监督学习方法旨在利用无标签数据来扩展带标签数据的有效性，学习更稳健、更准确的模型。

2. 半监督学习方法的分类

半监督学习方法繁多，根据不同的学习策略，大致分为以下几类。

1）伪标签方法

伪标签方法是最简单且常用的半监督学习方法之一。其核心思想是先用少量标注数据训练一个模型，然后使用该模型预测无标签数据的标签，将预测出的标签作为"伪标签"赋予无标签数据。之后，将带有伪标签的无标签数据与原始带标签数据合并，再次训练模型。这个过程可以迭代多次，不断提升模型性能。例如图像分类的任务，如果只有少量标注的猫狗图片，但有大量未标注的图片。可以先用带标签数据训练一个初步的分类器。然后，用这个分类器预测未标注图片，如果分类器对某个未标注图片预测为"猫"的置信度很高，就给这张图片打上伪标签——"猫"。之后，将这些带有伪标签的图片和原始标注图片一起用于训练更强大的分类器。

2）一致性正则化

一致性正则化方法的核心思想是鼓励模型在面对无标签数据时，对同一个数据样本的不同"扰动版本"做出一致的预测。例如，对于一张未标注的图片，可以对其进行轻微的旋转、缩放、裁剪等操作，得到多个扰动版本。一致性正则化方法会要求模型对这些扰动版本预测的类别概率分布尽可能接近。通过这种方式，模型可以学习对无标签数据更稳定的表示，从而提升泛化能力。在图像分类任务中，可以对无标签图片进行随机旋转、颜色抖动等方式的增强，并希望模型对原始图片和增强后的图片都能预测出相同的类别。这种一致性要求迫使模型学习更加稳健的特征，从而更好地利用无标签数据。

3）图基方法

图基方法将数据点表示为图的节点，数据点之间的相似度表示为边，构建数据图。带标签数据点的标签可以通过图结构传播到邻近的无标签数据点。常见的图基方法包括标签传播算法和图卷积网络等。例如，在网页分类的任务中，只有少量网页被标注了类别（新闻、博客、电商等类别），大量网页未标注。可以构建一个网页图，网页之间如果存在超链接，则认为它们相似。标签传播算法可以将已标注网页的类别标签沿着链接传播到未标注网页，从而实现半监督分类。

4）生成模型方法

生成模型方法利用生成模型（如生成对抗网络和变分自编码器）来学习数据的潜在分

布,并利用学到的分布进行半监督学习。例如,深度生成模型可以学习带标签数据和无标签数据的联合分布,并利用这个联合分布进行分类或回归任务。

5)自训练

自训练也被认为是半监督学习的早期形式,但其迭代式地用模型预测伪标签并重新训练的思路与伪标签方法有共通之处。自训练通常从少量带标签数据训练一个模型开始,然后选择模型对其预测置信度最高的无标签数据点,将其伪标签化并加入训练集,迭代进行。

3. 半监督学习的特点

半监督学习具有一些优势。如可以降低标注成本,同时提升模型性能,并且更贴近现实应用场景。但是也有一些局限性,比如半监督学习的性能提升很大程度依赖于数据的分布和所选方法的有效性,如果数据不符合平滑性或聚类假设,或者方法选择不当,反而可能导致性能下降。另外,半监督学习方法种类繁多,不同方法适用于不同类型的数据和任务,选择合适的模型和超参数需要一定的经验和技巧。并且相比有监督学习,半监督学习的理论分析更为复杂,对方法有效性的保证和性能界定仍存在挑战。随着数据获取模式的日益多样化,以及对低成本、高性能机器学习模型的需求增长,半监督学习在数据标注成本高或数据隐私敏感的诸多领域都展现出强大的应用潜力,如文本分类和信息抽取、图像分类和目标检测、语音识别、自然语言处理和生物信息学等。

4. 半监督学习的编程实现

下面是一个基于 Scikit-learn 库的伪标签方法代码示例,具体实现步骤如下。

(1)创建一个包含少量标注数据和大量无标注数据的合成数据集。

(2)训练一个初始的监督学习模型(仅使用少量标注数据),并评估其性能作为基线。

(3)实现伪标签迭代过程,使用初始模型预测无标签数据的伪标签,并将置信度高的伪标签数据加入训练集,迭代地重新训练模型。

(4)评估半监督学习模型的性能,并可视化展示初始模型和半监督学习模型的决策边界。

从结果看到,半监督学习模型的准确率通常会高于仅使用少量带标签数据的初始模型,并且决策边界也更加合理,更好地利用了无标签数据的信息。

4.5　基于 Python 编程的机器学习应用实践

本实验将完整地执行机器学习应用流程,并基于 Python 实现多个分类算法,应用在结构化数据和非结构化数据上,最后比较各种算法在不同数据上的表现。

4.5.1　环境搭建

本实验用到最常用的 Python 机器学习算法工具库之一——Scikit-learn 来实现机器学习算法。

本实验涉及以下内容。

(1)问题的提出与理解。

(2)数据的准备与处理。

（3）机器学习算法的选择与实现。

（4）实验结果的分析与对比。

本实验覆盖的机器学习算法主要包括：K-最近邻（KNN）、朴素贝叶斯（Naive Bayes）、逻辑回归、支持向量机、决策树、随机森林和感知机（Perceptron）。

安装所需的工具库如下。

（1）NumPy：用于 Python 的科学计算。

（2）Pillow：图像处理库。

（3）Scikit-learn：包含多种机器学习算法。

（4）OpenCV：本教程并不直接使用 OpenCV，但 imutils 库依赖它。

（5）imutils：图像处理/计算机视觉库。

4.5.2　常用的数据集

这里主要介绍结构化数据（Iris（鸢尾花）数据集）和非结构化数据（图像数据集）两类数据。

1. Iris 数据集

第一个数据集是机器学习中应用广泛的 Iris 数据集，这是一个入门级的数据集，为 Scikit-learn 内置数据集，load_iris()可读取。Iris 数据集是数值型的数据，组成一个结构化的表格数据，每一行代表一个样本，每一列对应不同的属性。该数据集收集了 3 种不同的鸢尾花数据，对应最后一列分类标签，即品种名称。

鸢尾花的类别是通过测量花的花萼长、花萼宽、花瓣长和花瓣宽得到的，所以 4 种属性分别如下：

（1）Sepal Length：花萼长度（cm）。

（2）Sepal Width：花萼宽度（cm）。

（3）Petal Length：花瓣长度（cm）。

（4）Petal Width：花瓣宽度（cm）。

部分数据如表 4.4 所示。

表 4.4　Iris（鸢尾花）数据集部分数据

花萼长度/cm	花萼宽度/cm	花瓣长度/cm	花瓣宽度/cm	分类标签
5.3	3.7	1.5	0.2	Iris-setosa
6.4	3.2	4.5	1.5	Iris-versicolor
6.3	3.3	6.0	2.5	Iris-virginica

对于该数据集，任务的目标就是根据给定的 4 个属性训练一个机器学习模型，来正确分类每个样本的类别，这是一个典型的分类任务。

2. 图像数据集

第二个数据集是一个图像数据集，包括海岸线（Coast）、森林（Forest）和高速公路（Highway）三种场景，总共 948 张图片，任务是构建模型完成类别的分类，每个类别的图片数量如表 4.5 所示。

表 4.5 场景数据集图片数量

场景标签	图片数量/张
Coast	360
Forest	328
Highway	260

该数据集来自 MIT Places Database for Scene Recognition(places. csail. mit. edu)。

4.5.3 机器学习的实现步骤

在不同场景下应用机器学习算法,都有以下大致相同的步骤。

1. 问题的提出与理解

针对任务的目标,尝试回答以下问题。

(1) 数据集是哪种类型? 数值型、类别型还是图像?

(2) 模型的最终目标是什么?

(3) 如何定义和衡量"准确率"呢?

(4) 以目前掌握的机器学习知识来看,哪些算法在处理这类问题上效果很好?

2. 数据的准备与处理

数据准备与处理,包括数据预处理以及特征工程,具体有加载数据、检查数据、探索性数据分析、数据预处理,进而决定需要做的特征提取或者特征工程。特征提取是应用算法,通过某种方式来量化数据的过程。例如,对于图像数据,可以采用计算直方图的方法来统计图像中像素强度的分布,通过这种方式,就得到描述图像颜色的特征。特征工程是将原始输入数据转换成一个更好描述潜在问题的特征表示的过程。

3. 选择机器学习算法

这一步将选择各种候选机器学习算法,并应用在数据集上。在安装的工具库内,包含很多机器学习算法,以下模型均可用作分类。

(1) 线性模型(逻辑回归、线性 SVM)。

(2) 非线性模型(SVM、梯度下降)。

(3) 树和基于集成的模型(决策树、随机森林)。

对于最终模型的选择,可以依据实验效果来确定,但也可遵从一些经验,比如:

(1) 对于稠密型多特征的数据集,随机森林算法的效果很不错。

(2) 逻辑回归算法可以很好地处理高维度的稀疏数据。

Scikit-learn 工具库提供了一个模型选择思路,可到其官网查阅(scikit-learn. org/stable/machine_learning_map. html)。

4. 构建机器学习流程,并分析算法准确率

构建代码文件目录,包含两个代码文件和一个内含三种场景图片数据集的图像文件夹。Iris 数据集无须另外存储,直接使用 Scikit-learn 库载入即可。首先使用机器学习算法来对 Iris 数据集进行训练,完成结构化数据建模程序 Iris_classifier. py,算法包含 K-最近邻、朴素贝叶斯、逻辑回归、支持向量机、决策树、随机森林和感知机等,将 80% 的数据作为训练集,20% 的数据作为测试集,对所选用的算法进行评估,并生成测试结果。接着完成图像数据集建模程序 image_classifier. py,算法种类和 Iris 数据集一样。完成这两份代码后,依次使用

不同算法执行程序，对比不同算法在两个数据集上的性能表现，将数据（precision，weighted avg）记录在表 4.6 中。

表 4.6　机器学习算法在分类任务的应用表现

算法名称	结构化数据（Iris 数据集）	非结构化数据（图像数据集）
K-最近邻（KNN）		
朴素贝叶斯（Naive Bayes）		
逻辑回归		
支持向量机（SVM）		
决策树（DT）		
随机森林（RF）		
感知机（Perceptron）		

通过这些计算得到的准确率，可以看出不同算法在不同应用场景的效果并不相同。没有任何一种算法是完美且适用于所有的场景，应该根据具体问题分析。

4.6　本章小结

本章系统地介绍了机器学习这一人工智能核心领域的基本理论框架与技术方法。首先，本章从方法论角度将机器学习划分为四大范式：有监督学习重点讲解了线性回归、逻辑回归、决策树与随机森林等经典算法；无监督学习详细解析了 K-Means 聚类和主成分分析技术；还涵盖了强化学习和半监督学习的基本原理与典型算法。为强化理论理解，本章特别设计了配套的 Python 实现示例，通过代码演示具体算法的实现流程。最后，通过结构化数据和非结构化数据两个实践案例引导读者完成从理论认知到实践应用的完整学习闭环，切实掌握机器学习方法的正确应用方式，为后续深入学习奠定坚实基础。

第5章

神经网络与深度学习

思维导图:

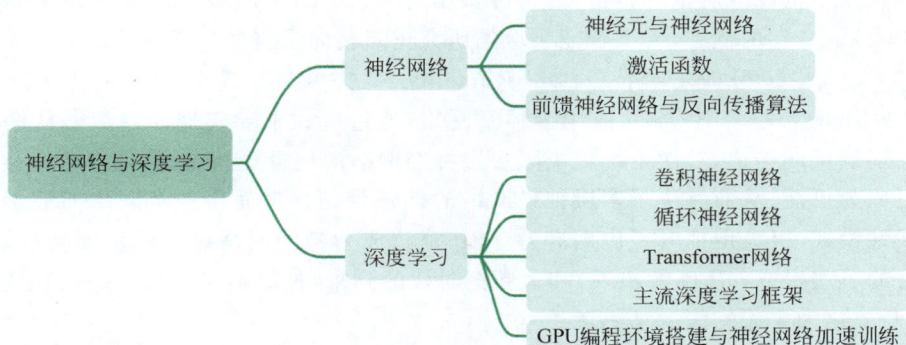

学习目标:
- 了解神经网络及其应用
- 了解深度学习的常见架构
- 能够进行简单编程,完成深度学习实践

5.1 神经网络基础

人工神经网络简称神经网络(Artificial Neural Network,ANN),是一种用于机器学习和深度学习的计算模型,它通过模仿生物神经网络的结构和功能对函数进行估计或近似。神经网络由大量相互连接的称为"神经元",或称为"节点"的处理单元联结进行计算。在大多数情况下,神经网络能在外界信息的基础上进行处理,并改变内部结构,是一种自适应系统,通俗地讲就是具备学习功能。人工智能领域的一些问题,比如机器视觉和语音识别都是很难被传统基于规则的编程所解决的,而神经网络的学习功能恰好可以用于解决这样的问题。

5.1.1 神经网络概述

1. 神经网络的发展历程

神经网络的发展历程可以追溯到 20 世纪中期,起源于对生物神经元结构和功能的探索,历经数次起落。1943 年,沃伦·麦卡洛克(Warren McCulloch)和沃尔特·皮茨(Walter Pitts)试图模拟大脑中神经元的工作原理,提出了最初的人工神经元模型(MP 模型)。该模型通过二进制阈值函数模拟生物神经元的"全或无"激活特性,首次将神经科学抽象为数学逻辑运算,为人工神经网络奠定了理论基石。

1958 年,弗兰克·罗森布拉特(Frank Rosenblatt)受此启发,提出了两层神经元组成的神经网络,称为感知机(Perceptron)。感知机本质上是一种线性模型,可以对输入的训练集数据进行二分类,且能够在训练集中自动更新权值,成为首个可训练的机器学习系统。感知机的提出吸引了大量科学家对人工神经网络研究的兴趣,对神经网络的发展具有里程碑式的意义。然而,感知机也有明显的局限性。

1969 年,马文·明斯基和西摩·佩珀特(Seymour Papert)在《感知机》一书中证明了感知机只能解决线性可分问题,无法处理非线性问题,例如简单的异或(XOR)问题。这一发现对感知机模型构成了严重的打击,因为许多现实世界中的问题都是非线性的,导致神经网络研究陷入近 20 年的低谷,人工智能领域的研究重点转向了符号主义方法。

1986 年,大卫·鲁梅尔哈特(David Rumelhart)、杰弗里·辛顿和罗纳德·威廉姆斯(Ronald Williams)等将 BP 算法应用于神经网络,通过链式求导实现误差信号从输出层向隐藏层的逐层反向传递,首次系统解决了多层神经网络的权重更新难题,使得非线性分类与函数逼近成为可能,从而解决了多层神经网络的训练难题。这使得神经网络能够学习更复杂的非线性模式,极大地提升了应用潜力。BP 算法成为神经网络研究的重要转折点,随着计算能力的飞速提升(GPU 的出现)和大数据时代的到来,神经网络迎来了蓬勃发展的新时期,并逐渐演化为今天的深度学习。

1989 年,杨立昆(Yann LeCun)将卷积运算引入神经网络,并于 1998 年开发出应用于手写数字识别的卷积神经网络 LeNet-5,其局部连接、权值共享和空间下采样设计大幅降低了参数规模,并提升了特征提取能力,但因当时计算硬件性能不足与标注数据稀缺,深层网络训练仍面临梯度消失与过拟合等挑战。1997 年,塞普·霍赫赖特(Sepp Hochreiter)和于尔根·施密德胡贝尔(Jurgen Schmidhuber)提出 LSTM,通过引入门控机制有效缓解了 RNN 的长期依赖与梯度消失问题,为时序数据处理开辟了新路径。

2001 年,杰弗里·辛顿提出对比散度(Contrastive Divergence)算法,显著提升了受限玻尔兹曼机的训练效率,为深层网络预训练提供了理论工具。2006 年,杰弗里·辛顿发表深度信念网络(Deep Belief Networks,DBN),通过逐层无监督预训练初始化网络参数,再结合 BP 算法进行微调,首次突破了深层网络优化难题。

2012 年,亚历克斯·克里热夫斯基(Alex Krizhevsky)和伊利亚·苏茨克弗(Ilya Sutskever)在杰弗里·辛顿指导下构建 AlexNet 凭借 ReLU 激活函数、Dropout 正则化和双 GPU 并行训练策略,以超越传统方法 10.8% 的成绩夺得 ImageNet 图像识别竞赛冠军,标志着深度学习正式成为计算机视觉的主流范式。2015 年,何恺明提出残差网络(ResNet),通过跨层跳跃连接(Skip Connection)构建残差学习框架,成功训练出 152 层深度网络,在 ImageNet 上将错误率进一步降至 3.57%,逼近人类水平。2016 年,德米斯·哈萨比斯(Demis Hassabis)领衔开发的 AlphaGo 基于深度强化学习与蒙特卡洛树搜索,以 4∶1 击败围棋世界冠军李世石,展示了深度学习在复杂决策任务中的颠覆性潜力。

2017 年,阿希什·瓦斯瓦尼(Ashish Vaswani)等提出 Transformer 架构,通过自注意

力机制(Self-Attention)取代了传统循环结构,在自然语言处理领域实现并行化序列建模,催生了 BERT、GPT 等预训练大模型,推动人工智能进入"大模型时代"。

综上所述,历经 80 余年的演进历程,神经网络本质上是数学理论、计算硬件和数据生态协同进化的结果。

2. 神经元

在生物学中,神经元是大脑中的基本组成单元,如图 5.1 所示,其主要由细胞体、树突、轴突和突触四部分组成。

(1)细胞体:神经元的核心部分,接收来自其他神经元的输入信号。

(2)树突:负责接收输入信号的分支,将其传递给细胞体。

(3)轴突:负责传递处理后的信号,将其传递给其他神经元。

(4)突触:连接两个神经元之间的接触点,通过化学和电信号传递信息。

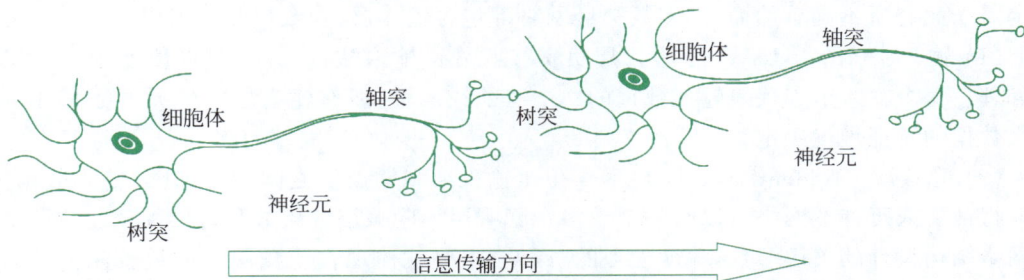

图 5.1　神经元结构及其信息传输

神经元通过电化学过程进行通信,当神经元接收到来自其他神经元的信号时,这些信号会在细胞体中进行整合。当整合后的信号强度超过某个阈值时,神经元就会被激活,并通过轴突向其他神经元传递信号。这个过程构成了大脑信息处理的基础。

3. 人工神经元模型

为了能够模拟生物神经元的行为,人工神经元模型设计了输入、权重、激活函数和输出四个元素。输入是神经元接收的外部信号或其他神经元的输出,数值的大小表示神经元接收到的信号的强弱。来自不同神经元的输入信号对当前神经元的影响程度也是不同的,可以用权重(Weight)来表示。权重越大,表示输入信号对当前神经元的影响越大。另外还有一个偏置(Bias)信号,类似生物神经元的阈值,用于调整神经元的激活难易程度。神经元接收到多个输入信号后,首先会将这些输入信号进行加权求和,如图 5.2 所示。

这里 x_i 表示各个输入量,b 是一个偏置量,每条输入都有一个权重,经过加权求和后,得到净输入 z,如公式(5.1)所示。

$$z = \sum_{i=1}^{d} x_i w_i + b \qquad (5.1)$$

由于净输入是简单的加权求和,即线性函数,其表示能力有限。为了模拟生物神经元只有在信号强度超过阈值时才会被激活的激活特性,每个神经元还需要激活函数 $f(\ )$,通常为非线性函数,作为就是将

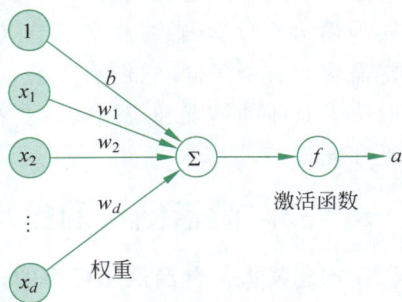

图 5.2　人工神经元模型

净输入映射到非线性空间上。净输入经过激活函数后,得到输出值 a,如公式(5.2)所示。每个神经元的输出即是下一层的输入,这点与生物神经元的树突与轴突概念是完全一致的。人工神经元通过调整权重和激活函数,实现对输入信号的处理和转换。

$$a = f(z) = f\left(\sum_{i=1}^{n} x_i w_i + b\right) \qquad (5.2)$$

4. 单层感知机

单个神经元可以构成最简单的神经网络——单层感知机,作为一种二元线性分类器,它是最简单的前馈神经网络(Feedforward Neural Network,FNN)形式。尽管单个神经元的功能有限,但当大量神经元相互连接,形成多层次的网络结构时,就能够处理非常复杂的问题。

神经网络是由大量人工神经元相互连接而成的网络层次结构,其架构可以根据网络的特定需求而有所不同。然而,大多数神经网络都包含输入层、隐藏层和输出层。

(1) 输入层(Input Layer):输入层负责接收外部输入数据,并将数据传递到下一层进行处理。每个输入节点代表输入数据的一个特征或属性,所有输入层神经元的数量通常由输入数据的特征维度决定。

(2) 隐藏层(Hidden Layer):隐藏层位于输入层和输出层之间,负责处理输入数据,并提取特征。人工神经网络可以有一个或多个隐藏层。隐藏层的层数和每层神经元数量是神经网络结构设计的关键参数,深度学习的"深度"主要就体现在隐藏层的层数较深。每个隐藏层都由多个节点组成,它们对输入数据进行加权求和,加上偏置,并经过激活函数处理,产生输出结果。

(3) 输出层(Output Layer):输出层接收来自隐藏层的处理结果,并产生最终的输出,通常是一个向量或概率分布。输出层神经元的数量和激活函数通常由具体的任务类型决定。例如,分类任务的输出层神经元数量通常等于类别数量,回归任务的输出层神经元数量通常为1。

在神经网络中,节点之间的连接由权重表示。每个连接都有一个关联的权重,用于调节输入信号在神经元之间的传递强度。神经网络的训练是通过反向传播算法实现的,该算法使用训练数据的已知输出与神经网络的预测输出之间的差异,通过调整权重来减小预测误差。这个过程可以通过梯度下降算法或其他优化算法来实现。训练数据的重复迭代和调整权重的过程使神经网络逐渐学习并提高其预测能力。

隐藏层的节点通常包含一个或多个激活函数。激活函数是神经网络中用来将节点输入转换为输出的数学函数,决定了节点对输入的响应方式。激活函数的类型根据神经网络的特定需求而有所不同,它们引入了非线性特性。在神经网络的训练过程中,是否调整激活函数取决于具体的情况和应用需求。在一般情况下,不会调整激活函数,而是调整神经网络的权重和偏置。

5.1.2　激活函数的作用与常见类型

在构建强大的神经网络模型的过程中,激活函数扮演着至关重要的角色。它们如同神经网络的"灵魂",赋予网络学习非线性复杂模式的能力。仅仅使用矩阵乘法之类的线性变换,无论堆叠多少层网络,最终的结果仍然是线性的。这就像用直线永远无法拟合曲线一样,限制了神经网络处理复杂问题的能力。激活函数正是为了解决这个问题而生的。它被应用于神经网络的每个神经元的输出端,引入非线性因素。具体来说,激活函数接收来自上一层神经元的线性组合输出,并对其进行非线性变换,然后将结果传递给下一层神经元。通过层层堆叠并应用激活函数,神经网络就能够逼近任意复杂的非线性函数,从而具备强大的表达能力,可以学习和处理各种非线性模式,例如图像识别、自然语言处理等。

1. 常见的激活函数

应用于神经网络模型中的激活函数的种类繁多,且每种激活函数都有其独特的特性和适用场景。以下介绍几种最常见的激活函数。

1) Sigmoid 函数

Sigmoid 函数的定义如公式(5.3)所示。

$$f(x) = \frac{1}{1+e^{-x}} \tag{5.3}$$

Sigmoid 函数的输出范围是(0,1),函数图形呈现 S 形曲线,且输入为大于 0 时,输出趋向 1,小于 0 时,输出趋向 0,如图 5.3 所示。Sigmoid 函数光滑,处处可导,便于梯度计算。Sigmoid 函数的问题是梯度消失问题,在输入值远离中心位置时,函数曲线变得平缓,梯度接近于零,导致反向传播时梯度难以传递到浅层网络,出现梯度消失问题。此外,Sigmoid 函数的输出非零中心化,它的输出值始终为正数,导致后一层神经元的输入也始终为正数,可能影响模型训练效率。作为早期神经网络中常用的激活函数,Sigmoid 函数常用于二分类问题的输出层,将输出值转化为概率。

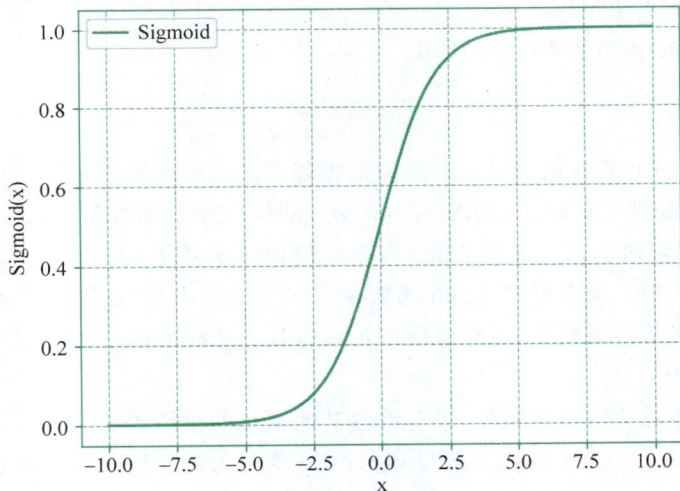

图 5.3　Sigmoid 函数

2) ReLU(Rectified Linear Unit)函数

ReLU 函数的定义如公式(5.4)所示。

$$f(x) = \max(0, x) \tag{5.4}$$

ReLU 函数的输出为输入的正部分,对于负输入值,输出为 0,输出范围为 $[0, \infty)$,函数图形如图 5.4 所示。ReLU 函数计算简单高效,只需判断输入值是否大于零。在正区间内,梯度恒为 1,可以有效缓解梯度消失问题。当输入值为负数时,ReLU 函数输出为 0,使一部分神经元输出为零,造成网络的稀疏性,有助于提高网络效率和泛化能力。但是 ReLU 函数可能出现"死神经元"问题,即当一个神经元的输入值始终为负数,那么该神经元将永远输出 0,导致对应的权重无法更新,出现神经元死亡现象。此外,ReLU 函数也存在输出非零中心化问题。ReLU 函数是目前深度学习中最常用的激活函数之一,在 CNN 和 RNN 中广泛使用。

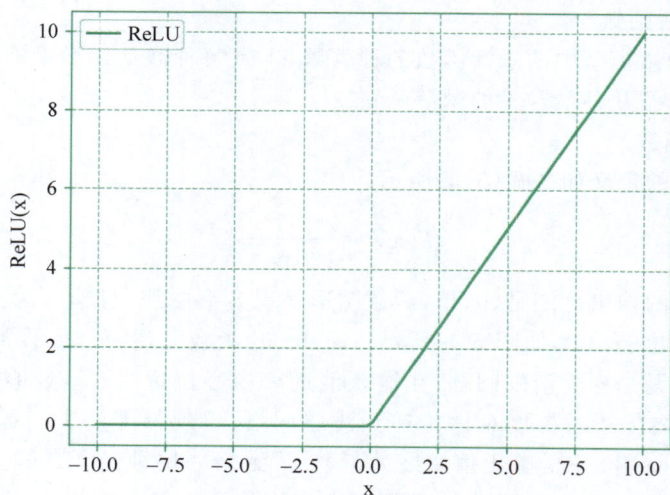

图 5.4　ReLU 函数

3) Tanh(双曲正切函数)

Tanh 函数的定义如公式(5.5)所示。

$$f(x) = \text{Tanh}(x) = \frac{e^x - e^{-x}}{e^x + e^{-x}} \tag{5.5}$$

Tanh 函数的输出范围是(−1,1),其图形类似 Sigmoid 函数,但其输出在 0 附近更具对称性,能够更好地处理负值输入,如图 5.5 所示。同样,Tanh 函数光滑,处处可导,便于梯度计算。并且 Tanh 函数的输出零中心化,即输出值以 0 为中心,相比于 Sigmoid 函数,有助于提高模型训练效率。缺点也是 Tanh 函数存在梯度消失问题,在输入值远离中心位置时,出现梯度消失。在某些情况下,在隐藏层中可以替代 Sigmoid 函数,尤其是当数据具有负值时,常用在 RNN 中。

除了上述 3 种常见的激活函数,还有许多其他类型的激活函数。

(1) Leaky ReLU:为了解决 ReLU 函数的神经元死亡问题,Leaky ReLU 在输入值为负数时,输出一个很小的负斜率值,而不是直接输出 0。如公式(5.6)所示。

$$f(x) = \max(\alpha x, x) \tag{5.6}$$

在公式(5.6)中,a 是一个很小的常数,通常为 0.01。

(2) ELU(Exponential Linear Unit):ELU 结合了 ReLU 和 Sigmoid 的优点,在输入值为负数时输出负值,且函数光滑,可以缓解梯度消失问题,并具有一定的稳健度。

(3) Swish:Swish 函数在某些情况下表现出优于 ReLU 的性能。如公式(5.7)所示。

$$f(x) = x \times \text{Sigmoid}(\beta x) \tag{5.7}$$

在公式(5.7)中,β 可以是常数或可学习参数。

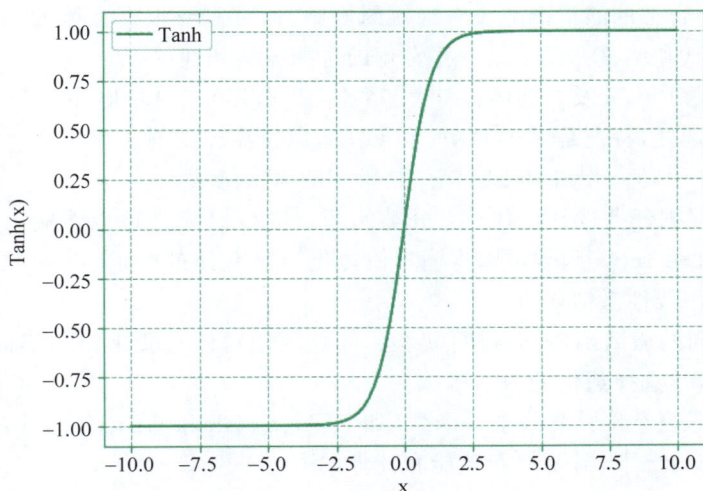

图 5.5 Tanh 函数

（4）GELU(Gaussian Error Linear Unit)：是一种更平滑的激活函数，在 Transformer 等模型中表现出色。如公式（5.8）所示。

$$f(x) = x \times \Phi(x) \tag{5.8}$$

在公式（5.8）中，$\Phi(x)$ 是标准正态分布的累积分布函数。

上述激活函数的特点及其使用场景如表 5.1 所示。

表 5.1 常见激活函数的特点及适用场景

激活函数	特　点	优　点	缺　点	适　用　场　景
Sigmoid	输出范围（0,1），光滑，梯度消失	可解释为概率，输出范围有限	梯度消失，输出非零中心化	二分类输出层、早期神经网络
ReLU	正区间线性，负区间为 0，计算高效，稀疏性	计算高效，缓解梯度消失，稀疏性	神经元死亡，输出非零中心化	深度学习、CNN、RNN
Tanh	输出范围（−1,1），光滑，梯度消失，输出零中心化	输出零中心化，输出范围有限	梯度消失	RNN、隐藏层
Leaky ReLU	负区间线性，缓解神经元死亡	缓解神经元死亡	输出非零中心化	ReLU 的改进版本，可以尝试替代 ReLU
ELU	负区间负值，光滑，一定稳健度，缓解梯度消失	光滑，稳定，缓解梯度消失	计算相对复杂	需要更高稳定性的场景，可以尝试替代 ReLU
Swish	非单调，性能可能优于 ReLU	性能可能优于 ReLU	复杂性略高于 ReLU	某些情况下优于 ReLU
GELU	平滑，性能优异	平滑，性能优异	复杂性略高于 ReLU，计算成本略高	Transformer 等高性能模型

2．激活函数的选择策略

选择合适的激活函数对神经网络的性能至关重要。不同的激活函数在不同的任务中表现差异较大，选择合适的激活函数没有绝对的规则，通常需要根据具体的任务、网络结构和实验结果进行尝试和调整。以下是一些常用的选择方法和建议。

（1）优先考虑 ReLU 及其变体：在大多数情况下，ReLU、Leaky ReLU 和 ELU 等激活函数都是不错的选择，特别是对于 DNN 和 CNN，以避免梯度消失。

（2）在 RNN 中，Tanh 和 ReLU 仍然是常用的激活函数。

（3）输出层根据任务选择：对于二分类问题，Sigmoid 函数可以将输出值转化为概率；对于多分类问题，Softmax 函数可以将输出值转化为概率分布；而对于回归问题，通常不需要激活函数或使用线性激活函数。

（4）尝试不同的激活函数，并进行实验：可以通过对比实验来评估不同激活函数在特定任务上的性能，并选择最优的激活函数。

（5）考虑计算复杂度：某些激活函数（如 ELU、Swish 和 GELU）的计算复杂度相对较高，在资源有限的情况下，需要权衡性能和计算成本。

3．不同激活函数的性能比较

激活函数是神经网络中的关键组件，通过引入非线性因素，使得神经网络能够捕捉和表示复杂的特征。不同的激活函数各有优缺点，选择适合的激活函数能够提升神经网络的性能。理解每种激活函数的特性和适用场景，对于构建高效的神经网络至关重要。为了直观展示激活函数对神经网络性能的影响，下面以 MNIST 手写数字识别的分类任务为例，使用不同的激活函数训练相同的神经网络结构，查看它们的性能指标，包括准确率和收敛速度。实现步骤如下。

（1）导入必要的库：本示例使用 TensorFlow 框架构建和训练模型。

（2）定义激活函数列表：activation_functions 列表包含了将要对比的激活函数名称，包括 Sigmoid、ReLU、Tanh 和 Leaky ReLU 4 种。

（3）加载 MNIST 数据集并预处理：加载 MNIST 数据集，并将像素值归一化到 0~1，将标签进行 one-hot 编码。

（4）循环遍历激活函数：外层循环遍历 activation_functions 列表中的每个激活函数名称。

（5）构建模型：使用 Sequential 模型构建一个简单的 MLP，包含一个 Flatten 层（将 28×28 的图像展平成 784 维向量），一个 Dense 隐藏层（128 个神经元）和一个 Dense 输出层（10 个神经元，对应 10 个数字类别）。输出层始终使用 Softmax 函数，用于多分类问题的概率输出。

（6）编译模型：使用 Adam 优化器、categorical_crossentropy 损失函数（适用于 one-hot 编码的多分类问题），并监控 accuracy 指标。

（7）训练模型：使用 model.fit()方法训练模型，设置 epochs（训练轮数）、batch_size（批次大小）、validation_split（验证集比例）。为了加速实验，可以减少 epochs 的数量，但为了获得更稳定的结果，则需增加 epochs。

（8）评估模型：使用 model.evaluate()方法在测试集上评估模型的性能，输出测试集的 loss 和 accuracy。

（9）存储训练历史：将每个激活函数的训练历史记录在 history_dict 字典中，方便后续绘图。

（10）绘制训练过程曲线。

代码运行后，将会训练和验证准确率曲线图，以及训练和验证损失函数曲线图。查看这些曲线，以及每个激活函数最终在测试集上的准确率，注意观察以下细节。

（1）收敛速度：观察不同激活函数的曲线，比较它们达到较高准确率或较低损失值所需的 epochs 数量。通常情况下，ReLU 及其变体收敛速度更快。

（2）最终性能：比较不同激活函数在测试集上的最终准确率。一般来说，ReLU 及其变体通常能达到更高的准确率。Sigmoid 和 Tanh 由于梯度消失问题，性能相对较差。

（3）过拟合情况：观察训练集和验证集曲线之间的差距。如果训练集准确率远高于验证集准确率，可能存在过拟合现象。不同激活函数的正则化效果可能不同，导致过拟合程度的差异。

（4）梯度消失现象：如果 Sigmoid 或 Tanh 的训练曲线趋于平缓较早，可能暗示梯度消失问题正在发生。

注意，神经网络的训练结果具有一定的随机性，取决于随机初始化状态和其他一些因素，多次运行实验并取平均结果可以更可靠地评估激活函数的性能。一般情况下，这 4 种激活函数的效果如下。

（1）ReLU 和 Leaky ReLU：通常表现最好，收敛速度快，最终准确率较高。Leaky ReLU 可能会略微优于 ReLU，因为缓解了神经元死亡问题。

（2）Tanh：性能可能介于 ReLU 和 Sigmoid 之间，收敛速度和最终准确率可能不如 ReLU，但优于 Sigmoid。

（3）Sigmoid：性能通常最差，收敛速度慢，最终准确率较低，可能会出现明显的梯度消失现象。

5.1.3　前馈神经网络与反向传播算法

1. 前馈神经网络

前馈神经网络，顾名思义，是指数据在网络中单向流动，从输入层开始，逐层传递至输出层，层与层之间互联，但层内神经元之间不连接，也不存在跨层连接。这种结构保证了信息处理的有序性和方向性。

一个典型的前馈神经网络如图 5.6 所示，通常包含输入层、若干隐藏层和输出层。数据从输入层开始，经过逐层计算，最终到达输出层，这一过程称为正向传播。输入层为第 0 层，记为向量 $x = [x_1, x_2, \cdots, x_n]$，隐藏层和输出层共有 L 层，对于每一层，计算过程主要包括线性变换和激活函数两个步骤。

（1）线性变换（Linear Transformation）：将上一层神经元的输出进行加权求和，再加上偏置项，得到当前层神经元的输入，如公式（5.9）所示。

$$z^{(l)} = W^{(l)} a^{(l-1)} + b^{(l)} \tag{5.9}$$

式中，$z^{(l)}$ 表示第 l 层神经元的输入，又称 pre-activation 值；$W^{(l)}$ 表示第 $l-1$ 层到第 l 层的权重矩阵；$a^{(l-1)}$ 表示第 $l-1$ 层神经元的激活输出，其中 $a^{(0)} = x$；$b^{(l)}$ 表示第 $l-1$ 层到第 l 层的偏置向量。

（2）激活函数：对线性变换的结果进行非线性映射，赋予神经网络学习非线性关系的能力，如公式（5.10）所示。

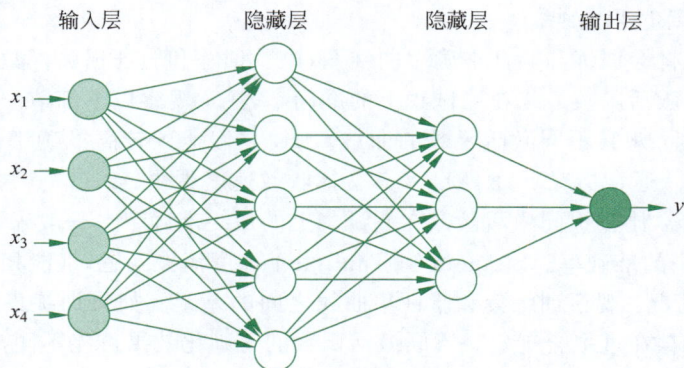

图 5.6　前馈神经网络架构

$$a^{(l)} = f_l(z^{(l)}) \tag{5.10}$$

式中，$a^{(l)}$ 表示第 l 层神经元的激活输出，f_l 表示第 l 层的激活函数。

通过逐层的信息传递，得到前馈神经网络的最后输出 $y = a^{(L)}$。正向传播的目的是根据输入计算预测值，然后与真实值对比计算损失。神经网络的学习目标是减少损失，关键在于反向传播算法。反向传播算法的核心思想是梯度下降，通过计算损失函数对网络参数的梯度，然后沿着梯度的反方向更新参数，从而逐步最小化损失函数，提升网络性能。

2．BP 算法

BP 算法的原理是误差反向传递，梯度逐层计算。实现的核心是链式法则，通过从输出层到输入层逐层计算误差的梯度。具体步骤如下。

（1）前向传播：首先执行正向传播过程，计算每一层的输出，直到得到最终的预测结果。

（2）计算损失：通过损失函数计算输出结果与实际目标之间的差异。例如，对于回归问题，损失函数可以选择均方误差 MSE；对于分类问题，损失函数常用交叉熵损失。

（3）计算输出层的梯度：计算输出层的误差和梯度，即损失函数对输出层每个神经元的偏导数。

（4）逐层反向传播误差：根据链式法则，逐层计算每个隐藏层和输入层的梯度，并计算各层权重和偏置的梯度。

（5）更新权重和偏置：使用梯度下降法，根据计算得到的梯度更新神经网络的权重和偏置。

这种每次迭代都使用全部训练样本计算梯度称为批量梯度下降（Batch Gradient Descent，BGD）。但是当训练数据量很大时，BGD 的计算效率会非常低下。为了解决这个问题，随机梯度下降（Stochastic Gradient Descent，SGD）算法应运而生。SGD 的核心思想是随机采样，快速迭代。每次迭代只随机选取一个样本或少量样本（mini-batch）来计算梯度，而不是使用全部样本。这样可以使得计算效率大幅提升，加速了训练过程。由于每次迭代的梯度计算基于随机样本，梯度方向会带有一定的随机性，有助于模型跳出局部找到更优的解。

随着神经网络层数的加深，在反向传播过程中，梯度在逐层传递时可能会逐渐衰减，甚至趋近于零，这就是梯度消失。梯度消失会导致浅层网络的参数更新缓慢，甚至停止更新，使得深度神经网络难以训练。梯度消失是由于激活函数和链式法则引起的。对于激活函数,如果选择了Sigmoid和Tanh函数,在输入值远离中心位置时,其导数趋近于零。在反向传播过程中,需要将激活函数的导数与上一层传来的梯度相乘。如果网络层数很深,并且每一层都使用了Sigmoid或Tanh激活函数,则梯度经过多次连乘后,很容易变得非常小,导致梯度消失。而链式法则会造成一种累积效应。反向传播算法基于链式法则,梯度是逐层反向传播的。每一层的梯度都需要依赖于后一层的梯度。当网络层数很深时,这种依赖关系会造成梯度在传递过程中不断缩放,容易出现梯度消失或梯度爆炸问题。解决梯度消失的方法有以下几种。

(1)选择合适的激活函数:使用ReLU及其变体(Leaky ReLU或ELU)替代Sigmoid和Tanh函数。ReLU在正区间导数为1,在负区间导数为0,可以缓解梯度消失问题。

(2)使用批归一化:批归一化可以规范每一层网络的输入分布,使其保持在一个合适的范围内,有助于缓解梯度消失问题,加速训练。

(3)残差连接:在深度残差网络中引入残差连接,将浅层网络的输出直接跳跃连接到深层网络,有助于梯度更好地传递到浅层网络,缓解梯度消失。

(4)更优的初始化方法:合理的参数初始化方法可以使网络在训练初期就处于一个较好的状态,有助于梯度的有效传播。

5.1.4 神经网络的应用案例

文本情感分析是自然语言处理中的一个重要任务,目的是通过分析文本数据来判断其情感倾向,如判断文本是表达正面情感还是负面情感。以下是一个基于前馈神经网络的简单文本情感分析实验案例,目标是构建一个简单的神经网络模型,通过对文本进行情感分类,判断其情感为正面还是负面。

这里选择IMDB电影评论数据集作为实验数据。

具体实验步骤如下。

(1)加载数据集:使用Keras提供的imdb.load_data()加载IMDB数据集,数据集已自动进行了分词和标注。通过num_words=max_words限制使用前10 000个单词,防止词汇表过大。

(2)数据预处理:将文本转化为数字化的向量,准备好输入神经网络的数据。pad_sequences()用于对评论进行填充,使每条评论的长度相同。这样可以确保输入神经网络的每条评论都具有相同的长度。

(3)构建神经网络模型:设计一个前馈神经网络,用于情感分析。该网络包含了嵌入层、平坦化层、全连接层和输出层。嵌入层通过Embedding层将每个单词表示为一个128维的向量。平坦化层将二维的嵌入层输出展平成一维。全连接层通过Dense层进行非线性映射,最后输出128个神经元。输出层采用Sigmoid激活函数,适用于二分类任务,本例为正面或负面情感。

(4)训练模型:使用训练数据集训练神经网络。使用binary_crossentropy作为损失函数,Adam作为优化器。模型训练过程中使用fit()方法,指定训练批次大小为32,训练5个epochs。

(5)评估模型:使用测试数据集评估模型的性能。使用evaluate()函数在测试数据集上评估模型性能,输出测试损失和准确率。通常,若准确率达到85%以上,则说明模型在情感分析任务中表现良好。

（6）预测情感：针对新的评论进行情感预测，先将评论转化为数字序列，再进行填充，使其符合模型输入要求；最后，通过模型的 predict()函数获得预测结果。

5.2 深度学习基础

深度学习是机器学习领域的一个重要研究方向，其工作流程和机器学习相似。深度学习优化了数据分析，也缩短了建模过程，由深度神经网络统一了原来机器学习中多种多样的算法。比较简单的深度神经网络就是上一节提到的前馈神经网络（FNN）。此外，常见的模型还包括卷积神经网络（CNN）、循环神经网络（RNN）和 Transformer 等。

5.2.1 卷积神经网络

1. 卷积神经网络的基本原理

卷积神经网络是深度学习中一种重要的神经网络架构，广泛应用于图像识别、图像分类、物体检测和视频分析等领域。卷积神经网络模拟了人类视觉系统处理图像的方式，可以自动提取图像特征，并进行分类、检测等任务。

卷积（Convolution）是一种数学运算，是卷积神经网络中最核心的操作之一。它通过滑动一个小窗口，称为卷积核（Kernel）或滤波器（Filter），对输入图像的像素值进行局部加权求和。这个过程就像用一个"过滤器"扫描图像，从而提取图像中的局部特征，得到一个新的特征图（Feature Map）。这个过程可以突出图像中的边缘、纹理等特征，为后续的分类或检测任务奠定基础。图 5.7 展示了卷积的计算过程，假设有一个 5×5 的输入图像和一个 3×3 的卷积核，将卷积核从图像的左上角开始进行滑动，逐步计算每个位置的点积，并输出到特征图中。

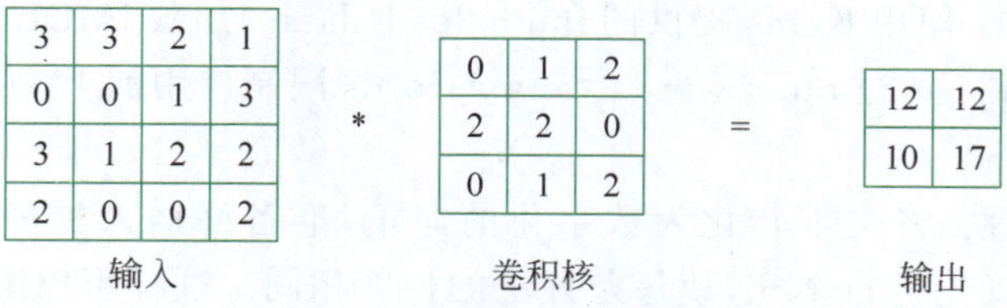

图 5.7　卷积的计算过程

通过卷积操作，可以实现局部连接和权重共享。局部连接意味着每个卷积核只与输入图像的局部区域（卷积核大小的区域）连接，而不是与所有像素连接。这减少了参数数量，并允许网络学习局部模式。权重共享是指同一个卷积核在整个输入图像上滑动时，其权重保持不变。这意味着网络在不同位置检测相同类型的特征（如边缘、角落等）。

一个典型的卷积神经网络通常由卷积层、池化层和全连接层组成，它们像积木一样堆叠起来，每一层负责不同的任务，共同完成图像特征的提取和分类任务。

卷积层是卷积神经网络的核心组成部分，负责从输入图像中提取特征。一个卷积层通常包含多个卷积核，每个卷积核可以学习到一种特定的图像特征。卷积核的数量决定了输出特征图的数量。每个卷积核学习到一种不同的图像特征，卷积核数量越多，网络可以提取的特征种类也越多，模型的表达能力也越强，但参数数量也会增加。卷积层通过卷积操作，将输入图像转换为一组特征图,每个特征图代表了输入图像在不同特征上的响应。卷积层的关键参数有卷积核、步长和填充。

作为卷积操作的核心,卷积核是一个小的权重矩阵,通常是正方形的。卷积核的每个元素都代表一个权重值。不同的卷积核可以提取不同的图像特征。例如,有的卷积核擅长检测图像的边缘,有的擅长检测角落,有的擅长检测纹理等。卷积核的尺寸通常较小,如 3×3、5×5 等。卷积核大小会影响特征的感受野(Receptive Field)大小,即每个卷积核能够"看到"的输入图像区域的大小。例如,3×3 的卷积核的感受野为 3×3 像素区域。感受野越大,卷积核能够获取的上下文信息越多,但参数数量也会增加。

步长(Stride)是卷积核在输入图像上滑动时每次滑动的像素距离。步长为 1 时,卷积核每次滑动一个像素;步长为 2 时,卷积核每次滑动两个像素,以此类推。步长的大小决定了卷积后特征图的大小。步长越大,输出的特征图越小,计算量也越小,但可能会丢失一些细节信息。步长为 1 时,可以更精细地提取图像特征;步长为 2 时,可以有效地降低特征图维度,减少计算量。

在卷积操作过程中,由于卷积核的滑动,会导致输出特征图的尺寸小于输入图像的尺寸。为了保持输出特征图尺寸与输入图像尺寸一致,或者为了更好地处理图像边界信息,可以使用填充(Padding)技术。常见的填充方式有以下两种。

(1)有效填充(Valid Padding):不进行任何填充,输出特征图的尺寸会小于输入图像。

(2)相同填充(Same Padding):在图像边界填充一定数量的 0 值元素,使得输出特征图的尺寸与输入图像尺寸相同。

卷积层的输出是一个特征图,其尺寸可以通过公式(5.11)计算。

$$输出尺寸 = \frac{输入尺寸 + 2\times填充 - 卷积核尺寸}{步长} + 1 \tag{5.11}$$

池化层(Pooling Layer),也称为汇聚层、下采样层,通常紧跟在卷积层之后。池化层的主要作用是对特征图进行下采样(Downsampling),降低特征图的维度,减少参数数量,从而减少计算量。同时提取更加稳定的特征,提高模型对平移、旋转和缩放等形变的稳健度。池化操作通常在固定的窗口(如 2×2)内进行,常见的方法作有以下两种。

(1)最大池化(Max Pooling):选取池化窗口内像素值的最大值作为输出。最大池化可以有效地提取图像的显著特征,并保留纹理信息。

(2)平均池化(Average Pooling):计算池化窗口内像素值的平均值作为输出。平均池化可以平滑特征图,保留图像的背景信息。

池化层的步长通常与窗口大小相同(对于 2×2 窗口,步长为 2),这可以将特征图尺寸减半,从而减少参数,防止过拟合。

全连接层(Fully Connected Layer)通常位于卷积神经网络的末端,用于将前面卷积层和池化层提取到的特征进行整合,并映射到最终的分类目标上。全连接层的每个神经元都与上一层的所有神经元连接,通过权重和偏置进行线性变换,参数数量较多。在图像分类任务中,全连接层的输出层通常使用 Softmax 激活函数,将输出值转换为各个类别的概率分布。

卷积神经网络的基本原理是逐层提取图像特征。浅层卷积层通常学习到的是图像的低级特征,例如边缘、角落、颜色等;深层卷积层则可以学习到图像的高级特征,例如纹理、形状、物体部件甚至物体的语义信息。通过交替使用卷积层和池化层,卷积神经网络可以逐步抽象图像特征,最终将图像从像素级别的信息转化为高级语义信息,从而实现图像识别。整个过程可以看作是从低级特征到高级特征的逐步抽象。图 5.8 展示了一个典型的卷积神经网络架构。

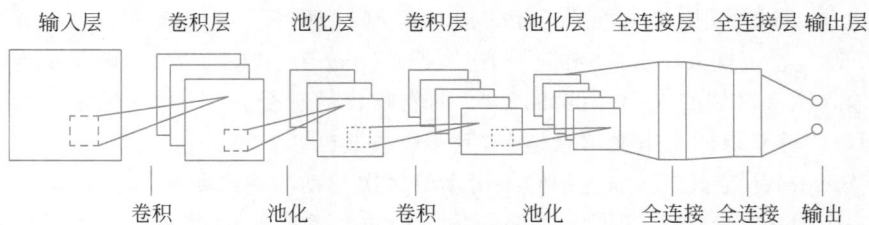

图 5.8　卷积神经网络架构

2. 卷积神经网络的特点

相较于传统的手工特征提取方法,卷积神经网络在图像特征提取方面具有如下优势。

(1) 参数共享:卷积核在整张图像上共享参数,大幅减少模型的参数数量,提高计算效率。

(2) 自动学习特征:卷积神经网络可以自动地从大量数据中学习到有效的图像特征,无须人工设计特征提取器,减少了人工干预,提高了模型的泛化能力。

(3) 层次化特征提取:卷积神经网络通过多层卷积层和池化层的堆叠,可以逐层提取图像的层次化特征,从低级特征到高级特征逐步抽象图像语义信息。

(4) 空间层次结构:卷积神经网络的卷积核具有局部连接和权重共享的特性,可以有效地捕捉图像的空间局部信息,并建立特征的空间层次结构,更符合图像数据的特点。

(5) 更强的表达能力:卷积神经网络模型具有强大的表达能力,可以学习到非常复杂的图像特征,从而在各种图像识别任务中取得优异的性能。

这些特性使得卷积神经网络在处理大规模图像数据时表现出色,尤其适用于需要复杂特征提取的任务。此外,卷积神经网络也可以应用于其他类型的数据,如时间序列数据、文本数据等,通过适当地调整结构和输入数据的形式,卷积神经网络可以用于更广泛的应用场景。

3. 卷积神经网络的实现步骤

手写数字识别(MNIST)是一个经典的图像识别数据集,包含 0~9 十个数字的手写数字灰度图像。卷积神经网络在 MNIST 数据集上取得了非常好的识别效果,可以达到 99% 以上的识别准确率。实现步骤如下。

(1) 输入:28×28 灰度手写数字图像。

(2) 设计神经网络结构:使用多层卷积层和池化层堆叠,最后连接全连接层进行分类。

(3) 输出:10 个类别的概率分布,对应 0~9 十个数字。

此外,人脸识别是一项更具挑战性的图像识别任务,在安防、金融、社交等领域具有广泛的应用前景。卷积神经网络在人脸识别领域也取得了巨大的成功,成为现代人脸识别系统的核心技术。实现步骤如下。

(1) 输入:人脸图像(彩色或灰度)。

(2) 设计神经网络结构:通常使用更深、更复杂的卷积神经网络模型,如 VGG、ResNet、

FaceNet 等。

（3）输出：人脸身份的类别，或者人脸特征向量，用于人脸比对和验证。

卷积神经网络在人脸识别数据集上可以达到非常高的识别准确率，甚至在某些场景下超过人类的识别能力。

5.2.2 循环神经网络

1. 循环神经网络的基本原理

循环神经网络是一种用于处理如文本、语音、时间序列等序列数据的深度学习模型。传统的神经网络（如前馈神经网络）处理这类数据时显得力不从心，这是因为它们难以捕捉序列数据中的时序信息和依赖关系，而循环神经网络在处理数据时具有"记忆"能力，能够将序列数据中的信息进行传递和累积，从而更好地理解和预测序列的未来。因此，循环神经网络在自然语言处理、语音识别、时间序列预测等任务中有着广泛的应用。

循环神经网络的基本单元包含输入层、隐藏层和输出层，它的独特之处在隐藏层有一个循环连接，即当前时刻的隐藏状态 h_t 由当前输入 x_t 和前一时刻的隐藏状态 h_{t-1} 共同决定，使得网络在处理序列数据时能够将上一个时刻的信息传递到当前时刻，如图 5.9 所示。

隐藏状态的表达式如公式（5.12）所示。

$$h_t = \sigma(\boldsymbol{W}_x x_t + \boldsymbol{W}_h h_{t-1} + b_h) \quad (5.12)$$

输出的表达式如公式（5.13）所示。

$$y_t = \boldsymbol{W}_y h_t + b_y \quad (5.13)$$

在公式（5.13）中，$\boldsymbol{W}_x$ 为输入的权重矩阵，$\boldsymbol{W}_h$ 为隐藏状态的权重矩阵，$\boldsymbol{W}_y$ 为输出的权重矩阵，b_h 和 b_y 为偏置项，σ 为激活函数，通常使用 Tanh 或 ReLU。

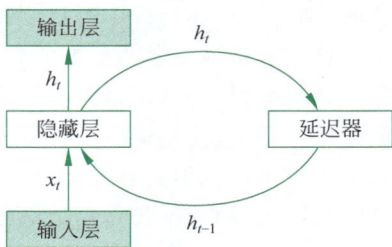

图 5.9 循环神经网络基本单元

不同数量的基本单元可以组合成不同的循环神经网络架构，历史信息能够被逐步累积到隐藏状态中，从而实现对序列的"记忆"，帮助循环神经网络处理不同长度的序列数据。一个基本单元就构成了最简单的一对一循环神经网络，它只有一个输入和一个输出。其他架构则像是将这个基本单元按照时间顺序连接起来，形成一个链条，它们是根据输入和输出序列的长度关系划分的，如图 5.10 所示，图中最下层为输入，最上层为输出。

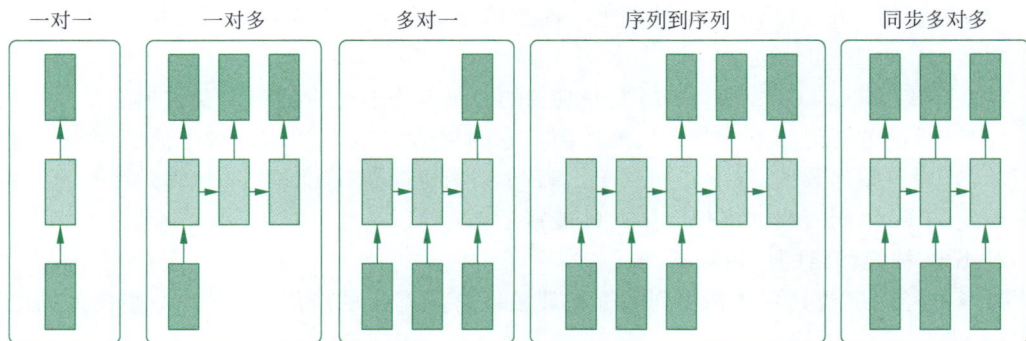

图 5.10 循环神经网络架构

（1）一对一循环神经网络：实际上更像传统前馈网络，处理单个输入，并输出单个结果，循环神经网络的循环特性在此架构中体现不明显，循环主要体现在单元内部的结构，而不是在时间序列上的展开。常用于简单的分类或回归任务。

（2）一对多循环神经网络：从单个输入开始生成序列输出，适用于从单一输入扩展生成序列数据的任务，例如图像描述生成、音乐创作和文本扩展等。

（3）多对一循环神经网络：接收序列输入，并将其信息汇总后输出单个结果，常用于处理序列数据，并提取整体特征的任务，如情感分析、文本分类和语音情感识别。

（4）多对多循环神经网络又细分为以下两种情况。

① 序列到序列（Sequence-to-Sequence）循环神经网络：处理输入和输出序列长度可能不同的情况，通过编码器-解码器结构实现，用于机器翻译、文本摘要等任务。

② 同步输出的多对多循环神经网络：处理输入和输出序列长度相同且时间步对齐的情况，用于词性标注和视频逐帧动作分类等任务。

尽管循环神经网络在处理序列数据上具有优势，但在实际应用中，其通过时间展开的反向传播容易遇到梯度消失（Vanishing Gradient）和梯度爆炸（Exploding Gradient）问题，尤其是在处理长序列时。梯度消失是在反向传播过程中，梯度需要通过时刻逐层传递，当序列较长时，梯度在传递过程中可能逐渐衰减至接近于零，导致网络难以学习到长序列中的依赖关系。这主要是因为激活函数的导数通常小于1，多个小于1的数值连乘会导致结果趋近于零。相反地，梯度爆炸是因为权重过大，梯度在反向传播过程中可能会逐层放大，导致梯度值变得非常大，甚至超过计算机所能表示的范围，使得训练过程不稳定，模型性能下降。

为了应对梯度消失和梯度爆炸的问题，循环神经网络基本单元的几种改良体被设计出来，其中较常见的就是长短期记忆（LSTM）和门控循环单元（GRU）。

LSTM 通过以下 3 个门控单元改进循环单元。

（1）遗忘门（Forget Gate）：决定从上一时刻的记忆单元中丢弃哪些信息。

（2）输入门（Input Gate）：决定向当前记忆单元中添加哪些新的信息。

（3）输出门（Output Gate）：决定从记忆单元中输出哪些信息到当前隐藏状。

LSTM 的记忆单元贯穿整个序列，能够长期保留重要信息，缓解梯度消失问题。其数学结构复杂但有效，使其在长序列任务（如机器翻译）中表现出色。

GRU 是 LSTM 的简化版，使用以下两个门。

（1）更新门（Update Gate）：控制上一时刻的隐藏状态有多少信息需要保留到当前时刻的隐藏状态。

（2）重置门（Reset Gate）：控制上一时刻的隐藏状态有多少信息需要被遗忘。

GRU 通过更新门和重置门有效地控制信息的流动，与 LSTM 类似，也能够缓解梯度消失问题，处理长序列数据。GRU 相较于 LSTM 结构更简单，参数更少，计算效率更高，常用于资源受限场景，同时在许多任务中的性能接近 LSTM。

2. 循环神经网络的应用场景

循环神经网络及其变体在序列数据处理领域有着广泛的应用，以下是一些典型的应用场景。

（1）文本生成：循环神经网络可以学习文本的语法和语义规则，生成新的文本。例如，可以训练循环神经网络在给定前几个词的情况下预测下一个词，从而生成文章、诗歌、代码等。应用场景有机器翻译(将一种语言的文本翻译成另一种语言)、文本摘要、对话系统(聊天机器人)、文章创作、代码自动生成等。

(2)语音识别:语音信号是时间序列数据。循环神经网络可以将语音信号转换成文本,通过学习语音信号的声学特征和语言模型实现语音到文本的转换。应用场景有语音助手、语音输入法、语音搜索、智能家居控制等。

(3)时间序列预测:时间序列数据在金融、气象、交通等领域广泛存在。循环神经网络可以分析时间序列的历史数据,预测未来的趋势。应用场景有股票市场预测、天气预报、交通流量预测、电力负荷预测、销售预测、疾病传播预测等。

(4)自然语言处理:除了文本生成,循环神经网络在其他自然语言处理任务中也发挥着重要作用,应用场景有以下几种。

① 情感分析:判断文本的情感倾向(正面、负面、中性)。

② 命名实体识别:识别文本中的人名、地名、组织机构名等实体。

③ 词性标注:标注句子中每个词的词性(名词、动词、形容词等)。

④ 文本分类:将文本划分到不同的类别(如新闻分类、垃圾邮件检测)。

(5)视频处理:视频可以看作是图像帧的时间序列。循环神经网络可以用于视频动作识别、视频描述生成等任务。应用场景有视频监控、自动驾驶、视频内容分析等。

3. 循环神经网络的实现步骤

循环神经网络的实现步骤如下。

(1)数据准备:准备序列数据,并进行必要的预处理,如分词(文本数据)、特征提取(语音数据、时间序列数据)、标准化等。

(2)模型构建:选择合适的循环神经网络模型,如标准 RNN、LSTM 或 GRU,根据任务需求设计网络结构,包括隐藏层数量、隐藏单元大小等。

(3)参数设置:设置模型的超参数,如学习率、批量大小、训练轮数等。

(4)模型训练:使用带标签的序列数据训练模型,优化模型参数,使其能够学习到序列数据中的模式和规律。

(5)模型评估:使用测试集评估模型性能,常用的评估指标包括准确率、精确率、召回率、F1 分数(分类任务)、BLEU 值(机器翻译)、困惑度(语言模型)等。

(6)模型应用:将训练好的模型应用于实际场景,进行序列数据处理和预测。

5.2.3 Transformer 网络

1. Transformer 的基本原理

Transformer 网络是一种基于自注意力机制的深度学习架构,最初由瓦斯瓦尼(Vaswani)等在 2017 年提出,用于自然语言处理任务。与传统的 RNN 和 CNN 不同,Transformer 网络完全摆脱了循环和卷积操作,采用了自注意力机制,使模型能够并行处理序列数据,同时捕捉长距离依赖关系。Transformer 网络在机器翻译、文本生成等任务中取得了突破性进展,彻底改变了自然语言处理领域,并在计算机视觉和语音识别等多个领域都取得了显著的成果。

在 Transformer 网络出现之前,RNN 和 LSTM 网络是处理序列数据的主流模型。然而,这些模型是按顺序处理信息的,这限制了模型的并行能力,导致训练效率低下。在处理长序列时，它容易丢失信息，限制了模型对复杂序列的理解能力。Transformer 网络采用完全基于注意力的架构，成功解决了这些问题，显著提升了性能和训练效率。注意力机制的灵感来源于人类处理信息时的专注能力，核心思想是模型在处理信息时并非均等地考虑所有输入数据，而是根据输入数据的不同重要性分配不同的权重，让模型关注更重要的部分。简单来说，注意力机制使得模型可以"聚焦"在输入序列中最相关的部分。

在 Transformer 网络中，最关键的注意力机制是自注意力。自注意力允许序列中每个位置的信息都与其他所有位置的信息进行交互，从而直接捕捉序列内部的依赖关系。

自注意力机制的计算步骤如下。

（1）将输入序列每个位置的表示（通常是词向量）转换为三个向量：Query（查询，Q）、Key（键，K）和 Value（值，V）。这些向量的生成可以通过矩阵乘法完成。

（2）计算注意力得分：通过计算 Query 和 Key 的点积来得到注意力得分，然后对得分进行归一化处理（通常使用 Softmax 函数）。

（3）加权求和：每个词的最终表示是所有词的 Value 向量的加权和，权重由注意力得分决定。

自注意力的计算公式如公式（5.14）所示。

$$\text{Attention}(\boldsymbol{Q},\boldsymbol{K},\boldsymbol{V}) = \text{softmax}\left(\frac{\boldsymbol{Q}\boldsymbol{K}^{\mathrm{T}}}{\sqrt{d_k}}\right)\boldsymbol{V} \tag{5.14}$$

在公式（5.14）中，$\boldsymbol{Q}$ 是查询矩阵，$\boldsymbol{K}$ 是键矩阵，$\boldsymbol{V}$ 是值矩阵，d_k 是键的维度，缩放因子 $\sqrt{d_k}$ 用于防止点积过大导致梯度消失。

Transformer 网络采用编码器-解码器结构，非常适合序列到序列任务，如图 5.11 所示。

编码器的主要任务是将输入序列编码成一个中间表示，这个表示包含了输入序列的全部信息。编码器由多个相同的编码器层（Encoder Layer）堆叠而成。每个编码器层包含以下两个主要子层。

（1）多头自注意力层（Multi-Head Self-Attention）：该层通过自注意力机制捕捉输入序列中各个词之间的关系。

（2）前馈神经网络：一个简单的两层全连接神经网络，对每个位置的表示进行独立的非线性变换。

在每个编码器层后，每个子层之后都会接一个 Add & Norm 操作，即残差连接（Residual Connection）和层归一化（Layer Normalization）。其中残差连接是将子层的输入直接加到子层的输出上，有助于缓解梯度消失问题，并允许更深的网络训练。层归一化是对每个样本的每个特征维度进行归一化，有助于加速训练，并提高模型的泛化能力。

多个编码器层（通常为 6 个）堆叠在一起，构成完整的编码器。输入序列首先经过词元嵌入（Word Embedding）和位置编码（Positional Encoding）处理，然后输入第一个编码器层，后续编码器层的输入是前一个编码器层的输出。

解码器的任务是根据编码器输出的中间表示逐步生成目标序列（如翻译后的句子）。解码器也由多个相同的解码器层（Decoder Layer）堆叠而成，类似编码器，但它包含一个额外的多头注意力层，用于关注编码器的输出。每个解码器层包含以下 3 个主要子层。

（1）掩码多头自注意力层（Masked Multi-Head Self-Attention）：与编码器中的多头自注意力层类似，但加入了掩码机制。掩码机制是为了保证在生成目标序列时，确保模型只能

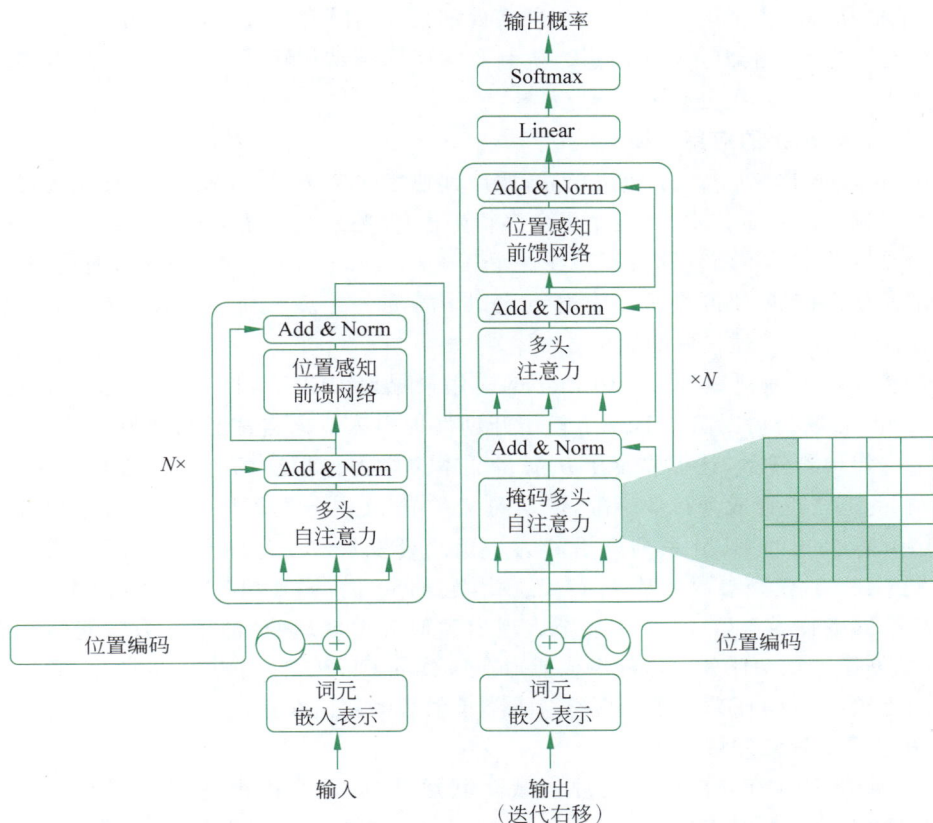

图 5.11　Transformer 的网络架构

关注已生成的词,避免"未来信息"泄露。这对于序列生成任务,如机器翻译,至关重要。

（2）多头自注意力层：这个注意力层用于连接编码器和解码器。它以解码器前一个子层的输出作为查询,编码器的输出作为键和值,计算注意力权重。这样,解码器在生成每个位置的词时,都可以关注到编码器编码的输入序列的相关部分。

（3）前馈神经网络：与编码器中的前馈神经网络类似,解码器也包含一个全连接网络。同样,每个子层之后也会接一个 Add & Norm 操作。

多个解码器层（通常为 6 个）堆叠在一起,构成完整的解码器。解码器的输入通常是目标序列的已生成部分,经过词元嵌入和位置编码处理后输入第一个解码器层。最后一个解码器层的输出会经过一个线性层和 Softmax 层,生成目标序列每个位置的概率分布。

由于 Transformer 网络不具有循环和卷积结构,无法像 RNN 或 CNN 那样自动捕捉序列的位置信息。因此,需要通过添加位置编码来为输入序列中的每个词加入位置信息。Transformer 网络使用正弦和余弦函数来生成位置编码向量,不同位置的词语会得到不同的位置编码向量。位置编码与词元嵌入相加,使模型既能理解词义,又能感知词的位置。

相比于传统的 RNN 和 LSTM 网络,Transformer 网络具有以下显著优势。

（1）并行计算：注意力机制允许模型并行处理序列中的所有位置,大大提高了训练和推理速度。

（2）捕捉长距离依赖：自注意力机制可以直接计算序列中任意两个位置之间的依赖关

系，更好地捕捉长距离依赖，克服了 RNN 在处理长序列时容易丢失信息的缺点。

（3）更强的表达能力：多头注意力机制和深层网络结构赋予 Transformer 网络更强大的表达能力，能够学习更复杂的模式。

2. Transformer 的应用领域

Transformer 网络自 2017 年提出后，凭借其独特的自注意力机制和并行化优势迅速成为深度学习领域的基石技术，并催生了众多衍生模型，推动自然语言处理、计算机视觉、多模态等多个领域的技术革新。这些模型在保留 Transformer 核心思想的同时，通过结构优化、任务适配和规模扩展，不断突破性能边界，逐步构建起一个庞大而多样的技术生态。

1）在自然语言处理领域的应用

在自然语言处理领域，Transformer 的应用最早以 BERT 和 GPT 两大系列模型为代表。2018 年，谷歌公司提出的 BERT 模型开创性地引入双向自注意力机制，通过掩码语言建模和下一句预测任务，让模型能够从海量文本中学习深层次的上下文表征。这种"预训练＋微调"的范式迅速成为行业标准，推动问答系统、文本分类等任务性能大幅提升。与此同时，OpenAI 公司的 GPT 系列则沿着另一条路径发展——专注于自回归生成任务。从 GPT-1 到 GPT-3，模型参数量从 1.17 亿激增至 1750 亿，展现出惊人的零样本学习能力。当参数规模突破临界点后，GPT-3 甚至表现出类似人类推理的"涌现能力"，能够完成代码生成、诗歌创作等复杂任务。这种生成能力在后续的 ChatGPT 中进一步强化，通过引入人类反馈强化学习（RLHF），实现了更符合人类价值观的对话交互。

2）在计算机视觉领域的应用

当 Transformer 在自然语言处理领域高歌猛进时，计算机视觉研究者也在重新思考 CNN 的统治地位。2020 年，Vision Transformer（ViT）的横空出世打破了传统认知——通过将图像切割为 16×16 的序列块，并直接输入 Transformer，在 ImageNet 分类任务中达到与 CNN 相当的效果。这一突破性工作证明，即便没有卷积归纳偏置，纯注意力机制也能有效地处理视觉信息。随后，微软公司提出的 Swin Transformer 进一步优化了这一架构，通过层级式金字塔结构和局部窗口注意力机制降低了计算复杂度，还适应了目标检测、图像分割等需要多尺度特征的任务需求。Facebook 的 DETR 模型则彻底革新了目标检测范式，用 Transformer 编码器-解码器替代传统检测头，展现了注意力机制在空间建模中的独特优势。

3）多模态融合

多模态融合是 Transformer 扩展疆域的又一重要方向。OpenAI 公司的 CLIP 模型通过对比学习对齐图文特征空间，使模型能够理解"猫的照片"这类跨模态概念，实现零样本图像分类。DeepMind 的 Flamingo 模型在此基础上更进一步，构建起支持图像、视频、文本混合输入的对话系统，其交叉注意力机制能动态融合多源信息。微软公司的 BEiT 模型则将 BERT 的掩码重建思想迁移到视觉领域，通过预测被遮蔽的图像块像素建立起统一的多模态表征学习方法。

4）轻量化与高效化

面对模型规模的急速膨胀，轻量化与高效化成为重要课题。ALBERT 通过跨层参数共享和句子顺序预测任务，在保持 BERT 性能的同时大幅压缩参数量；DistilBERT 借助知识蒸馏技术，用大模型指导小模型训练，实现 90% 性能保留与 40% 参数缩减；MobileViT 则创新性地结合 CNN 局部特征提取与 Transformer 全局建模,为移动端部署提供解决方案。这些优化使得 Transformer 能够渗透到资源受限的应用场景。在超大规模模型领域,技术竞赛愈演愈烈。GPT-3 的 1750 亿参数模型展现出前所未有的通用任务处理能力,而传闻中 GPT-4 的参数规模已突破万亿级别。谷歌公司的 PaLM 模型通过 Pathways 架构实现跨 TPU 集群的分布式训练,在涵盖百余种语言的多任务测试中表现卓越。Meta 开源的 OPT 模型则以透明化策略推动学术研究,证明了开源社区在大模型时代的独特价值。这些庞然大物不仅拓展了模型能力的边界,更催生出提示工程(Prompt Engineering)、思维链(Chain-of-Thought)等新型交互范式,重新定义人机协作方式。

5.2.4 主流深度学习框架及实践案例

深度学习框架是构建和训练深度学习模型的基石。它提供了丰富的工具和接口,极大地降低了深度学习的开发门槛。目前,市面上涌现出许多优秀的深度学习框架,比如 TensorFlow、PyTorch、PaddlePaddle 和 MindSpore。

1. TensorFlow

TensorFlow 是由谷歌公司开发和维护的开源深度学习框架,是最早广泛使用的深度学习框架之一,拥有庞大的社区和完善的生态系统,支持从研究到生产环境的全面工作流。TensorFlow 以静态计算图为核心,先构建计算图,再执行计算,优化性能,支持高效的大规模分布式训练和部署,同时也提供了动态计算图,以提升调试灵活性。它提供 Python、C++、Java、Go 等多种语言接口,具有强大的工具链,如 TensorBoard 可视化工具、TensorFlow Serving 模型部署工具、TensorFlow Lite 移动端部署工具等。TensorFlow 主要适用以下场景。

(1)工业级部署:大规模模型部署、生产环境应用。

(2)研究与开发:丰富的 API 和工具,支持各种深度学习模型构建。

(3)移动端和嵌入式设备:TensorFlow Lite 支持模型在移动端和嵌入式设备上运行。

2. PyTorch

PyTorch 是由 Facebook 开发的深度学习框架,因其具有简洁和灵活的接口设计,提供了接近 Python 原生编程的体验,因而深受学术界和研究者的喜爱。PyTorch 以动态计算图为特色,即时执行计算,使得模型构建更加灵活,调试过程更容易,易于上手,特别适合快速原型开发和研究实验,在自然语言处理和计算机视觉领域应用广泛。它具有丰富的预训练模型和工具库,如 torchvision、torchtext 和 torchaudio 等。支持分布式训练,并且通过 TorchScript 可以轻松转化为静态图。PyTorch 主要适用于以下场景。

(1)学术研究:动态图机制方便模型快速迭代和调试。

(2)快速原型开发:灵活的 API 和动态图机制加速模型开发流程。

(3)教育和学习:简洁易懂,适合初学者入门。

3. PaddlePaddle(飞桨)

PaddlePaddle(飞桨)由百度公司开发,是国内领先的开源深度学习框架。PaddlePaddle 强调易用性、灵活性和高性能,广泛应用于百度内部产品,并在工业界有一定应用。高度优化的分布式训练系统支持多种任务,提供大量的预训练模型和工具,如 PaddleNLP。API 具有友好、完善的文档和社区支持,易于上手。PaddlePaddle 注重易用性和产业落地,适合企业级应用。PaddlePaddle 主要适用于以下场景。

（1）工业应用：成熟的模型库和工具链，支持工业级应用开发。

（2）中文社区支持：完善的中文文档和社区，方便国内开发者学习和交流。

（3）百度生态：与百度 AI 生态系统深度整合。

4. MindSpore

MindSpore 是华为公司推出的开源深度学习框架，强调全场景支持，包括移动端、服务器端和云端。它采用计算图优化技术，兼顾静态图和动态图，特别适合需要跨设备部署的场景。MindSpore 还在国产硬件（如昇腾芯片）上进行了深度优化，支持硬件加速。MindSpore 主要适用于以下场景。

（1）国产化需求：满足国内自主可控的 AI 技术需求。

（2）全场景部署：支持端、边、云协同，覆盖多种应用场景。

（3）华为硬件平台：在华为昇腾硬件平台上性能更佳。

下面以一个简单的深度学习分类任务为例，分别使用 TensorFlow、PyTorch 和 PaddlePaddle 3 个框架来实现。这些框架的安装使用 pip install 命令即可完成，各框架均内置 MNIST 数据集，该数据集包含 28×28 像素的灰度图像，为训练集 60 000 张和测试集 10 000 张的手写数字图像，目标是训练模型识别这些数字。

一个完整的深度学习流程包括准备数据、构建模型、训练模型、评估模型和展示结果，具体步骤如下。

（1）准备数据：首先下载并加载 MNIST 手写数字数据集，各框架均提供了方便的工具自动下载和管理常见数据集。加载后，对数据进行预处理，例如将像素值进行归一化，使其数值范围更适合神经网络训练。

（2）构建模型：定义一个神经网络模型，负责接收 MNIST 图像数据，并输出对图像中数字的预测结果。本实验使用一个简单的多层感知机模型，包含线性层和激活函数。

（3）训练模型：构建好模型之后，就需要用训练数据集来训练模型，让模型学习正确识别手写数字。训练过程就像教机器"做题"，通过不断地输入训练图片和对应的正确答案，模型会调整内部参数，努力提高预测的准确性。训练过程中会使用损失函数来衡量模型预测的错误程度，并通过优化器来更新模型的参数，目标是尽可能减小这个错误程度。代码会记录每个训练周期的损失值，以便后续绘制 Loss 曲线，进行可视化分析。

（4）评估模型：模型训练完毕后，需要使用测试数据集来评估模型的性能，检验模型在"考试"中的表现。评估过程会计算模型在测试集上的损失值和准确率。准确率越高，表示模型识别手写数字的能力越强。

（5）展示结果：为了更直观地了解模型的训练情况，代码会绘制训练过程中损失值的变化曲线。通过 Loss 曲线，可以直观地看到训练过程中模型学习效果的提升，以及训练是否稳定和收敛。

5.2.5　GPU 编程环境搭建与神经网络加速训练

随着神经网络模型越来越复杂，数据规模也日益庞大，对计算资源的需求呈指数级增长。传统的 CPU 在面对大规模并行计算时显得力不从心，因为 CPU 擅长的是复杂的逻辑控制和串行计算任务，而图形处理器（GPU）则生来为并行计算而设计。尤其是深度神经网络的训练过程,本质上是大量的矩阵和向量运算,这些运算高度并行,天然适合在 GPU 上加速。

如图 5.12 所示,CPU 的核心数量相对较少,但每个核心功能强大,擅长复杂任务。GPU 则拥有成千上万个小型核心,擅长并行处理大规模同构数据,成为加速神经网络训练的关键技术。使用 GPU 加速神经网络训练可大幅缩短训练时间,GPU 的并行计算能力可以将模型训练时间从数小时甚至数天缩短到几分钟或几小时。同时支持更复杂的模型,在有限的时间内,可以使用 GPU 训练更深、更复杂的神经网络模型,探索更前沿的算法。还可以处理更大规模的数据集,GPU 强大的计算能力使得处理海量数据集成为可能,提升模型性能。

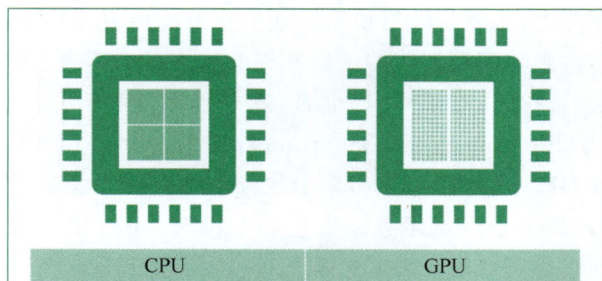

图 5.12　CPU 和 GPU 内部结构

要进行 GPU 编程,特别是针对 Nvidia GPU,统一计算设备架构(Compute Unified Device Architecture,CUDA)是一个至关重要的平台。CUDA 是由 NVIDIA 2007 年推出的并行计算平台和编程模型,目前已更新到第 12 版。它允许开发者利用 GPU 的强大功能显著加快计算应用程序的运行速度。在 GPU 加速应用程序中,工作负载的顺序部分在 CPU 上运行,而应用程序的计算密集型部分则在数千个 GPU 核心上并行运行。使用 CUDA 时,开发者可以使用 C、C++、Fortran、Python 和 MATLAB 等热门语言编程,并通过扩展程序,以几个基本关键字的形式表达并行性。系统的硬件和软件要求如下。

(1) NVIDIA GPU 显卡:计算机需配备支持 CUDA 的 NVIDIA GPU。为了获得良好的加速效果,建议选择具备较高计算能力的 NVIDIA GPU,例如 GeForce RTX 系列、NVIDIA Tesla 系列或 Quadro 系列。可以在 NVIDIA 官网查询 GPU 的 CUDA 支持情况。

(2) 操作系统:CUDA 工具包支持多种操作系统,包括 Windows、Linux 和 macOS。根据操作系统选择相应的 CUDA 工具包版本。

(3) CUDA 工具包(Toolkit):CUDA 工具包包含进行 CUDA 开发所需的全部工具,包括 CUDA 编译器、CUDA 运行时库、开发工具和各种库文件。可以从 NVIDIA 官网(developer. nvidia. cn/cuda-toolkit)下载并安装。

GPU 加速神经网络训练的核心原理是并行计算和高效的数据传输。

神经网络训练中的大量矩阵运算和向量运算可以被分解成许多独立的、可以同时执行的小任务。GPU 拥有成千上万个小的处理核心,可以并行地执行这些小任务,大幅提升计算速度。CUDA 编程模型允许开发者将程序划分为 Host 代码和 Device 代码。Host 代码运行在 CPU 上,负责程序的逻辑控制和数据准备。Device 代码(也称为 Kernel 函数)运行在 GPU 上,负责执行并行计算任务。

GPU 加速训练的另一个关键因素是高效的数据传输机制。CPU 和 GPU 拥有各自独立的内存空间（Host Memory 和 Device Memory）。数据需要在 Host Memory 和 Device Memory 之间传输，才能被 GPU 处理。为了实现高效的数据传输，需要注意以下几点。

（1）减少数据传输量：尽量将数据预处理和模型计算都在 GPU 上完成，减少 CPU 和 GPU 之间的数据传输。

（2）使用异步数据传输：CUDA 提供了异步数据传输的 API，可以在数据传输的同时进行计算，提高效率。

（3）优化数据布局：合理的数据布局可以提高 GPU 的内存访问效率，例如使用连续的内存块存储数据。

算力，也称为计算能力，是衡量计算机系统在单位时间内完成计算任务数量的指标。在深度学习领域，算力直接影响模型训练的速度和规模。更高的算力意味着更快的训练速度，以及支持更大、更复杂的模型。对于 GPU 而言，算力通常与以下几个关键指标相关。

（1）浮点运算能力（Floating Point Operations per Second，FLOPS）：这是衡量 GPU 算力最常用的指标，表示 GPU 每秒可以执行多少次浮点运算。在深度学习模型训练中，大量的矩阵运算和卷积运算都属于浮点运算。常见的单位有 GFLOPS（十亿次浮点运算/秒）、TFLOPS（万亿次浮点运算/秒）和 PFLOPS（千万亿次浮点运算/秒）等，更高的 FLOPS 值通常意味着更强的算力。FLOPS 又细分为单精度浮点运算能力（FP32 FLOPS）和半精度浮点运算能力（FP16 FLOPS），还有针对 AI 计算优化的 Tensor Core 运算能力。

（2）CUDA 核心（CUDA Cores）：CUDA 核心是 NVIDIA GPU 中进行实际计算的基本单元。更多的 CUDA 核心通常意味着更强的并行计算能力和更高的算力。

（3）显存带宽（Memory Bandwidth）：显存带宽决定了 GPU 从显存中读取和写入数据的速度。高显存带宽可以更快地将数据送入 GPU 核心进行计算，避免算力被数据传输速度限制。

（4）显存容量（Memory Size）：显存容量决定了 GPU 可以加载的模型和数据的大小。更大的显存容量可以支持更大规模的模型和数据集训练，间接影响算力的有效发挥。

（5）时钟频率（Clock Speed）：GPU 核心的时钟频率越高，理论上单位时间内可以执行的指令就越多，算力也越高。

实际的 GPU 算力是一个复杂指标，受到多种因素影响。厂商通常会公布理论峰值算力，例如单精度浮点峰值算力（Peak FP32 FLOPS）。这些理论值通常基于 CUDA 核心数量和时钟频率等参数计算得出，如公式（5.15）所示。

$$理论峰值算力 = 核心数量 \times 时钟频率 \times 每核心每时钟周期浮点运算次数 \quad (5.15)$$

实际应用中的算力会受到程序优化程度、内存带宽瓶颈、算法特性等多种因素影响，通常达不到理论峰值。因此，除了关注理论算力指标，实际应用中还需要通过 benchmark 测试等方法来评估 GPU 的实际算力性能。常见 Nvidia 显卡的性能参数如表 5.2 所示。

表 5.2　部分显卡性能参数及应用场景

显卡类别	型　号	核心	显存容量	理论峰值 FP32 FLOPS	主要应用场景
消费级	GeForce RTX 4060 Ti	4352	8GB/16GB GDDR6	~22 TFLOPS	入门级 AI 开发

续表

显卡类别	型　　号	核心	显存容量	理论峰值 FP32 FLOPS	主要应用场景
消费级	GeForce RTX 4070 Ti	7680	12GB GDDR6X	～40 TFLOPS	中高端 AI 开发
消费级	GeForce RTX 4080	9728	16GB GDDR6X	～49 TFLOPS	高性能 AI 开发
消费级	GeForce RTX 4090	16384	24GB GDDR6X	～83 TFLOPS	高性能 AI 开发
专业级	NVIDIA RTX 4000 Ada Generation	6144	20GB GDDR6 ECC	～32 TFLOPS	中高端 AI 和科学计算
专业级	NVIDIA RTX 5000 Ada Generation	12800	32GB GDDR6 ECC	～66TFLOPS	高性能 AI 和科学计算
专业级	NVIDIA RTX 6000 Ada Generation	18176	48GB GDDR6 ECC	～95 TFLOPS	高性能 AI 和科学计算
数据中心级	NVIDIA RTX A6000	10752	48GB GDDR6 ECC	～38.7 TFLOPS	专业数据科学、AI 开发
数据中心级	NVIDIA A100 Tensor Core GPU	～6912	40GB/ 80GB HBM2e	～19.5 TFLOPS （FP32　Tensor Core）	大规模 AI 训练、数据中心
数据中心级	NVIDIA H100 Tensor Core GPU	～16896	80GB HBM3e	～67 TFLOPS （FP32　Tensor Core）	大规模 AI 训练、超大规模数据中心

现代深度学习框架,如 TensorFlow 和 PyTorch 等,都对 GPU 加速提供了强大的支持。这些框架底层已经集成了 CUDA 等 GPU 计算库,能够自动将神经网络模型的计算任务调度到 GPU 上执行,开发者只需要安装对应的 GPU 版本框架,并在运行时确保 GPU 驱动和 CUDA 环境配置正确,框架就能自动利用 GPU 进行加速训练。

以 TensorFlow 为例,开启 GPU 进行加速训练的操作非常简单,包括以下 3 个步骤。

（1）安装 GPU 版本的 TensorFlow:安装 TensorFlow 时,请选择带有 gpu 后缀的版本,例如 tensorflow-gpu。这将确保安装的 TensorFlow 版本能够利用 GPU 的算力,充分发挥硬件性能。

利用 pip 安装编程示例如下: pip install tensorflow-gpu。

（2）验证 TensorFlow 是否使用 GPU:在 Python 代码中,可以使用 config. list_physical_devices()检查 TensorFlow 是否检测到 GPU,并正在使用,从而确认算力是否被有效利用。

（3）模型训练时,如果 GPU 可用,TensorFlow 会自动将计算任务分配到 GPU 上执行。开发者无须编写额外的 CUDA 代码,TensorFlow 框架会自动处理底层的 GPU 调度和计算,充分利用 GPU 的算力进行模型训练,屏蔽了底层算力调度的复杂性。

5.3　深度学习实验

本实验使用 TensorFlow 构建 FNN 和 CNN，并将 FNN 应用于 Iris 数据集（结构化数据）分类任务，CNN 应用于 Fashion-MNIST 数据集（非结构化数据）分类任务，学习神经网络构建过程，并观察模型的表现。

本实验所需的工具库如下。

（1）TensorFlow：深度神经网络框架。

（2）Scikit-learn：包含多种机器学习算法。

（3）NumPy：用于 Python 的科学计算。

（4）Matplotlib：绘图库。

上述两个深度神经网络实现步骤大体一致，具体如下。

1. 前馈神经网络（FNN）

（1）数据预处理：加载 Iris 数据集，特征标准化，标签 One-Hot 编码，以及划分训练集和测试集。

（2）构建 FNN 模型：其中 tf. keras. Sequential 使用序贯模型构建 FNN，tf. keras. layers. Dense 模型包含 3 个全连接层（Dense layers），前两个隐藏层都使用了 ReLU 激活函数（activation＝'relu'），神经元数量设置为 10（units＝10），输出层使用了 Softmax 激活函数（activation＝'softmax'），神经元数量设置为 3（units＝3），对应 Iris 数据集的 3 个类别。

（3）编译 FNN 模型：使用 SGD 优化器、categorical_crossentropy 损失函数以及 accuracy 指标。

（4）训练和评估 FNN 模型：使用 model_fnn. fit 和 model_fnn. evaluate 函数进行训练和评估。

（5）可视化 FNN 训练过程：绘制 FNN 模型的训练准确率和损失值曲线。

由于结构化数据集相对简单，预期准确率在测试集上通常能达到 96% 以上。

2. 卷积神经网络（CNN）

（1）数据预处理：Fashion-MNIST 是一个包含 10 类服饰图片的数据集，每张图片为 28×28 像素的灰度图，其中训练集有 60 000 张图像，测试集有 10 000 张图像。标签为 0～9，分别对应不同服饰类别。归一化处理将像素值从 [0,255] 缩放到 [0,1]，提高训练稳定性。调整维度，原始数据是（样本数，28，28），CNN 需要（样本数，高度，宽度，通道数），因此增加一个通道维度，变为（样本数，28，28，1）。

（2）构建 CNN 模型：使用一个典型的 CNN 架构，包含卷积层、池化层和全连接层，细节如下。

① Conv2D(32,(3,3),activation＝'relu')：32 个 3×3 的卷积核，提取低级特征（如边缘）。

② ReLU 激活函数引入非线性。

③ input_shape＝(28,28,1) 指定输入尺寸。

④ MaxPooling2D((2,2))：2×2 的最大池化，减少特征图的空间维度（从 26×26 变为 13×13），降低计算量，并防止过拟合。

⑤ Conv2D(64,(3,3),activation＝'relu')：增加卷积核数量到 64,捕获更复杂的特征。

⑥ Flatten()：将多维特征图展平为一维向量,准备输入全连接层。

⑦ Dense(128,activation＝'relu')：128 个神经元的全连接层,进一步整合特征。

⑧ Dropout(0.5)：随机丢弃 50％的神经元,防止过拟合。

⑨ Dense(10,activation＝'softmax')：输出层,10 个神经元对应 10 个类别,Softmax 转换为概率分布。

（3）编译 CNN 模型。

① 优化器：adam,自适应学习率,适合大多数任务。

② 损失函数：sparse_categorical_crossentropy,适用于整数标签的多分类问题。

③ 指标：accuracy,跟踪分类准确率。

（4）训练和评估 CNN 模型。

① epochs＝10：训练 10 个周期,通常足以收敛。epochs 数量对程序运行时间有直接影响。

② validation_data：使用测试集作为验证集,监控泛化性能。

③ evaluate：在测试集上评估最终性能。

（5）可视化 CNN 训练过程：绘制训练和验证准确率曲线,帮助分析模型是否过拟合或欠拟合。预期结果如下。

① 准确率：在测试集上通常能达到 90％以上(具体取决于随机性)。

② 训练时间：在一台普通 CPU 上一个 epochs 的时间约为 30～60 秒,使用 GPU 会更快。运行代码后,分别输出 FNN 模型和 CNN 模型的结构信息,以及在测试集上的损失值和准确率。同时,绘制 FNN 和 CNN 模型的训练过程曲线图。

如有时间,可调整 epochs 数值反复运行程序,观察结果变化。

5.4　本章小结

本章系统讲解了深度学习这一机器学习重要分支的理论体系与技术框架。作为基于人工神经网络架构的表示学习算法,深度学习通过多层次的特征抽象,使机器具备了接近人类的分析认知能力,在语音识别、图像处理等复杂模式识别任务中展现出超越传统方法的卓越性能。本章首先夯实神经网络理论基础,详细讲解网络结构、激活函数、前馈神经网络与反向传播算法等核心概念,并辅以案例分析;其次重点剖析了卷积神经网络、循环神经网络和Transformer 等主流深度学习模型,同时介绍了常用开发框架和 GPU 环境配置;最后通过编程实践环节,强化理论知识的应用转化,构建完整的深度学习知识体系与实践路径。

第 6 章

自然语言处理基础

思维导图：

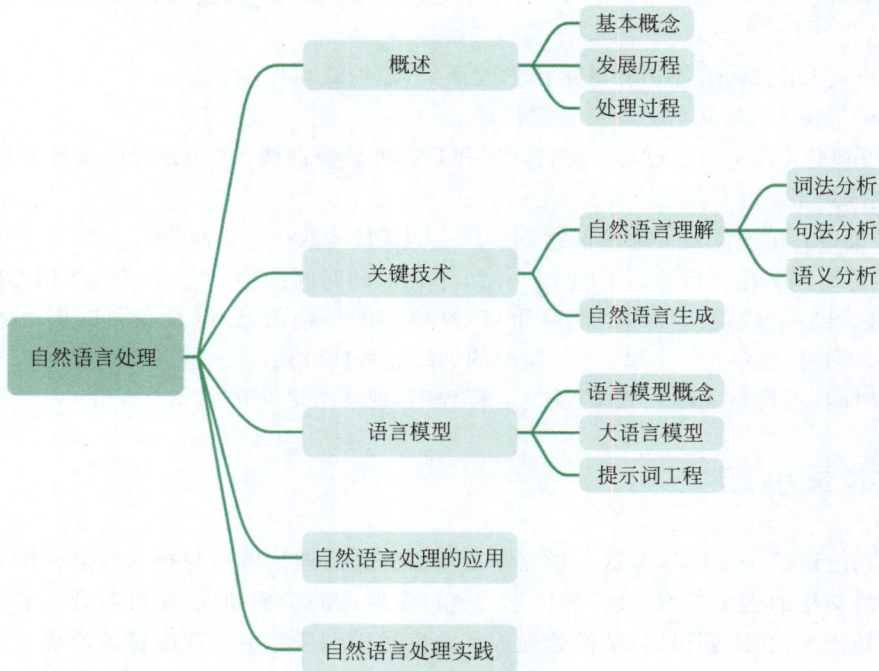

学习目标：
- 了解自然语言处理的基本概念
- 理解自然语言处理的关键技术
- 掌握大语言模型的提示词用法
- 了解知识图谱及其应用

6.1　自然语言处理概述

6.1.1　自然语言处理的基本概念

自然语言是人类在日常生活中使用的语言，如汉语、英语、法语、西班牙语等，是人类社会发展演变而来的语言,是人类学习生活的重要工具。概括说来,自然语言是指人类社会约定俗成的,区别于如程序设计语言的人工语言。在整个人类历史上,以语言文字形式记载和流传的知识占到知识总量的80%以上。就计算机应用而言,据统计,用于数学计算的语言仅占10%,用于过程控制的语言不到5%,其余85%左右都是用于语言文字的信息处理。

自然语言处理(Natural Language Processing,NLP)指用计算机对自然语言的形、音、义等信息进行处理,即对字、词、句、篇章的输入、输出、识别、分析、理解、生成等的操作和加工,实现人机间的信息交流,是人工智能、计算机科学和语言学所共同关注的重要问题。NLP的具体表现形式包括机器翻译、文本摘要、文本分类、文本校对、信息抽取、语音合成、语音识别等。可以说,NLP就是要计算机理解自然语言。NLP涉及两个核心技术,即自然语言理解和自然语言生成。

6.1.2　自然语言处理的发展历程

最早的自然语言理解方面的研究工作是机器翻译。1949年,美国人瓦伦·韦弗(Warren Weaver)首先提出了机器翻译设计方案。到20世纪60年代,国外对机器翻译曾有大规模的研究工作,耗费了巨额费用,但人们当时低估了自然语言的复杂性,语言处理的理论和技术均不成熟,所以进展不大。

近年来,NLP在词向量表示(Word Embedding)、文本的编码器-解码器(Encoder-Decoder)技术以及大规模预训练(Pre-Training)模型上的方法极大地促进了NLP的研究。总的来说,NLP经历了如下几个阶段。

1. 1950s—1960s：机器翻译的起步

这一时期,随着计算机科学的兴起,NLP初现端倪,机器翻译成为早期研究的重点方向。1954年,乔治敦大学进行了首次机器翻译实验,成功将一些简单的俄语句子翻译成英语。这次实验标志着NLP从理论设想迈向实践探索,为后续研究奠定了基础。不过,当时主要采用基于规则的方法,研究者尝试将人类语言的语法规则转化为计算机能够理解和处理的形式,但自然语言的复杂性远超预期,基于规则的系统难以处理语言中的模糊性、歧义性以及丰富的语义变化,NLP研究面临诸多挑战。

2. 1960s—1980s：统计方法和计算语言学的兴起

计算机性能的逐步提升以及统计学理论的引入,促使NLP从单纯基于规则的方法向基于统计的方法转变。统计语言模型的出现是这一时期的关键突破,它通过对大规模语料库的统计分析计算词与词之间的概率关系,从而实现对语言的建模和处理,在对自然语言形与义的处理上有了更科学的量化依据。计算语言学作为一门新兴交叉学科开始兴起,融合语言学、计算机科学等多学科知识,为NLP的发展提供了新的理论框架和研究方法。例如,隐马尔可夫模型在语音识别和词性标注等任务中广泛应用,基于统计的机器翻译方法也逐渐崭露头角。

3. 1980s—1990s：语言处理工具包和大规模语料库的出现

随着研究的深入,语言处理工具包的开发和大规模语料库的构建成为这一时期的重要标志。各种语言处理工具包,如词性标注工具、句法分析工具等不断涌现,加速了NLP技术的研究和应用。同时,大规模语料库的建立为基于统计的NLP方法提供了更丰富的数据支持,使模型能够学习到更准确的语言模式和规律。互联网的初步发展也为语料库的收集和整理提供了便利,进一步推动了 NLP 技术的发展。20 世纪 90 年代,神经网络语言模型开始用于学习词的分布式表示,将词映射到低维连续向量空间,词向量概念初步形成。这种向量表示能够捕捉词的语义和语法信息,相较于传统离散表示方法有了质的飞跃,开启了 NLP 对词理解和处理的新篇章。

4. 2000s—2020s:机器学习和深度学习的推动

机器学习技术在 NLP 领域得到更深入的应用,SVM 等分类算法被广泛用于文本分类、情感分析等任务,进一步推动了 NLP 技术的实用化。2006 年,深度学习的兴起为 NLP 带来了革命性的变化。深度神经网络强大的特征学习能力使 NLP 在多个任务上取得了巨大突破。RNN 及其变体 LSTM 网络、GRU 在处理序列数据方面表现出色,被广泛应用于机器翻译、文本生成等任务,从语言信息的输入、分析到生成,实现了更高效和智能的处理。2013 年提出的 Word2Vec 基于神经网络模型,通过大规模文本训练高效学习词向量,其包含 CBOW(连续词袋模型)和 Skip-Gram 模型,前者依据上下文预测中心词,后者根据中心词预测上下文,极大推动了词向量在 NLP 中的应用,提升了机器对词的理解和处理能力。

5. 2020 年以来:多任务和预训练模型的崛起

2020 年以来,多任务学习和预训练模型成为 NLP 领域的显著发展趋势。多任务学习旨在让模型同时学习多个相关任务,通过共享底层特征表示,模型能够从不同任务中获取更丰富的知识,进而提升泛化能力和性能。这种学习方式模拟了人类大脑在处理多种任务时的协同工作机制,打破了传统单一任务模型的局限性。预训练模型则是基于 Transformer 架构取得的重大突破。以 BERT 和 GPT 为代表的预训练模型在大规模无监督语料上进行预训练,学习到语言的通用语义和语法知识。BERT 采用双向 Transformer 架构,能够充分捕捉文本的上下文信息,在各类自然语言理解任务中表现卓越,如文本分类、命名实体识别、情感分析、问答系统等。通过在特定任务上进行微调,BERT 能够快速适应并取得优异的成绩。GPT 则侧重于语言生成任务,通过大规模的预训练,能够根据给定的提示生成连贯、富有逻辑的文本内容。从文章创作、对话生成到代码编写,GPT 展示出强大的生成能力,为智能写作、智能客服、智能辅助编程等应用场景提供了有力支持。

多任务和预训练模型的广泛应用,极大地推动了 NLP 技术在实际场景中的落地。在智能客服领域,能够快速理解用户的问题,并提供准确的回答;在信息检索方面,通过对文本语义的深度理解,提高检索结果的相关性和准确性;在知识图谱构建中,利用模型对文本的分析能力提取实体和关系,完善知识图谱的构建。多任务和预训练模型的崛起,让 NLP 技术更加贴近人们的日常生活和工作,为未来的智能化发展奠定了坚实基础。

6.1.3　自然语言处理过程

自然语言处理过程一般可以概括为四部分,即语料预处理、特征工程、模型训练、指标评价。

1. 语料预处理

在该过程中,通过语料清洗、分词、词性标注、去停用词等 4 个步骤完成语料的预处理工作。

1) 语料清洗

语料清洗是指在语料中找到感兴趣的内容,把不感兴趣的、视为噪音的内容清洗删除,包括对于原始文本提取标题、摘要、正文等信息。例如，对于爬取的网页内容，去除广告、标签、HTML 代码和注释等。常见的语料清洗方式有人工去重、对齐、删除和标注等，或者规则提取内容、正则表达式匹配、根据词性和命名实体提取、编写脚本或代码批处理等。

2）分词

在处理中文语料时，通常需要进行分词。中文语料数据一般为一批短文本或长文本，如句子、文章摘要、段落或整篇文章组成的一个集合。句子、段落之间的字、词语是连续的，有一定含义。进行文本挖掘分析时，希望文本处理的最小单位粒度是词或词语，此时需要利用分词技术切分文本。中文分词常见的分词算法有：基于词典匹配的分词方法、基于统计的分词方法和基于深度学习的分词方法。中文分词的难点在于歧义识别和新词识别，比如"羽毛球拍卖完了"，可切分成"羽毛/球拍/卖/完/了"，也可切分成"羽毛球/拍卖/完/了"。如果不依赖上下文，就很难去理解这个句子。

3）词性标注

对文本进行分词后，需要给每个词或词语打词类标签，如形容词、动词、名词等，该过程即为词性标注。词性标注对于理解句子结构和语义至关重要，是许多高级语言处理任务的前提步骤。词性标注通常应用在情感分析和知识推理场景中，而在文本分类场景中则不需要。常见的词性标注方法包括基于规则和基于统计的方法。基于规则的方法使用语言学家定义的规则来标注词性，而基于统计的方法（如隐马尔可夫模型）则利用已标注的语料库来训练统计模型。

4）去停用词

停用词一般指对文本特征没有任何贡献作用的成分，比如标点符号、语气、人称等。在语料处理中，对句子进行分词之后就是去停用词。对于中文而言，去停用词是根据具体场景来决定的，例如在情感分析中，语气词、感叹号是应该保留的，因为这些对表示语气程度、感情色彩有一定的贡献和意义。

2．特征工程

特征工程就是把经过预处理之后的字和词语表示成计算机能够计算的类型，即把分词后的词语转换成向量。常用的两种表示方法有词袋模型和词向量。

词袋模型（Bag of Word，BOW）不考虑词语在句子中的次序，直接将词语或符号统一放置在一个集合中，按照计数的方式对出现的次数进行统计。统计词频是最基本的方式，TF-IDF 是词袋模型的一个经典用法。

词向量是将字、词语转换成向量矩阵的计算模型。最常用的词表示方法是独热编码（One-Hot）。

另外一个经典的模型就是 Word2Vec，主要包括连续词袋模型（Continuous Bag of Words，CBOW）和跳字模型（Skip-Gram），以及负采样（Negative Sampling）和层序 Softmax（Hierarchical Softmax）两种高效训练的方法。Word2Vec 词向量可以较好地表达不同词之间的相似和类比关系。

3．模型训练

模型训练即依据不同的 NLP 任务（如文本分类、情感分析、机器翻译等）选择合适的模型进行训练。在简单任务中，朴素贝叶斯、SVM 等传统机器学习模型仍有应用，但深度学习模型目前在 NLP 领域占据主导地位。以 Transformer 架构为基础的模型，先在大规模无监督语料上进行预训练,学习语言的通用特征和语义知识,随后针对特定任务进行微调。在模型的训练过程中,需要合理选择损失函数(如交叉熵损失函数等)、优化器(如 Adam、SGD等),并不断调整模型的超参数(如层数、隐藏单元数量等),以提升模型的性能和效果。

4. 指标评价

NLP 模型训练完成后,需要使用一系列评估指标来衡量其性能。在文本分类任务中,常用准确率、召回率、F1 分数等指标。对于机器翻译任务,一般采用 BLEU(Bilingual Evaluation Understudy)指标,通过对比机器翻译结果与参考译文的相似度来评估翻译质量。根据评估结果,可以对模型进行优化,包括调整模型结构、增加训练数据、改进训练方法等,还需要进行模型的验证和测试,确保模型在未见过的数据上具备良好的泛化能力,以适应实际应用场景的需求。

6.2　自然语言处理的关键技术

自然语言处理(NLP)的关键技术包括自然语言理解(Natural Language Understanding,NLU)和自然语言生成(Natural Language Generation,NLG)。其中,NLU指将自然语言文本转换为机器可理解的语言,即对字、词、句、篇章进行输入、识别、分析和理解;NLG指将机器理解的语言转换为自然语言文本,即机器可以自动生成字、词、句和篇章。

6.2.1　自然语言理解

自然语言理解以句子分析为基础,通过分析句子中的词法、句法、语义,实现对一句话的细致拆解。NLU 技术包括词法分析、句法分析、语义分析和语用分析等,旨在使计算机能够理解自然语言文本的含义和意图。

1. 词法分析

词法分析就是将输入的文本序列分割成词法单元(Token),并标记每个词的词性。词法单元是构成语言的最小单元,通常是单词、标点符号、数字等。词法分析是 NLU 的第一步,它将原始文本转换为有意义的词法单元序列,为后续的语法分析和语义分析奠定了基础。词法分析任务主要有分词、命名实体识别、词性标注和词向量等。

1) 分词

在中文语境下,由于词与词之间缺乏天然的空格分隔,因此词法分析首先就要将连续的汉字文本序列精准切分为独立的词汇单元,这一过程称为分词。分词是中文所特有的词法分析任务。例如,对于"苹果落地是因为万有引力"这一句子,正确的分词结果应为"苹果/落地/是/因为/万有引力"。分词通常面临两个主要问题:歧义和未登录词。歧义通常包括组合型歧义、交集型歧义和真歧义。未登录词指的是不在词表,或者是模型在训练的过程中没有遇见过的词。未登录词主要的形式包括人名、地名和机构名等命名实体。

2) 命名实体识别

命名实体识别(Named Entity Recognition,NER)属于词法分析中未登录词识别的范畴,它主要是从非结构化文本中精准识别出具有特定意义的实体,并将其归类到预定义的类别中。这些实体类别丰富多样,常见的包括人名、地名、组织机构名、时间、日期、产品名和事件等。例如,在"2024 年 11 月 5 日,马斯克在特斯拉股东大会上宣布了新的电池技术"这句话里,通过 NER 技术,"2024 年 11 月 5 日"被识别为时间实体,"马斯克"被识别为人名实体,"特斯拉股东大会"被识别为组织机构名实体。早期的 NER 多基于规则和字典匹配。现在,基于统计机器学习的方法逐渐成为主流。HMM、最大熵模型、条件随机场等被广泛应用于 NER。以条件随机场为例,它能够充分利用上下文信息,将一个句子看作一个随机变量序列,通过对观测序列(即文本中的词)和隐藏状态序列(即实体标签)之间的联合概率建模,实现对实体的标注。然而,基于统计机器学习的方法需要大量的特征工程,如词的前缀、后缀、词性和上下文词等,特征提取的质量直接影响模型的性能,而且对于复杂的语义理解和长距离依赖关系的处理能力有限。

尽管 NER 技术取得了显著进展,但仍然面临诸多挑战。一是实体类别和边界的模糊性,有些词在不同语境下可能属于不同的实体类别,例如"苹果"既可以是水果名,也可以是公司名;而且确定实体的边界也并非易事,如"北京大学附属中学",准确判断其边界需要对语义和领域知识有深入理解。二是领域适应性问题,不同领域的文本具有不同的语言特点和实体分布,一个在通用领域表现良好的命名实体识别模型,在特定领域(如医学、法律和金融等)可能效果不佳,需要针对特定领域进行大量的标注和训练。

3) 词性标注

在分词基础上,词性标注是指为分词结果中的每个词语标注一个正确的词性。具体来说,就是确定每个词是名词、动词、形容词或者是其他词性的过程。通过词性标注,计算机可以更好地理解词语在句子中的语法功能和语义角色,为后续的句法分析和语义理解等任务奠定基础。词性标注的算法有多种。早期的词性标注主要依赖规则。语言学家根据语法知识和语言经验,手工编写一系列详尽的词性标注规则,这些规则通常基于词性的形态特征和上下文的语法约束来构建。例如,在中文中,"的"前面的词往往是形容词,"地"前面的词常为副词,"得"后面一般接形容词或动词等。在英语中,以"-ly"结尾的词大多数是副词,如"quickly"和"slowly"等;以"un-""re-"等前缀开头的词可能具有特定的词性和语义倾向,如"unhappy"是形容词,"rebuild"是动词。当前的主要方法为基于统计的词性标注。该方法主要利用大规模语料库统计词语与词性的共现频率等信息,建立概率模型。常见的有 HMM 和最大熵模型等。HMM 模型将词性标注看作是一个隐藏状态序列的预测问题,通过学习语料中词语和词性的统计关系计算出每个词语最可能的词性。

4) 词向量

词向量是指把序列文本分词之后生成的词语,从原本稀疏、高维且难以计算的表示形式,转化为稠密、低维且连续的向量表示。通过将文本数据转化为数值形式,计算机可以更好地处理和分析文本数据。词向量能够捕捉单词的语义和句法信息,使得语义相似或具有相似句法功能的单词在向量空间中距离较近,为后续的文本分类、情感分析和语义相似度计算等任务提供基础支持。在自然语言处理中,词向量有两种表示方式:One-Hot 编码和分布式表示。

(1) One-Hot 编码。

One-Hot 编码是一种简单的词向量表示方法,它将每个词映射到一个很长的向量。向量的长度为词典的大小,向量中只有一个维度的值为 1,其余维度为 0,这个维度就代表了当前的词。这种表示方法的优点是简单易行,但缺点是维度过高,容易引发维度灾难,并且无法体现出近义词之间的关系。

例如，使用 One-Hot 对句子"我爱北京天安门"进行编码，将句子分词之后，可以得到
["我"，"爱"，"北京"，"天安门"]。可以用 One-Hot 编码对单词进行编码。具体如下。

"我"可以表示为[1,0,0,0]。

"爱"可以表示为[0,1,0,0]。

"北京"可以表示为[0,0,1,0]。

"天安门"可以表示为[0,0,0,1]。

这种表示方式虽然简单直观，但存在维度灾难问题，向量维度过高会导致计算量剧增，
存储成本也大幅上升。同时，任意两个 One-Hot 的余弦相似度都是 0，无法体现词语之间的
语义关联。

（2）分布式表示。

分布式表示是一种更复杂的词向量表示方法，它将每个词映射为一个固定长度的短向
量。这些向量构成了一个词向量空间，每个向量可视为该空间上的一个点。其理论基础是
"一个词的含义由它周围的词决定"。这意味着在相似语境中频繁出现的词语，它们的语义
也相近。例如，在大量文本中，"汽车"和"轿车"常常出现在类似描述交通工具的语境里，基
于这个理解，它们的语义应较为相似，在向量空间中的位置也会更靠近。

经典的词向量模型是谷歌公司 2013 年提出的 Word2Vec 模型。它包含两种训练模式，
即 CBOW 和 Skip-Gram。CBOW 通过上下文词语来预测目标词。比如给定上下文"我/喜
欢/吃"，CBOW 模型会尝试预测目标词"苹果"。模型将上下文词的向量进行平均，然后通
过一个线性层和激活函数来预测目标词。Skip-Gram 与 CBOW 相反，它是通过目标词来预
测上下文。例如，给定目标词"苹果"，Skip-Gram 会预测它可能出现的上下文，像"我/喜欢/
吃"。Skip-Gram 模型更关注单个词对周围词的影响，处理低频词时表现较好。Word2Vec
通过不断训练神经网络调整词向量的参数，让预测结果尽可能准确，从而学习到有效的词向
量表示。

自然语言中存在大量多义词，一个词在不同语境下可能有不同语义，准确为多义词生成
合适的词向量是一大挑战。比如"苹果"既可以指水果，也能代表苹果公司。现有的词向量
模型在处理多义性时往往难以精准区分不同语义下的词向量表示。

句向量是一种将自然语言中的句子映射为固定长度向量空间中的向量表示方式，旨在
把句子所承载的语义、句法等信息转换为计算机能够理解和处理的数值向量。通过句向量，
计算机可以基于向量的数值计算来衡量句子之间的相似度，进行语义推理等操作，从而实现
对句子语义的理解和处理。

句向量的生成方法主要有两种：基于词向量的后处理和直接生成句向量。基于词向量
的后处理方法首先将句子中的每个单词转换为词向量，然后通过对这些词向量加权平均或
使用其他复杂算法（如 RNN 或 CNN）来生成句向量。这种方法可以利用词向量的语义信
息，但并不直接捕捉单词之间的语义依赖关系，而是通过词向量的组合来近似表示句子的语
义。直接生成句向量则使用深度学习模型（如 LSTM、Transformer 和 BERT 等）对句子进
行编码，直接生成句向量。这种方法能够捕捉句子中单词之间的语义依赖关系，生成更准确
的句向量表示。句向量的生成通常依赖词向量，无论是简单的基于词向量平均的方法，还是
基于深度学习模型的方法，都需要先获取单词的词向量表示，然后再通过各种方式将词向量

组合或进一步处理成句向量。

2. 句法分析

句法分析(Syntactic Analysis)将自然语言的复杂句子结构化为更易理解的形式,使计算机能更好地理解语言的语法和语义层面,从而提高整体的语言处理能力和准确性。句法分析的目的在于分析句子,得到句子的语法结构,并以结构化的形式呈现出来,常见的呈现方式为句法树。建立词语间的层级关系,可以揭示句子的深层语义结构。句法分析包括依存句法分析(Dependency Parsing)和成分句法分析(Constituency Parsing)两类。依存句法分析关注词语之间的依赖关系,标识出每个词语的头词和它们之间的关系。在依存句法树中,句子的每个词语(除了根)都有且只有一个头词,表示语法依赖关系。成分句法分析将句子分解为它们的语法成分,如名词短语、动词短语等。每个成分都有一个标签表示其句法类别,并形成一棵树状结构,称为成分句法树。

通过句法分析,计算机能够清晰地辨别句子中的主语、谓语、宾语、定语、状语和补语等成分及其相互关系,进而深入理解句子的语法架构和语义内涵。通过分析谁是行动的执行者(主语)以及行动的对象(宾语),可以更准确地理解句子意图和行动的指向。例如,对于句子"小明在公园里开心地放风筝",句法分析能够明确"小明"是主语,执行动作的主体;"放"是谓语,描述主语的行为;"风筝"是宾语,是动作的对象;"在公园里"是地点状语,说明动作发生的地点;"开心地"是方式状语,刻画动作执行的方式。

自然语言中存在大量的句法歧义现象,同一个句子可能有多种合理的句法分析结果。例如,句子"咬死了猎人的狗",既可以理解为"[咬死了猎人]的狗"(即狗是咬死猎人的主体),也可以理解为"咬死了[猎人的狗]"(即猎人的狗被其他动物咬死)。准确地消解这些歧义,选择最符合语义和语境的句法分析结果,是句法分析面临的一大挑战。当前主要通过结合语义信息、语用信息以及大规模语料库的统计信息来解决句法歧义问题。

3. 语义分析

语义分析涉及对文本的意义进行解析和理解,包括词汇本身的意义、它们在特定上下文中的含义,以及文本中表达的更深层次的意图和信息。语义分析试图超越字面的词语组合,捕捉语言的隐含意义、双关语、讽刺或情感倾向等。

语义分析的主要方法如下。

1) 语义角色标注

语义角色标注(Semantic Role Labeling,SRL)是对句子中的谓词及其相关论元(句子中的名词或名词短语等)进行语义角色识别和标注的过程,旨在明确句子中各个成分在语义层面上的角色和功能,使计算机能够理解句子所表达的具体事件和关系。例如,对于句子"小明在操场上踢足球",语义角色标注会将"踢"识别为谓词,"小明"标注为施事,即动作的执行者;"足球"标注为受事,即动作的承受者;"在操场上"标注为地点状语,表明动作发生的地点。

2) 词义消歧

词义消歧(Word Sense Disambiguation,WSD)是根据词语所处的上下文语境确定其在特定句子或文本中确切词义的过程,以消除因一词多义现象导致的语义模糊性,使计算机能够准确理解文本含义。以"苹果"一词为例,在"我买了几个苹果"中,"苹果"指的是一种水果;而在"他用的是苹果手机"中,"苹果"指的是"苹果公司"这个品牌。通过上下文的"买""手机"等词,我们可以确定"苹果"在不同句子中的具体词义,这就是词义消歧的过程。

3）关系抽取

关系抽取（Relation Extraction）是指从自然语言文本中识别并提取出实体之间存在的语义关系，将非结构化的文本信息转化为结构化的知识表示，以便计算机进行存储、查询和推理等操作，为知识图谱构建等应用提供基础支持。例如，对于句子"爱因斯坦提出了相对论"，关系抽取可以识别出"爱因斯坦"和"相对论"这两个实体，并提取出它们之间的"提出"关系。将其转化为结构化的表示形式，如（爱因斯坦，提出，相对论），这样计算机就能更清晰地理解和处理这种语义关系，用于构建知识图谱等应用，便于后续的查询和推理。

4. 语用分析

语用分析主要关注语言在具体语境中的使用和理解。和语法、语义分析不同，语用分析考虑的是说话者和听者之间的交际意图、背景知识和上下文信息。在人机交互中，语用分析能够帮助系统更好地理解用户的意图，从而提供更加自然和准确的响应。

在自然语言处理中，语用分析不仅要理解词语和句子本身的字面含义，还要考虑说话的情境、说话者的目的、听话者的背景以及语言使用的社会文化环境等因素，以便更全面、准确地把握语言在具体语境中的意义和作用。例如，当有人说"今天真冷啊"，从语用分析的角度看，可能说话者不只是在描述天气，而是暗示要关窗户、开空调或者加件衣服等。语用分析通过考虑背景和环境因素弄清楚语言表达的意思，能更准确地明白语言的目的，从而更好地交流和互动。

语用分析中常用的方法如下：

1）语境理解

语境理解通过分析文本的上下文环境，例如对话的前文内容、当前所处的场景、涉及的人物关系等，来构建一个完整的语境模型。通过该模型，用户能够更准确地理解文本中一些模糊或具有多义性的表达。例如，在谈论电影的对话中提到"那个主角太帅了"，结合电影这个语境，就知道"主角"具体指的是哪部电影中的角色。

2）意图识别

意图识别通过分析语言的特征，如词汇选择、句子结构、语气等，来推断说话者的意图。例如，当顾客对服务员说"我想要一杯水"，很明显可以识别出顾客的意图是向服务员提出要水的请求。有时候意图可能比较隐晦，需要更深入地分析。例如，"今天的咖啡有点淡"，可能意图是希望咖啡师下次把咖啡做得浓一些。

3）情感分析

情感分析则用于判断文本中所包含的情感倾向是积极、消极还是中性的情感。例如，"这部电影太精彩了！"表达了积极的情感，而"我对这个结果很失望"则表达了消极的情感。情感分析可以帮助听者理解说话者对所谈论事物的态度，这对于全面理解语用意义很重要。

自然语言理解中语用分析的应用场景十分广泛。例如在智能客服中，客户向客服咨询问题时，语用分析能够帮助智能客服系统理解客户的意图、情绪和需求。例如，客户说"你们的产品怎么老是出问题"，语用分析能识别出客户的抱怨情绪和对产品质量的不满，智能客服可以据此提供道歉、解决方案或转接人工客服等服务，提高客户满意度；在语音助手中，当用户发出语音指令时，语用分析能够理解用户的真实需求。例如，用户说"我有点冷"，语音助手可以根据语境判断用户可能是希望调节温度，进而自动打开空调或提供相关的取暖建议。

6.2.2 自然语言生成

自然语言生成是指让计算机能够根据给定的一些结构化数据、语义信息或特定的知识表示自动生成符合人类语言表达习惯、语义通顺且有意义的自然语言文本的技术。简单来说，就是使计算机能够像人类一样用自然语言来表达信息和思想，将计算机可处理的信息转化为人类易于理解和接受的自然语言形式，例如生成新闻报道、回复的对话和产品描述等各种类型的文本内容。

NLG 由简单到复杂可以分为三个层次：简单的数据合并、模板化的 NLG 和高级NLG。简单的数据合并是 NLG 中最基础的层次。它主要是将获取到的数据按照一定的格式要求，直接进行简单的组合和拼接，形成自然语言文本。通常不需要对数据进行深入的语义理解和复杂的处理，只是将数据以较为机械的方式转化为文字表述。常用于一些对文本内容和质量要求不高、数据结构相对固定的场景，如简单的报表生成和数据通知等。例如，"您的账户余额为[X]元，本次消费[Y]元，剩余余额为[Z]元"。模板化的 NLG 基于预先设计好的语言模板，将相关的数据和信息填充到模板的特定位置，从而生成自然语言文本。模板中定义了文本的基本结构、句式和一些固定的表述，通过数据的替换来产生不同的文本内容，广泛应用于客服问答、智能助手的常见问题回答和新闻简讯生成等领域。例如，体育新闻简讯模板"[比赛项目]比赛中，[队伍 A]以[比分]战胜了[队伍 B]。[队伍 A]的[球员名字]表现出色，贡献了[X]个进球和[Y]次助攻"。根据不同的比赛数据，填充到模板中即可生成相应的新闻简讯。高级 NLG 综合运用深度学习和自然语言处理等多种先进技术，对输入的信息进行深入的语义理解、知识推理和语境分析，能够根据复杂的需求和情境自主地生成高质量、富有表现力和个性化的自然语言文本，通常需要大量的数据训练和复杂的模型架构来实现。适用于对自然语言生成质量要求极高、需要高度个性化和创造力的场景。比如，在智能写作助手场景中，可以根据用户输入的主题和要求生成一篇结构完整、内容丰富、风格独特的文章；在虚拟社交场景中，虚拟人物能够根据不同的对话情境生成自然、贴切的回应内容，与用户进行流畅的交流。

一般地，NLG 的实现由以下 6 个步骤组成：内容确定、文本结构化、句子聚合、语法化、参考表达式生成和语言实现。

1) 内容确定

首先需要明确 NLG 的目的和任务，是生成新闻报道、产品描述、对话回复还是故事等。不同的目标决定了生成内容的方向和重点。接着，根据生成目标，从各种数据源收集相关信息，这些数据源可以是数据库、知识图谱和文本语料库等。然后对收集到的信息进行筛选和整理，提取出与生成任务紧密相关的关键信息。最后，对筛选后的信息进行进一步的规划和组织，确定要在生成的文本中表达哪些核心内容，以及这些内容的呈现顺序和逻辑关系。

2) 文本结构化

首先，根据内容确定文本的整体框架和组织形式，如采用总分总、时间顺序、空间顺序和问题解决等结构。随后，将文本划分为不同的段落，并为每个段落确定一个明确的主题，使每个段落都有其特定的功能和表达重点，各段落之间相互配合，共同完成文本的整体表达任务。最后，确定段落之间以及段落内部句子之间的逻辑关系，如因果关系、并列关系、递进关系和转折关系等，通过合理的逻辑连接词或过渡句来体现这些关系，使文本具有连贯性和可

读性

3）句子聚合

将生成的各个独立的句子或短语按照文本结构和逻辑关系合并，形成更完整、更连贯的文本片段。在句子聚合过程中，还需要确保各个句子之间的语义相互协调、一致，避免出现矛盾或语义模糊的情况。同时，还需要通过添加适当的连接词、过渡词或短语，增强句子之间的连贯性和流畅性，使文本在语义上自然过渡，让读者能够顺利地理解文本的内容。

4）语法化

首先，根据目标语言的语法规则，对句子进行语法结构的调整和完善。包括确定句子的主、谓、宾等基本结构，以及时态、语态、词性和单复数等语法特征。随后，再进行句法分析，确保句子的结构符合语法规范，并且能够准确地表达语义。根据语义和语法要求生成正确的句子结构，包括短语结构和从句结构等。最后，对生成的句子进行语法错误检查，如检查是否存在主谓不一致、动词时态错误和词性误用等问题，并及时修正，以提高文本的语言质量。

5）参考表达式生成

对于对应生成文本中涉及的各种实体，首先确定如何进行指代和描述。根据上下文和表达需要选择合适的名称、代词或描述性短语来指代实体，使读者能够清晰地理解所指对象。随后将实体的属性和它们之间的关系转化为自然语言表达式。例如，将"苹果是红色的"这一事实表示为合适的自然语言描述，可能是"那个苹果呈现出鲜艳的红色"。最后，处理数量、范围和程度等量化和限定信息，将其准确地表达为自然语言。如将"三个苹果""大多数人""非常高"等量化和限定概念用合适的语言形式表达出来。

6）语言实现

首先，根据生成文本的风格、语境和表达需要选择最合适的词汇来表达语义。同时，对词汇进行优化，考虑词汇的准确性、丰富性和生动性，避免使用过于平淡或重复的词汇。接着，根据生成任务的要求和目标受众调整文本的语言风格，如正式、口语化、幽默和严谨等风格。最后，对整个文本进行最后的润色和校对，检查文本的拼写、标点符号的使用，以及文本的整体流畅性和可读性，对文本进行细微的调整和修改，使其达到较高的质量标准。

6.3 语言模型

语言模型（Language Model，LM）是用于自然语言建模的概率模型。简单来说，语言模型的任务是评估一个给定的词序列在真实世界中出现的概率。语言模型在 NLP 的诸多应用中，如机器翻译、语音识别和文本生成等，起到了关键性的作用。

6.3.1 语言模型的概念

语言模型是对自然语言的规律进行学习和建模的工具，它通过对大量文本数据的学习，构建出关于词序列概率分布的模型。语言模型有两大核心功能：一是预测功能，即在给定前文语境的情况下预测下一个最可能出现的词。例如，当输入"我今天去了"时，基于学习到的语言模式和概率分布，语言模型可能会预测出"超市""学校"和"公园"等词。这种预测能力并非随意猜测，而是基于对海量文本中词与词之间关联关系的深度挖掘。二是评估功能，即判断一个给定的文本序列在语法、语义和语用等层面的合理性与流畅性。例如,对于句子"苹果天空飞翔",语言模型会根据其学习到的语言规则和语义搭配,判断该句子不符合正常的语言表达逻辑。因为在日常生活中,"苹果"通常不会与"天空飞翔"这样的表述搭配。

从数学角度来看,由 n 个词按顺序排列组成的词序列 $w_1, w_2, \cdots, w_n$,语言模型的核心任务是计算词序列出现的联合概率 $P(w_1, w_2, \cdots, w_n)$。依据概率链式法则,该联合概率可拆解为一系列条件概率的乘积,即 $P(w_1, w_2, \cdots, w_n) = P(w_1)P(w_2 \mid w_1)P(w_3 \mid w_1, w_2) \cdots P(w_n \mid w_1, w_2, \cdots, w_{n-1})$。这表明通过逐个推算每个词基于前文语境的条件概率,便能递推计算出整个词序列出现的概率。

以"我喜欢苹果"为例,P(我喜欢苹果)等于 P(我)乘以在"我"出现的情况下"喜欢"出现的概率 P(喜欢|我),再乘以在"我喜欢"出现的情况下"苹果"出现的概率 P(苹果|我喜欢)。通过这种方式,语言模型能够量化一个句子出现的可能性,为后续的语言处理任务提供重要的量化依据。在实际应用中,无论是机器翻译、文本生成还是语音识别等任务,都离不开语言模型对文本概率的计算和分析,以此来选择最优的语言表达或识别结果。

语言模型的发展经历了统计语言模型、神经语言模型、预训练语言模型和大语言模型 4 个阶段。

1. 统计语言模型

统计语言模型基于统计方法,通过对大规模语料库中词的共现频率进行统计分析,来计算词序列的概率分布,从而预测下一个词出现的概率。其核心假设是一个词的出现概率仅依赖于其前面有限个词。N-gram 模型是最常见的统计语言模型之一,它认为一个词出现的概率仅与其前面的 $N-1$ 个词有关。N-gram 模型简单易用,但存在数据稀疏和无法捕捉长距离依赖关系的问题。

N-gram 模型广泛应用在语音识别、拼写检查和机器翻译等早期 NLP 任务中。例如,在语音识别中,通过计算不同词序列的概率来判断最可能的识别结果,从而提高识别准确率。然而,此模型只能捕捉短距离的词依赖关系,对复杂语义和长距离依赖的处理能力有限。

2. 神经语言模型

神经语言模型利用神经网络的非线性拟合能力自动学习语言的语义和语法特征,不再局限于简单的统计规律。神经语言模型能够处理变长的输入序列,对上下文信息的捕捉能力更强。

早期的 FNN 语言模型通过将词表示为高维向量,输入神经网络中进行训练,学习词向量之间的映射关系来预测下一个词。RNN 及其变体进一步提升了神经语言模型处理序列数据的能力。具体而言,RNN 通过循环结构能够逐词处理序列数据,不断更新隐藏状态,以捕捉上下文信息;LSTM 和 GRU 引入了门控机制,解决了 RNN 在处理长序列时存在的梯度消失和梯度爆炸问题,能更好地处理长距离依赖关系。

LSTM 和 GRU 在 NLP 中应用广泛,涵盖机器翻译、文本生成和情感分析等领域。例如,在机器翻译中,将源语言句子中的词依次输入 LSTM 模型中,学习句子的语义表示,再生成目标语言的翻译结果。相较于统计语言模型,神经语言模型的翻译质量有了显著提升,但这些模型在计算效率和并行处理能力上存在一定局限。

3. 预训练语言模型

预训练语言模型通过在大规模无监督语料上进行预训练，学习到通用的语言知识和语义表示，然后在特定的 NLP 任务上利用少量有监督数据进行微调，即可快速适应并取得良好的效果。这种"预训练-微调"的模式极大地提高了模型的泛化能力和适应性。

预训练模型通常基于 Transformer 架构，引入自注意力机制，能够并行处理文本序列中的所有位置信息，从而有效捕捉长距离依赖关系。例如，BERT 模型在 NLP 的多个任务中取得了显著成果，包括命名实体识别、文本分类和问答系统等。在命名实体识别任务中，BERT 通过在大规模语料上预训练学习到丰富的语义和语法信息，再在标注数据上微调，能够准确识别出文本中的人名、地名和组织机构名等实体。GPT 则在文本生成领域表现出色，能够根据给定的提示生成连贯、自然的文本，被广泛应用于文章写作和对话系统等场景。

4. 大语言模型

大语言模型（Large Language Model，LLM）是预训练语言模型的进一步发展，其数据规模和模型参数数量达到了前所未有的量级。它具备强大的语言理解与生成能力，在多种 NLP 任务中表现出色，且在零样本和少样本学习场景下也有良好的表现。

LLM 基于 Transformer 架构，通过对海量文本数据的深度学习不断优化模型参数。例如，GPT-3 拥有 1750 亿个参数，这些参数在大规模数据训练过程中不断学习语言知识和语义关系。LLM 在预训练阶段学习通用语言模式，在应用时无须针对每个任务进行大量有监督数据的微调，仅通过少量示例或自然语言提示就能完成复杂的自然语言处理任务。

除了 GPT 系列，LLM 还包括深度求索的 DeepSeek、百度的文心一言和阿里的通义千问等。这些模型在智能客服、内容创作、智能写作和知识问答等领域得到广泛应用。具体而言，在智能客服中，LLM 能够理解用户的自然语言问题，并给出准确、自然的回答，从而提高客户服务效率；在内容创作方面，LLM 能够辅助创作者生成文章大纲和段落内容等，激发创作灵感。然而，LLM 也面临着一些挑战，如模型的可解释性、偏见和伦理问题，以及训练成本和计算资源需求等。

6.3.2 大语言模型

2020 年以来，LLM 的出现标志着 NLP 的发展进入了新阶段。LLM 通过层叠的神经网络结构，在海量文本数据上进行预训练，学习到丰富的语言知识和模式，展现出强大的语言理解和生成能力，能够进行流畅的对话，撰写高质量的文章，甚至完成代码生成等任务。LLM 采用与小模型类似的 Transformer 架构和预训练方法，主要区别在于增加了模型大小、训练数据和计算资源。相比传统的语言模型，LLM 能够更好地理解和生成自然文本，同时表现出一定的逻辑思维和推理能力。

LLM"大"的特点体现在参数数量庞大、训练数据量大、计算资源需求高。LLM 通常是具有数百万到数十亿甚至上万亿参数的神经网络模型，例如，OpenAI 公司 2023 年 3 月发布的 GPT-4 的参数规模是 GPT-3 的 10 倍以上，达到 1.8 万亿；2021 年 11 月阿里推出的 M6 模型的参数量达 10 万亿。这些模型需要大量的计算资源和存储空间来训练和存储，并且往往需要进行分布式计算和特殊的硬件加速技术。

LLM 通过训练海量数据来学习复杂的模式和特征，当模型的训练数据和参数不断扩大，直到达到一定的临界规模后，其表现出了一些未能预测的、更复杂的能力和特性。模型能够从原始训练数据中自动学习并发现新的、更高层次的特征和模式,这种能力被称为"涌现能力"。具备涌现能力的深度学习模型才被认为是独立意义上的LLM。

当前,LLM家族主要包括GPT、LLaMA和PaLM。

1) GPT系列

GPT系列是OpenAI公司开发的基于Transformer架构的LLM。以GPT-3及后续版本为代表,它们拥有庞大的参数规模,通过在大规模无监督文本数据上进行预训练,学习到丰富的语言知识和语义表示。GPT采用自回归的生成方式,根据已生成的文本逐步预测下一个词,从而实现自然语言的生成。其强大的语言生成能力使得生成的文本连贯、自然,在多种自然语言处理任务中表现出色,尤其在文本创作和对话系统等方面优势明显。GPT-4的出现更是将LLM的能力推向了新的高度。它不仅在语言理解和生成方面表现出色,还展现出了强大的多模态能力,能够理解和分析图像,并基于图像内容进行对话或完成任务。例如,向GPT-4展示一张混乱房间的照片,它不仅能描述出房间的状况,还能给出整理的建议,甚至生成一个详细的清洁计划。GPT系列大语言模型在内容创作领域、智能客服、教育领域、代码生成和翻译等任务中有着广泛应用。

GPT系列模型的优势在于其强大的语言生成能力和泛化能力,能够快速适应多种任务。但也面临一些挑战,如模型的可解释性差,难以理解其决策过程;存在一定的偏见和伦理问题,可能生成带有偏见或有害的内容;训练成本高昂,需要大量的计算资源和数据。

2) LLaMA

LLaMA(Large Language Meta AI)是Meta开发的LLM。与其他大型模型相比,LLaMA在较小的参数规模下展现出强大的性能,例如,LLaMA-13B(130亿参数)在某些任务上的表现可以媲美甚至超越GPT-3(1750亿参数)。LLaMA基于Transformer架构,通过在大规模语料上训练,学习语言的模式和知识。LLaMA的优势在于其开源性,研究人员可以基于其模型架构进行二次开发和优化,推动了LLM技术的发展和创新。此外,LLaMA在训练数据的选择和处理上进行了优化,能够更有效地学习到语言的特征和规律。

3) PaLM

PaLM(Pathways Language Model)是由谷歌公司推出的LLM系列。PaLM采用了谷歌公司的Pathways AI架构,允许模型更加高效地利用计算资源,实现更大规模的训练。例如,PaLM-540B模型拥有5400亿参数,该模型在各种复杂任务中展现出卓越的性能,特别是在需要多步推理的问题上。例如,当被问到"如何用3种不同的方法证明勾股定理",PaLM不仅能给出3种不同的证明方法,还能解释每种方法的原理和优缺点,展示出深厚的数学知识和灵活的思维能力。PaLM模型的另一个特点是在多语言任务上的表现。例如,PaLM在100多种语言的翻译任务中都表现出色,甚至能够翻译一些濒危语言。

随着模型规模的不断增大,训练成本和资源消耗逐渐成为发展的瓶颈。未来,LLM将更加注重参数优化与模型压缩技术的发展。例如,模型蒸馏技术通过训练较小的"学生模型"来模仿大模型的输出,在保留性能的同时减少资源需求;量化技术则通过使用如8位的低精度表示参数,降低了模型大小和计算成本,使得大语言模型能够在资源受限的设备上运行,拓展了其应用场景。

目前,LLM已经开始向多模态方向发展,未来将进一步融合文本、图像、音频和视频等多种数据模态。例如,OpenAI公司的CLIP模型将图像与文本关联,实现从文本到图像的跨模态生成；GPT-4 已支持文本-图像生成和复杂图像描述。未来，LLM 有望实现多模态信息的深度融合与交互，更全面地理解和处理复杂信息，在智能客服、智能创作和智能教育等领域发挥更大作用。同时，大语言模型将不断强化推理能力，以应对复杂任务和场景。通过强化学习等技术激发模型的推理潜能，使其能够在知识问答、逻辑推理和代码编写等任务中给出更准确、合理的答案和解决方案。例如，在解决数学问题和编程逻辑推导等任务时，模型能够运用推理能力进行逐步分析和求解。

6.3.3　提示词工程

当前，LLM 已成为众多领域的助手。无论是创作文章、设计图像，还是解决复杂的数据分析问题，都展现出了巨大的潜力。然而，要充分发挥 LLM 的优势，关键在于掌握与它们有效沟通的技巧——提示词工程（Prompt Engineering）。提示词工程是一门融合了语言理解、任务分析和创意构思的艺术，它决定了用户能否从模型中获取准确、高质量且符合预期的输出。

LLM 本身已具备极高的性能与复杂性，但还有很大潜力需要挖掘。提示词如同钥匙一般，能够精确引导模型生成特定需求的输出。提示词是用户向模型提供的输入，用于引导模型生成特定类型、主题或格式的文本输出。这种输入可以是一个问题、一个描述、一组关键词或上下文信息，它告诉模型用户希望得到的输出类型和内容。调整提示词，实际上就是在改变与模型交流的语言和方式，这种变化往往能带来出乎意料的输出效果差异。更重要的是，这一过程无须微调模型修改参数，只需在外部灵活调整提示词输入。提示工程涉及如何设计、优化和管理这些提示词，以确保 LLM 能够准确、高效地执行用户的指令。

提示词的核心要素包括明确的任务指示、相关上下文、示例参考、用户输入以及具体的输出要求。其中，指示（Instructions）指想要模型执行的特定任务或指令；上下文（Context）指包含外部信息或额外的上下文信息，引导语言模型更好地响应；例子（Examples）指通过给出具体示例来展示期望的输出格式或风格；输入（Input）指用户输入的内容或问题；输出（Output）指定了大模型输出的类型或格式。

典型的提示词技术包含如下几种。

1. 零样本提示

零样本提示是最基础的方法，它在不提供任何示例的情况下，直接向模型输入一个问题或指令，依靠模型自身已有的知识和语言理解能力来生成回答。例如，"请简要介绍一下人工智能的发展历程"。模型会基于其预训练所学到的知识直接阐述人工智能的发展历程，从早期的萌芽阶段，到后来的几次发展浪潮等内容。零样本提示的局限性在于，对于一些复杂或不常见的任务，模型可能无法准确理解用户的意图，导致输出结果不够理想。

2. 少样本提示

少样本提示通过在提示中提供少量示例来引导模型生成特定结构或模式的输出。这些示例就像是模型的学习范例，向模型展示了用户期望的答案形式。例如，在代码生成任务中，提供一段代码示例以及相应的功能描述，模型就能更好地理解用户需求，并生成符合要求的代码。在翻译任务中，给出几个句子及其翻译示例，有助于模型在处理新句子时遵循相同的翻译模式。此外，在图 6.1 所示的问答系统中，通过前两个问题的回答，模型能更准确地回答葡萄的颜色。少样本提示技术在许多领域都取得了显著的效果，因为它为模型提供了更明确的指导,降低了理解任务的难度。

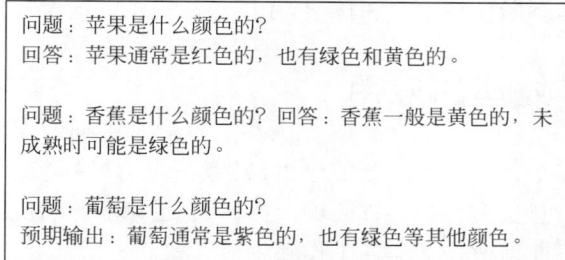

```
问题:苹果是什么颜色的?
回答:苹果通常是红色的,也有绿色和黄色的。

问题:香蕉是什么颜色的? 回答:香蕉一般是黄色的,未
成熟时可能是绿色的。

问题:葡萄是什么颜色的?
预期输出:葡萄通常是紫色的,也有绿色等其他颜色。
```

图 6.1 问答任务

3.思维链提示

思维链提示引导模型逐步进行推理和思考,将一个复杂的问题分解为多个中间步骤,通过生成一系列中间推理过程来得出最终答案。这使得推理过程更加透明,不仅提高了答案的准确性,对于涉及逻辑推理和问题解决的复杂任务尤其有效。解决一道逻辑谜题时,模型可以逐步展示其推理过程,如"首先,根据条件 A,我们可以得出结论 X;然后,结合条件 B,进一步推断出结论 Y……",最终得出答案。这种方式让用户能够清晰地了解模型的思考路径,增加对答案的信任度,同时也有助于模型在复杂任务中更准确地找到解决方案。

4.上下文提示

上下文提示为模型提供与当前对话或任务相关的具体细节和背景信息,有助于模型更好地理解问题的细微差别。模型生成回答时能够结合这些信息,给出更准确、更符合语境的答案。在一个持续的对话中,如果我们提到了之前讨论过的某个主题或事件,通过上下文提示将相关信息传递给模型,它就能基于这些背景知识进行连贯的回应。

例如,向模型中输入"计算$(3+5)×2-4$ 的值。首先计算括号内的加法:$3+5=8$。然后进行乘法运算:$8×2=16$。最后进行减法运算:$16-4=12$。所以答案是 12。请用同样的方式计算$(4+6)×3-7$ 的值。"模型会在生成回答时结合上下文提示给出预期输出"首先计算括号内的加法:$4+6=10$。然后进行乘法运算:$10×3=30$。最后进行减法运算:$30-7=23$。所以答案是 23。"

5.角色提示

角色提示是指在与语言模型交互时,为模型指定一个特定的角色身份,影响其输出的语气和风格,模型会以这个角色的口吻、立场、知识背景和语言风格来生成文本内容。赋予模型一个角色,如医生、律师和诗人等,模型会根据该角色的特点和知识背景生成相应风格的回答。当我们希望得到富有诗意的描述时,可以让模型扮演诗人的角色;而在寻求法律建议时,则让模型扮演律师。这种提示技术能够为输出增添更多的情感色彩和专业氛围,使其更符合特定场景的需求。

例如,要让模型以诸葛亮的角色来分析当前国际形势。可以这样给出角色提示:"请你以诸葛亮的身份,运用你卓越的智慧和谋略眼光,来分析一下当前国际政治格局中的一些关键问题以及可能的发展趋势。"模型可能会以一种富有谋略和远见的语言风格,结合诸葛亮所处时代的思维方式和战略观念,对当前国际形势进行独特的分析,比如可能会提到各方势力的制衡和战略要点的把握等内容,就像他在分析三国局势一样。

提示词工程是一门需要不断实践和积累的技术，要从基础场景开始练习，逐步建立个人知识库，及时总结经验，不断保持学习和探索，才能提高提示词的撰写能力。

6.4　自然语言处理的应用

自然语言处理在多个领域都有广泛的应用，典型的应用场景包括机器翻译、文本分类、语音识别、情感分析、信息检索、问答系统、聊天机器人、法律医疗、社交媒体监控和电子商务推荐。这些应用正在不断地改变人类的工作和生活方式。

6.4.1　机器翻译

机器翻译是利用计算机程序将一种自然语言自动转换为另一种自然语言的技术，是NLP的一个分支。它旨在打破语言障碍，实现不同语言使用者之间的信息交流与沟通。自计算机诞生之初，人们就想到用机器代替人进行翻译。从那时起，机器翻译就被认为是NLP领域中最具挑战性的任务之一。经过多年的发展，机器翻译经历了基于规则的翻译、统计机器翻译和神经机器翻译等多个阶段。

1. 基于规则的翻译

基于规则的翻译诞生于机器翻译发展的初期。当时计算机技术刚刚兴起，语言学家尝试运用自身对语言的理解，将语言知识转化为计算机能够处理的规则。该方法基于精心构建的语法规则和庞大的词汇知识库。

处理源语言句子时，首先借助语法分析工具，将句子拆解成符合语法规则的结构，清晰界定句子成分之间的关系，比如明确主、谓、宾和定、状、补等结构。然后依据预先设定好的翻译规则，把源语言的语法结构和词汇逐一映射到目标语言。例如，对于英文句子"I love apples"，规则规定"I"对应"我"，"love"对应"喜欢"，"apples"对应"苹果"，并按照中文语法结构组合成"我喜欢苹果"。

随着研究的深入，基于规则的翻译局限性逐渐凸显，它高度依赖人工编写规则，面对复杂的语言现象，如一词多义、复杂句式嵌套，以及丰富多样的语言变体时，规则的编写和维护难度极大，难以适应自然语言的灵活性与多样性。

2. 统计机器翻译

随着计算机性能提升和大规模数据处理能力的增强，统计机器翻译应运而生。它基于概率模型，从双语对应语料中自动学习出两种语言相对应的语言片段，并完成自动翻译。双语对应语料又称为平行语料，是指两种语言在句子级别的对应语料，例如，"我爱吃苹果 | I like eating apples"。统计机器翻译可以从平行语料中自动发现对应的语言片段。假设这一对应是词级别的，则从前面的例句中可以发现如下对应片段："我 | I""我 | like""爱 | like""吃 | eating""吃 | apples""苹果 | apples"等。显然，这些对应片段有可能是对的，也有可能是错的。算法在发现这些对应时，会给每个对应片段附加一个概率，表示该对应的可能性。图6.2给出了基于词的对应片段的一个例子。

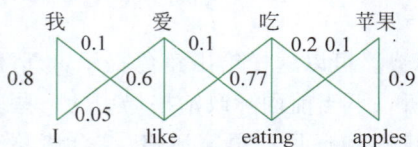

图 6.2　基于词的对应片段

将训练语料中所有可能的对应片段收集起来，即组成了一个源语言和目标语言间的映射表。映射表中的每一个源语言单词可能对应多个目标语言单词,每种对应的概率各不相同。执行翻译时,对源语言句子中的每个词,依据映射表可以选择多种可能的目标语言单词,找出目标语言句子出现概率最高的翻译结果。因此,统计机器翻译在映射表外还需要训练一个语言模型,用来判断组成的句子是否合理。总结起来,对每个可能的翻译候选,可以得到一个基于映射表的翻译概率,同时得到一个基于语言模型的语言概率,将这两个概率相乘,选择乘积最大的翻译候选,即是原句的最佳翻译。

统计机器翻译仅以词间概率为准则做机械搜索,但由于缺乏对语义的深入理解,在翻译性能上还有明显的直译痕迹,词语组合生硬的情况比较严重。

3. 神经机器翻译

深度学习为机器翻译领域带来了革命性变革。神经网络以词向量和句向量的方式学习词和句子的语义信息,从而实现对语义的"理解"。通过将源语言句子编码成一个连续的向量表示,该向量蕴含了句子的语义信息,随后借助解码过程将其转换为目标语言句子。

基于该思路,谷歌公司 2014 年提出了序列对序列的神经机器翻译模型,如图 6.3 所示。在模型中,源语言句子被一个 RNN"压缩"成句向量 S,该过程称为编码。基于句向量,另一个循环神经网络通过迭代方式生成目标翻译语言,该过程称为解码。"编码—解码"过程可以理解为语义打包的过程,在编码过程中,每个单词被映射成词向量,对词向量层层打包起来形成句向量,解码时再把这个包层层打开。由于打包的是语义而不是单词本身,因此可实现跨语言的语义重现。这一重现的语义用目标语言表示出来,即实现了翻译。

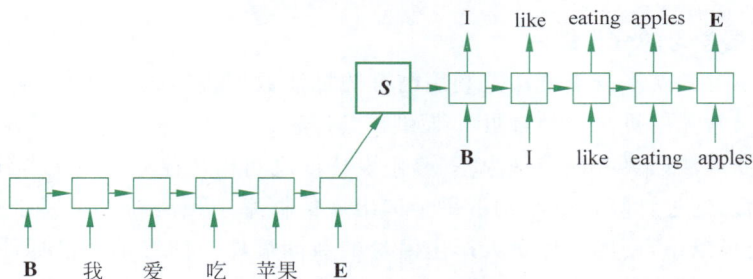

图 6.3 基于序列对序列的神经机器翻译

在序列对序列模型中,当句子较长时,固定维度的句向量 S 可能无法对整个句子的语义形成完整表达,导致翻译性能下降。Bengio 研究组 2015 年提出了一种基于注意力机制的序列对序列模型,如图 6.4 所示。该模型在翻译过程中并不依赖原语句的定长向量 S,而是在原句中寻找当前应该特别关注的位置,并基于该位置的语义进行翻译。类比人的翻译过程,基础序列对序列模型相当于读完一句话后,依靠头脑中形成的句子意义进行翻译。如果句子过长,有可能无法记住句子的全部意思,因此需要保留原句,在翻译过程中边译边回顾,保证原句中所有内容都得到了合理的翻译,这一回顾的过程即为注意力机制。

基于注意力机制的翻译模型提出后,研究者继续对该模型进行了一系列改进,使得神经网络翻译的性能大幅提升,逐渐成为机器翻译的主流。近年来,基于 LLM 的生成式人工智能迅速发展,推动了机器翻译的质量提升,同时扩展了自然语言处理的应用边界。LLM 通过预测给定提示的单词序列,涌现出预测更复杂内容的能力,从而实现了多段落响应式翻译,进一步提升了翻译质量。

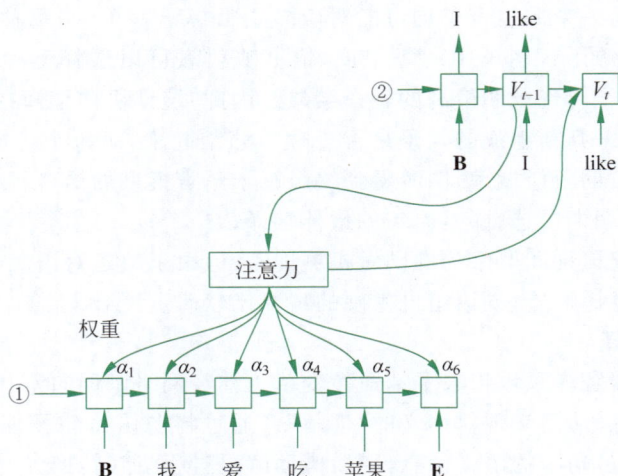

图 6.4　基于注意力机制的神经机器翻译

6.4.2　文本分类

文本分类是将文本分配到预先定义的类别中的任务,在信息检索、新闻分类和邮件筛选等领域应用广泛。文本分类的方法主要包括基于机器学习的分类算法和基于深度学习的分类算法。

1. 基于机器学习的分类算法

基于机器学习的文本分类算法是利用已有的标注数据进行模型训练,从而实现对新文本的分类预测。常见的算法有朴素贝叶斯和 SVM 等。

朴素贝叶斯算法以贝叶斯定理为基础,假设特征之间相互独立。在文本分类中,将文本看作是词的集合,通过计算每个类别下每个词出现的概率来预测新文本属于哪个类别。例如,在新闻分类场景中,新闻媒体每天产生海量的新闻稿件。训练集中已标注的体育、财经和娱乐等各类新闻就像是一个个"样本库"。朴素贝叶斯模型通过统计这些样本库中不同词汇的出现概率来进行分类。例如,在体育新闻中,"比赛""进球"和"冠军"等词汇出现的频率较高;而在财经新闻中,"股票""汇率"和"财报"等词则频繁出现。当一篇新的新闻稿件到来时,模型就依据这些概率来判断它更可能属于哪个类别。这种方法计算简单、效率高,在处理大规模文本分类任务时,能快速给出分类结果,在一些文本特征相对独立的场景下,常常能取得不错的效果。

SVM 通过寻找一个最优的超平面,将不同类别的文本数据分隔开。处理文本时,首先将文本转换为向量形式,例如,使用词袋模型或 TF-IDF(词频-逆文档频率)方法将文本向量化。然后,SVM 在向量空间中找到能够最大化两类数据间隔的超平面。以垃圾邮件分类为例,在邮件服务器中,每天会接收大量邮件,其中包含正常邮件和垃圾邮件。SVM 可以根据邮件内容中的词汇特征向量,如邮件中是否频繁出现"免费""中奖"和"优惠"等垃圾邮件常用词汇,将正常邮件和垃圾邮件区分开来。由于 SVM 在小样本、非线性分类问题上表现出色,所以在文本分类中遇到复杂的类别边界划分时,能够很好地处理,有效提高分类的准确性。

2．基于深度学习的分类算法

深度学习模型在文本分类领域展现出强大的能力，能够自动学习文本中的复杂特征，对文本进行分类。

CNN最初主要应用于图像识别领域，而后在文本分类中也得到了广泛应用。它通过卷积层、池化层和全连接层等结构自动提取文本的特征。在文本分类时，将文本中的词向量排列成类似图像的矩阵形式，卷积核在文本矩阵上滑动，提取局部的文本特征。例如，在电商平台的评论分类中，每天会产生大量的用户评论。CNN可以快速扫描评论内容，提取如"质量好""物流快"和"服务差"等关键特征，从而判断评论是对商品的好评、中评还是差评。CNN的优势在于能够高效地处理大规模文本数据，快速提取关键特征，大大提高了分类效率。而且它对文本中局部特征的捕捉能力很强，能够准确抓住决定文本类别的关键信息。

RNN特别适合处理文本序列数据。它能够考虑到文本中词与词之间的顺序关系，通过隐藏层的循环结构，将之前的信息传递到当前时刻，从而更好地理解文本的语义。例如，对学术论文进行主题分类时，RNN可以逐词处理论文摘要或正文内容，根据前文的语义信息来判断文本的主题。LSTM在分析一篇长的科技论文时，可以记住前文提到的专业术语、研究方向等关键信息，准确判断论文属于计算机科学、物理学还是生物学等学科领域，在处理长文本和复杂语义关系时，能够更加准确地分类。

6.4.3　情感分析

情感分析是指对文本的主客观性、观点、情绪、极性的挖掘和分析，对文本的情感倾向做出分类判断，在社交媒体监测、市场调研和客户反馈分析等场景中发挥着关键作用。情感分析的方法主要包括基于词典的方法、基于机器学习的方法和基于深度学习的方法。

1．基于词典的方法

基于词典的情感分析方法依赖预先构建的情感词典，词典中收纳了大量带有明确情感极性的词汇。像"喜欢""满意"和"精彩"这类词汇被标注为正面情感，而"厌恶""糟糕"和"失望"等则被标注为负面情感。在实际操作时，首先对输入文本进行分词处理，将文本拆分成一个个独立的词汇单元。然后，逐一匹配情感词典中的词汇，根据匹配到的词汇情感极性来推断整个文本的情感倾向。例如，在社交媒体监测场景中，当分析一条微博内容"今天去打卡了一家网红餐厅，环境超棒，菜品也很美味，服务还特别贴心"，通过分词后，"环境超棒""菜品美味"和"服务贴心"等词汇与情感词典中的正面词汇相匹配，从而判断这条微博表达的是正面情感。但这种方法存在明显的局限性，一旦遇到新出现的网络热词，或者语义较为模糊、具有多重含义的词汇，由于情感词典可能未涵盖，就很难准确判断其情感倾向。

2．基于机器学习的方法

基于机器学习的情感分析方法利用已标注好情感倾向的数据语料作为训练集，采用朴素贝叶斯和SVM等机器学习算法，通过训练模型来学习不同情感类别的模式和特征，根据学到的知识对新的文本进行情感分类。训练完成后，当新文本输入模型后，模型会根据文本转化后的特征向量判断该文本的情感是正面、负面还是中性。这种方法相较于基于词典的方法，能够通过学习大量数据来捕捉更复杂的情感模式，不过其性能高度依赖训练数据的质量和规模。

基于机器学习的情感分析方法主要侧重于情感特征的提取以及分类器的组合选择。不同的分类器组合会产生不同的情感分析结果。这类方法在对文本内容进行情感分析时常常不能充分利用上下文文本的语境信息，存在忽略上下文语义的问题。因此，可能会影响情感分析结果的准确性。

3. 基于深度学习的方法

基于深度学习的情感分析，是利用深度学习技术对文本所表达的情感倾向进行自动判断的过程。与传统方法相比，CNN 和 RNN 等深度学习模型能自动从大规模数据中学习复杂的语义特征，无须人工提取繁杂的文本特征工程，在情感分析领域应用广泛。在文本情感分析中，CNN 通过不同大小的卷积核在文本上滑动，能够捕捉连续多个词组成的短语特征，快速提取文本中的关键信息，适用于对文本局部特征敏感的情感分类任务。RNN 在情感分析中对文本序列的处理能力，能够有效捕捉长距离的语义依赖关系。对于一些需要结合上下文才能准确判断情感倾向的文本，RNN 表现出色。例如，在分析一篇包含转折关系的影评"电影前期节奏有点拖沓，但是结尾的反转太精彩了"时，RNN 能够理解前后文的逻辑关系，准确判断出整体情感倾向为正面。

与其他方法相比，基于深度学习的情感分类方法具有多种优点：①能够自动进行特征学习。深度学习模型能自动从大量文本数据中学习有效的特征表示，无须人工手动设计复杂的特征工程，减少了人力成本和主观因素的影响。②具有强大的表示能力。可以捕捉文本中复杂的语义关系和上下文信息，如长距离依赖关系和语义组合性等，从而更准确地判断情感倾向。③模型适应性强。对不同领域、不同类型的文本数据具有较好的适应性，通过在大规模多样的数据上训练，模型能学习到通用的情感特征模式。

6.5 知识图谱及其应用

从最初的谷歌公司搜索服务到如今的聊天机器人、大数据风险控制、证券投资策略、智能医疗服务、个性化教育方案以及推荐算法等多样化应用，知识图谱都扮演着不可或缺的角色。它为这些应用提供了强大的支持，使得信息检索更准确，决策过程更智能，服务更个性化。

知识图谱这一概念最早由谷歌公司在 2012 年提出，初衷是为了打造更为智能化的搜索引擎。此后，这一概念迅速在学术界和工业界推广，并自 2013 年起逐渐普及。随着智能信息服务的不断进步，知识图谱的应用范围已经扩展到了智能搜索、自动问答和情报分析等多个领域。使用知识图谱，可以将互联网上的信息、数据以及它们之间的联系整合成有用的知识，信息资源更容易被处理、理解和评估。

6.5.1 知识图谱概念

知识图谱是一种结构化的知识库，它以图的形式表示和存储现实世界中的实体、概念及关系。如图 6.5 所示，节点代表现实世界中的实体，每个实体通常由一个唯一的标识符表示；边则表示这些实体之间的关系。

知识图谱的基本组成单位是形如"（实体，关系，实体）"的三元组。其中，实体通过关系相互连接，构成了一个网状的知识结构。实体是指现实世界中的具体事物，例如图 6.5 中的人物"图灵"、地点"英国"和组织机构"谷歌公司"等；概念则是对实体的抽象概括，如图 6.5

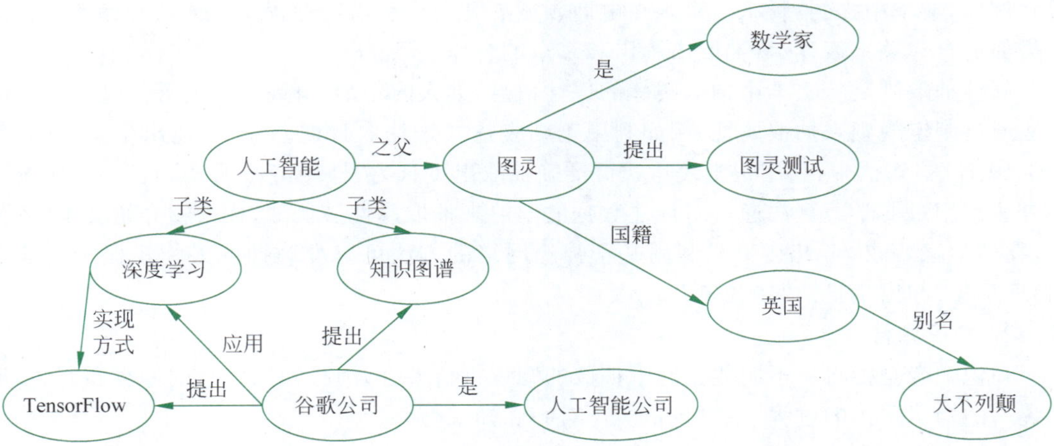

图 6.5　知识图谱

中的"数学家"和"人工智能公司"等；关系则描述了实体与实体之间、实体与概念之间的联系，如图 6.5 中的"提出""国籍"和"别名"等。三元组"（图灵，国籍，英国）"表示现实中的事实"图灵是英国国籍"。通过这种方式，知识图谱将碎片化的知识有序连接起来，构建成一个有机的知识网络，便于计算机理解和处理知识。

知识图谱的构建是一个复杂且系统的工程，主要包括知识抽取、知识融合以及知识推理等关键环节。

1. 知识抽取

知识抽取是从各种数据源中提取知识元素，将非结构化或半结构化数据转化为结构化知识的过程，主要涉及实体抽取、关系抽取和属性抽取。

实体抽取是指从文本数据中识别出具有特定意义的实体，如人名、地名和组织机构名等，以及有意义的时间或名词性短语。经过实体抽取之后得到的命名实体、普通名词短语以及代词等称为实体，实体抽取的准确性将直接影响知识抽取的质量和效率。早期实体抽取方法采用基于规则的方法，主要面向单一领域，关注如何识别出文本中的机构名、人名和地名等专有名词的实体信息。它存在可扩展性差且难以适应数据变化的缺陷，需要耗费大量人力手工处理。为了解决这些问题，人们相继提出了基于规则和监督学习相结合的方法以及海量数据自学习方法等。

关系抽取主要是从文本中抽取出实体之间的语义关系，如"父子关系""雇佣关系"和"因果关系"等。与实体抽取相比，关系抽取更加复杂，因为大多数关系都有一定的隐含性（即关系表示不明显）和关系自身的复杂性（即不同实体之间有多对关系或者同一实体的不同关系）。基于模板的方法通过人工编写模板来匹配文本中的关系，如"[实体 1]是[实体 2]的父亲"。例如，在"李渊是李世民的父亲"这句话中，通过模板匹配可确定李渊和李世民之间的父子关系。基于监督学习的方法利用标注数据训练分类模型来判断实体之间的关系。比如判断"马云和阿里巴巴"的关系时，通过训练好的分类模型，能判断出马云和阿里巴巴是创建者与企业的关系。基于远程监督的方法则利用已有的知识库（如 Freebase、Wikipedia 等），通过对齐文本和知识库中的实体自动标注关系数据，从而训练关系抽取模型。例如，处理企业相关文本时，通过远程监督方法可以从大量文本中抽取出企业之间的合作关系、竞争关系等。例如，文本中提到"腾讯与京东在电商领域展开合作"，借助远程监督方法和参考知识库中类似的合作关系表述，可抽取出腾讯和京东的合作关系。

属性抽取则是从文本中抽取实体的属性信息，如人的年龄、身高和职业等。基于规则的方法通过制定规则来抽取属性，例如利用正则表达式来抽取日期。如在"他出生于1990年5月10日"这句话中，利用正则表达式可准确抽取出生日为"1990年5月10日"。基于统计的方法利用机器学习算法通过对标注数据的学习来抽取属性。例如，在人物介绍文本"杨振宁，物理学家，1922年出生"中，利用基于神经网络的方法可以准确抽取人物杨振宁的职业"物理学家"和出生日期"1922年"。

2. 知识融合

知识融合是指将从不同数据源中抽取的知识进行整合，消除知识之间的冲突和冗余，形成统一的知识图谱的过程，主要包括实体对齐和知识合并。

实体对齐也称为实体消解，是判断不同数据源中的实体是否指向同一真实世界对象的过程。基于属性的方法通过比较实体的属性值（如人名、地名的拼写和发音）来判断实体是否对齐。例如，在不同的新闻报道中，一篇说"乔丹"，另一篇说"迈克尔·乔丹"，通过对比名字的属性（都指向同一篮球巨星），可判断为同一实体。基于结构的方法则通过比较实体在知识图谱中的结构信息来判断实体是否对齐，如可利用邻居节点和关系等结构信息。例如，在一个关于人物关系的知识图谱中，若两个名为"张小明"的节点其邻居节点都是"张三"（父亲）和"李四"（母亲），则可判断这两个"张小明"很可能是同一实体。基于机器学习的方法可通过训练分类模型来判断实体是否对齐。例如，在整合不同网站的人物信息时，通过机器学习模型可以准确判断不同来源的人物信息是否属于同一人物。比如整合微博和知乎上关于某位明星的信息时，机器学习模型通过分析姓名、生日和职业等特征来判断这些信息是否指向同一明星。

知识合并是将对齐后的实体的知识进行合并，消除知识之间的冲突和冗余的过程。基于规则的方法通过制定规则来合并知识，例如对于相同实体的不同属性值，选择可信度最高的值。举例来说，合并关于某部电影的评分时，一个网站评分为8分，另一个网站评分为8.5分，若设定权威网站的评分可信度高，当权威网站评分为8.5分时，则采用8.5分作为该电影的最终评分。也可利用基于机器学习的方法来自动合并知识。例如，合并关于同一产品的不同描述信息时，通过机器学习模型可以自动整合这些信息，消除重复和矛盾的内容。假设不同电商平台对某款手机的描述存在差异，机器学习模型可综合各平台描述提取关键信息，合并成完整且准确的手机产品介绍。

3. 知识推理

知识推理是利用已有的知识图谱，通过推理规则和算法推导出新的知识或结论的过程，主要包括基于规则的推理和基于机器学习的推理。

基于规则的推理通过制定一系列的推理规则，如"若A是B的父亲，B是C的父亲，则A是C的祖父"来推导出新的知识。基于规则的推理具有明确的语义和良好的可解释性，但规则的编写和维护成本较高，且推理效率较低。例如，在家族关系知识图谱中，已知"刘备是刘禅的父亲"和"刘禅是刘谌的父亲"，通过定义的规则可以推导出"刘备是刘谌的祖父"。

基于机器学习的推理则利用机器学习算法从数据中学习知识之间的关联和模式，从而实现知识的推理。基于机器学习的推理具有较强的泛化能力和推理效率，但模型的可解释性较差。例如,在金融知识图谱中,利用深度学习模型,可以根据企业的财务数据、市场行情等信息推理出企业的信用风险和发展趋势。假设一家企业连续几年利润下滑,市场份额减少,通过深度学习模型对大量类似企业数据的学习,可推理出该企业信用风险增加,发展趋势不容乐观。

6.5.2　知识图谱应用

知识图谱作为一种强大的知识表示和处理工具,在智能搜索、智能问答、推荐系统、医疗和金融等多个领域都有着广泛且深入的应用,为各领域的智能化发展提供了有力支持。

1. 智能搜索

在传统的搜索模式下,搜索引擎主要依据关键词匹配来返回搜索结果,往往无法准确理解用户的真实意图。而知识图谱的引入改变了这一现状。以搜索引擎为例,当用户输入"苹果公司创始人的妻子"时,知识图谱凭借其对实体和关系的理解,能够迅速在已构建的知识体系中定位"苹果公司""创始人"和"妻子"等实体及它们之间的关系,直接返回如"苹果公司创始人史蒂夫·乔布斯的妻子是劳伦·鲍威尔"这样精准的答案,而不是大量包含"苹果公司""创始人"和"妻子"这些关键词的网页链接。这不仅节省了用户筛选信息的时间,还大大提高了搜索结果的准确性和相关性,让用户能够更高效地获取所需知识。

2. 智能问答

智能问答系统借助知识图谱来理解用户问题,并从知识图谱中检索相关知识生成答案。例如,在智能客服场景中,当用户询问"如何申请退款"时,基于知识图谱的智能客服系统能够解析出问题中的关键实体"退款",并在知识图谱中查找与之相关的退款流程、条件等知识,然后以清晰明了的方式回答用户,如"您可以在订单详情页面单击'申请退款'按钮,按照提示填写退款原因和相关信息,提交申请后,我们会在[X]个工作日内处理您的退款请求"。在教育领域的智能辅导系统中,学生提问"牛顿第二定律的内容是什么",系统通过知识图谱能够准确找到牛顿第二定律的定义、公式和应用场景等知识,为学生提供详细的解答,实现了个性化的学习辅导。

3. 推荐系统

在电商推荐系统中,知识图谱整合了商品的属性、用户的购买历史、浏览行为以及商品之间的关联关系等多方面知识。例如,当用户浏览了一款智能手表后,推荐系统利用知识图谱分析,不仅会推荐同品牌的其他智能手表,还会推荐与智能手表相关的表带、充电器等配件,以及具有相似功能或定位的其他品牌智能手表。在音乐推荐系统中,知识图谱可以根据歌手、音乐风格和专辑等实体之间的关系推荐风格相似的音乐。如果用户喜欢周杰伦的歌曲,系统会根据知识图谱中周杰伦音乐风格与其他歌手的关联,推荐如林俊杰和方大同等同类型风格歌手的歌曲,提升用户的满意度和使用体验。

4. 医疗领域

知识图谱在医疗领域发挥着重要作用,整合了疾病症状、诊断方法、治疗方案和药物信息等多方面的知识。在辅助医生诊断决策时,当患者描述症状如"咳嗽、发热和乏力",医生输入这些症状到基于知识图谱的医疗辅助诊断系统中,系统首先通过知识图谱识别出这些症状可能关联的疾病,如流感、肺炎等。然后,根据知识图谱中疾病与诊断方法的关系推荐进一步的检查项目,如血常规、胸部CT等,以明确诊断。在确定疾病后,再依据知识图谱中疾病与治疗方案、药物的关系为医生提供治疗建议，如对于流感，推荐使用奥司他韦等抗病毒药物，并给出药物的使用剂量和疗程。同时，知识图谱还可以根据患者的过敏史、基础疾病等信息对治疗方案进行优化，避免药物的相互作用和不良反应，提高医疗诊断的准确性和治疗效果。

5. 金融领域

在金融风险评估方面，知识图谱整合了企业的财务数据、股权结构、信用记录和行业动态等信息。例如，银行在评估企业贷款风险时，通过知识图谱分析企业的财务状况，如资产负债率、盈利能力等，同时考虑企业的股权结构是否稳定，是否存在关联交易风险，以及企业所处行业的发展趋势和竞争态势。如果一家企业的资产负债率过高，股权结构复杂且存在频繁的关联交易，同时所处行业面临激烈竞争和市场下行压力，基于知识图谱的风险评估，系统会判定该企业贷款风险较高，银行审批贷款时会更加谨慎。在投资决策方面，知识图谱可以帮助投资者分析不同投资产品之间的关联关系，如股票、基金和债券等，根据市场动态和企业信息为投资者提供合理的投资组合建议，降低投资风险，提高投资收益。

6.6　自然语言处理实践

本实验采用 IMDb 影评数据集，它是自然语言处理领域经典的影评数据集，包含 50 000 条影评，分为训练集和测试集，且每条影评都标注了正面或负面情感，适合进行情感分析；同时可根据电影类型（如剧情、科幻和喜剧等）进行文本分类，该数据集可以通过 torchtext 库方便地加载。在实验中，还会用到 NLTK 库、TextBlob 库和 PyTorch 库。其中，NLTK 提供文本预处理工具，包括分词、词性标注和停用词处理等，为后续分析奠定基础。TextBlob 提供了简单易用的情感分析接口，能快速判断影评的情感倾向。PyTorch 作为强大的深度学习框架，用于搭建和训练文本分类与情感分析模型。

6.6.1　数据加载与预处理

在数据加载与处理中，实现对 IMDB 影评数据集的加载，去掉语料中的停用词，并对文本进行分词，最后创建并加载训练集和测试集。

代码如下。

```
import nltk
import torch
from torch.utils.data import Dataset, DataLoader
from torchtext.datasets import IMDB
from nltk.corpus import stopwords
from nltk.tokenize import word_tokenize
import string

nltk.download('punkt')
nltk.download('stopwords')

stop_words = set(stopwords.words('english'))
punctuations = set(string.punctuation)

def preprocess_text(text):
```

```
    tokens = word_tokenize(text.lower())
    filtered_tokens = [token for token in tokens if token not in stop_words and token not in
punctuations]
    return " ".join(filtered_tokens)

class ReviewDataset(Dataset):
    def __init__(self, split):
        self.sentences = []
        self.labels = []
        for label, sentence in IMDB(split = split):
            self.sentences.append(preprocess_text(sentence))
            self.labels.append(1 if label == 'pos' else 0)

    def __len__(self):
        return len(self.sentences)

    def __getitem__(self, idx):
        text = self.sentences[idx]
        label = self.labels[idx]
        return text, label

train_dataset = ReviewDataset('train')
test_dataset = ReviewDataset('test')
train_dataloader = DataLoader(train_dataset, batch_size = 32, shuffle = True)
test_dataloader = DataLoader(test_dataset, batch_size = 32, shuffle = False)
```

在以上代码中,首先导入所需的库,NLTK 用于文本预处理,Dataset 和 DataLoader 用于构建和加载数据集,IMDb 用于加载 IMDb 影评数据集,stopwords 用于获取停用词,word_tokenize 用于分词。使用 nltk.download('punkt')和 nltk.download('stopwords')下载分词和停用词相关资源。

preprocess_text 函数用于对输入文本进行预处理,先将文本转换为小写,然后使用 word_tokenize 进行分词,再过滤掉停用词和标点符号,最后将处理后的词重新拼接成文本。

ReviewDataset 类继承自 Dataset,用于构建数据集。在__init__方法中,遍历 IMDb 数据集中指定 split('train'或'test')的每一条数据,对影评进行预处理后存入 self.sentences,并将情感标签(正面为 1,负面为 0)存入 self.labels。

创建训练集 train_dataset 和测试集 test_dataset,并使用 DataLoader 分别加载训练集和测试集,设置 batch_size 为 32,训练集 shuffle=True 表示打乱数据顺序,测试集 shuffle=False 表示保持原有顺序。

6.6.2 基于 TextBlob 的可视化情感分析

TextBlob 是一个基于 NLTK 和 Pattern 库的 Python 库,专门用于简化 NLP 任务。它提供了一系列方便的接口和方法来处理文本数据,包括情感分析、翻译和词性标注等功能。这里使用 TextBlob 库对 IMDb 影评数据集中的 1 个批量的影评文字进行情感分类,并使用 Matplotlib 库将情感分析结果以柱状图的形式进行可视化展示。

代码如下。

```
from textblob import TextBlob
import matplotlib.pyplot as plt
```

```
plt.rcParams['font.sans-serif'] = ['SimHei']
plt.rcParams['axes.unicode_minus'] = False

def analyze_sentiment(text):
    blob = TextBlob(text)
    sentiment_score = blob.sentiment.polarity
    return sentiment_score

iter_loader = iter(train_dataloader)
# 获取第一个 batch 的数据
texts, labels = next(iter_loader)

sentiments = []
for text in texts:
    sentiment = analyze_sentiment(text)
    sentiments.append(sentiment)

sentiment_colors = ['lightblue' if v <= 0 else 'lightgreen' for v in sentiments]
sentiment_hatch = ['/' if v <= 0 else '\\' for v in sentiments]

plt.figure(figsize = (10, 6))
plt.bar(range(1, len(sentiments) + 1), sentiments, color = sentiment_colors, edgecolor =
"black", hatch = sentiment_hatch)
plt.xlabel("评论索引")
plt.xticks(rotation = 45)
plt.ylabel("情感倾向")
plt.title("IMDb 评论情感分析")
plt.axhline(y = 0, color = 'r', linestyle = '--')
plt.show()
```

可视化情感分析结果如图 6.6 所示。

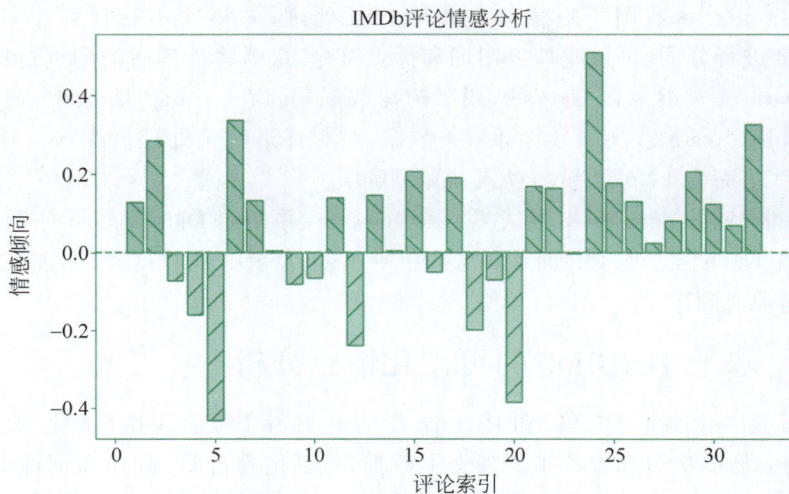

图 6.6 IMDb 评论情感分析可视化

在以上代码中，首先从 textblob 库中导入 TextBlob 类。定义 analyze_sentiment_with_textblob 函数实现情感分类。在函数内部，创建 TextBlob 对象 blob，通过 blob.sentiment.polarity 获取文本的情感极性得分，得分范围是[−1,1]，大于 0 表示正面情感，小于 0 表示负面情感。从 train_dataloader 中取出第一个批次，即 32 条评论数据，调用 analyze_sentiment 函数进行情感分析。最后，绘制条形图可视化评论文字的情感，其中正向条形图代表负面情感，负向条形图表示正面情感。

6.6.3　基于 PyTorch 的文本分类模型构建

基于 PyTorch 架构，构建用于文本情感分类的神经网络模型。代码如下。

```
import torch.nn as nn
import torch.optim as optim

class TextClassifier(nn.Module):
    def __init__(self, vocab_size, embedding_dim, hidden_dim, num_classes):
        super(TextClassifier, self).__init__()
        self.embedding = nn.Embedding(vocab_size, embedding_dim)
        self.fc1 = nn.Linear(embedding_dim, hidden_dim)
        self.fc2 = nn.Linear(hidden_dim, num_classes)
        self.relu = nn.ReLU()

    def forward(self, x):
        x = self.embedding(x)
        x = torch.mean(x, dim = 1)
        x = self.fc1(x)
        x = self.relu(x)
        x = self.fc2(x)
        return x
```

在以上代码中，先导入 torch.nn 和 torch.optim，分别用于构建神经网络模型和优化器。定义 TextClassifier 类，继承自 nn.Module，用于构建文本分类模型。在__init__方法中，初始化模型的各个层，包括嵌入层 self.embedding，将输入的文本索引转换为向量表示；全连接层 self.fc1 和 self.fc2 用于特征提取和分类；激活函数为 self.relu。在 forward 方法中，定义模型的前向传播过程，输入的文本先经过嵌入层，然后对每个词向量在维度 1 上取平均值，得到文本的向量表示，再依次经过全连接层和激活函数，最后输出分类结果。

6.6.4　分类模型训练

将上文构建好的神经网络分类模型在训练集上进行训练，每个训练回合结束后，打印训练的损失值。代码如下。

```
from torchtext.vocab import build_vocab_from_iterator
from torch.nn.utils.rnn import pad_sequence

def yield_tokens(data_iter):
    for texts, _ in data_iter:
        for text in texts:
            yield text.split()

vocab = build_vocab_from_iterator(yield_tokens(train_dataloader),
                                  specials = ['<unk>', '<pad>'])
vocab.set_default_index(vocab['<unk>'])

device = torch.device("cuda" if torch.cuda.is_available() else "cpu")
```

```
model = TextClassifier(len(vocab), 128, 64, 2).to(device)
criterion = nn.CrossEntropyLoss()
optimizer = optim.Adam(model.parameters(), lr = 0.001)
text_pipeline = lambda x: [vocab[token] for token in x.split()]

for epoch in range(10):
    total_loss = 0.0
    correct = 0
    total = 0
    model.train()
    for texts, labels in train_dataloader:
    text_indices = [torch.tensor(text_pipeline(text), dtype = torch.long) for text in texts]
        texts = pad_sequence(text_indices, batch_first = True,
                    padding_value = vocab['<pad>']).to(device)
        labels = torch.tensor(labels).to(device)
        optimizer.zero_grad()
        outputs = model(texts)
        loss = criterion(outputs, labels)
        loss.backward()
        optimizer.step()
        _, predicted = torch.max(outputs.data, 1)
        total += labels.size(0)
        correct += (predicted == labels).sum().item()
        total_loss += loss.item()

    print(f'Epoch {epoch + 1}, Loss: {total_loss/total} | Train Acc: {correct/total * 100:.2f}%')
```

在以上代码中，首先从 torchtext.vocab 中导入 build_vocab_from_iterator，用于构建词汇表。定义 yield_tokens 函数，接收数据迭代器作为参数，遍历数据迭代器中的每一条文本数据，将文本按空格分割后生成词迭代器。

使用 build_vocab_from_iterator，根据训练数据集中的文本构建词汇表 vocab，并设置 <unk> 为默认索引，用于处理未登录词。根据是否有可用的 GPU 选择设备 device。创建 TextClassifier 模型实例，传入词汇表大小、嵌入维度、隐藏层维度和类别数，并将模型移动到指定设备上。定义损失函数 criterion 为交叉熵损失函数，优化器 optimizer 为 Adam 优化器，设置学习率为 0.001。

进行 10 个 epoch 的训练，在每个 epoch 中，将模型设置为训练模式 model.train()，遍历训练数据加载器 train_dataloader，将文本数据转换为向量，并映射到词汇表索引，再移动到指定设备上，同时将标签也转换为向量，并移动到设备上。在每次迭代中，先将优化器的梯度清零 optimizer.zero_grad()，然后进行前向传播，得到模型输出 outputs，计算损失 loss，再进行反向传播 loss.backward() 计算梯度，最后使用优化器更新模型参数 optimizer.step()。每个 epoch 结束后，打印当前 epoch 和损失值。

上述代码展示了从数据处理到模型训练的完整流程，通过这些示例可以逐步学会调整模型参数，优化数据预处理步骤，或者尝试不同的模型架构，深入掌握文本分类和情感分析技术。如果想进一步评估模型效果，还可以添加模型评估代码，计算准确率、召回率等指标。

6.7　本章小结

　　本章系统阐述了自然语言处理(NLP)的技术体系与发展趋势。作为连接人类语言与机器理解的桥梁,NLP通过融合语言学、计算机科学和数学等多学科知识,致力于实现人机自然语言交互这一终极目标。本章首先厘清NLP的基本概念、发展历程和处理过程,接着从自然语言理解和自然语言生成两个方面阐述NLP的核心任务,确立技术边界;其次深入剖析自然语言处理中的核心任务语言模型,从语言模型的机理、大语言模型、提示词工程等方面阐述语言模型的技术演进路线;接着以机器翻译、文本分类和情感分析等3个典型任务来讲解自然语言处理的应用场景;随后,以自然语言处理中的智能化交互和决策入手,以知识图谱协助计算机理解人类语言为背景,介绍知识图谱的概念、构建方法和应用场景;最后,以IMDb影评数据集为基础,通过实践案例深入理解文本情感分析和基于神经网络的文本分类任务。

## 第 7 章

计算机视觉

思维导图：

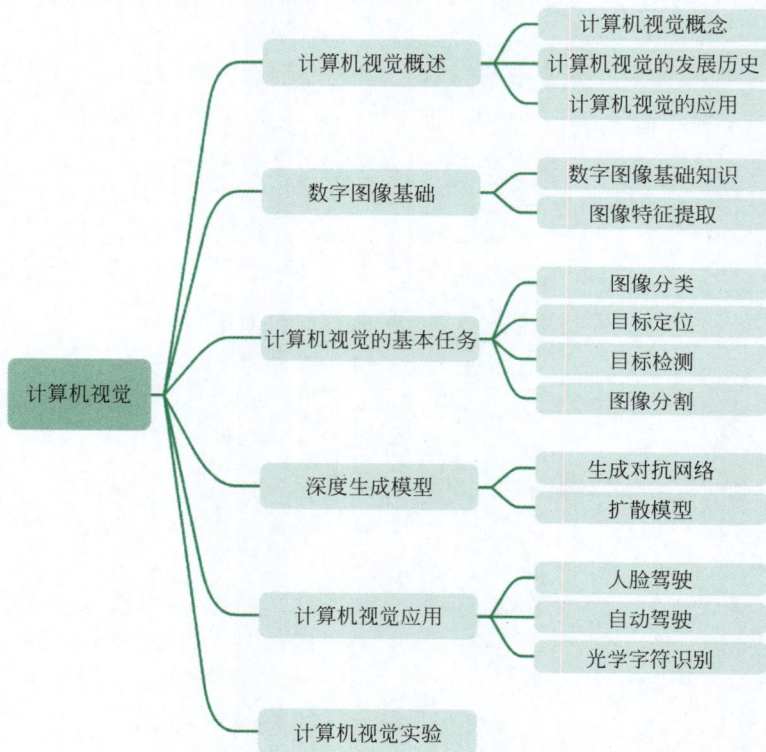

学习目标：

- 了解计算机视觉的基本概念
- 了解数字图像的基础知识
- 理解计算机视觉的基本任务
- 了解深度生成模型及其应用场景
- 掌握图像分类任务的代码实现

7.1　计算机视觉概述

7.1.1　视觉及计算机视觉概念

在生理学上,视觉的产生都始于视觉器官感受细胞的兴奋,并于视觉神经系统对收集到的信息进行加工之后形成。人类通过视觉直观地了解眼前事物的形体和状态。著名实验心理学家赤瑞特拉通过实验证实,人类获取信息的83%来自视觉,11%来自听觉,剩下的6%来自嗅觉、触觉、味觉。对于人类来说,视觉无疑是最重要的一种感觉。不仅人类是"视觉动物",对于大多数动物来说,视觉也都起到十分重要的作用。通过视觉,人和动物感知外界物体的大小、明暗、颜色、动静,获得对机体生存具有重要意义的各种信息,通过这些信息能够得知周围的世界是怎样的,以及如何和世界交互。

在计算机视觉出现之前,图像对于计算机来说是黑盒的状态。一张图像对于计算机来说只是一个文件、一串数据。计算机并不知道图像里的内容是什么,只知道图像的尺寸、大小和格式等等。因此,半个世纪以来,计算机科学家一直在想办法让计算机也拥有视觉,从而产生了"计算机视觉"这个领域。

计算机视觉(Computer Vision)是一门研究如何使计算机"看懂"图像和视频,从而理解和处理视觉信息的科学。它涉及对数字图像的获取、处理、分析和理解,并从中提取高维数据,以供进一步处理,结合了计算机科学、人工智能、信号处理和神经科学等多个学科的知识。其目标是通过计算机来模拟人类视觉系统的功能,使计算机能够从图像或多维数据中获取有用信息,并做出相应的判断和决策。

7.1.2　计算机视觉的发展历史

计算机视觉的发展历程是一个跨越数十年的逐步演变过程,涵盖了从早期的图像处理技术到现代深度学习方法的持续创新。

1. 早期阶段(1960s—1980s)

这一时期,计算机视觉处于发展初期,主要聚焦于从图像中提取低级特征。当时出现的边缘检测算法,例如,Sobel 算子、Prewitt 算子等,都是基于图像灰度的一阶或二阶导数,通过计算像素邻域的梯度来确定边缘位置。例如,Sobel 算子运用 3×3 的模板对图像进行卷积操作,分别计算水平和垂直方向的梯度,以此检测出图像中的边缘。角点检测算法以Moravec 角点检测算法为代表,计算图像中每个像素在多个方向上的灰度变化,当某个像素在多个方向上都有较大的灰度变化时,就将其判定为角点。1966 年,Larry Roberts 教授开展"三维实体的机器感知"项目,首次尝试让计算机理解三维物体,并提出 Roberts 算子,成功从简单的三维物体图像中提取出边缘信息,开启了计算机视觉研究的先河。

2. 几何和推理阶段(1980s—1990s)

这一时期,研究方向转向几何形状的表示与推理。霍夫变换(Hough Transform)是一种在图像中检测几何形状的方法,常用于检测直线、圆等,作为重要技术被广泛应用。其原理是将图像空间中的点映射到参数空间,通过在参数空间中寻找峰值来确定几何形状的参数。例如,检测直线时,将直线的参数(斜率和截距)作为参数空间的坐标轴,图像中的每个点会在参数空间中对应一条曲线，多条曲线的交点就代表了图像中的直线。同时，基于模型的目标识别算法也得到发展，它通过建立物体的几何模型，匹配图像中的特征与模型来识别物体。例如，使用 3D 模型来描述物体的形状和结构，再通过计算图像特征与模型特征之间的相似度来实现目标识别。1987 年，大卫·马尔（David Marr）的著作《视觉计算理论》出版，系统阐述了从计算理论、算法和实现三个层次来理解视觉信息处理的方法，为计算机视觉的发展奠定了理论基础，推动了基于几何和推理的计算机视觉研究。

3. 统计学习阶段（2000s—2010s）

随着机器学习和计算能力的进步，21 世纪初的前 10 年，统计学习方法在计算机视觉中得到广泛应用。SVM 作为一种二分类模型，其基本模型定义为特征空间上间隔最大的线性分类器，通过寻找一个最优的超平面，不同类别的样本点到该超平面的距离最大化，在多分类问题中，可以通过组合多个二分类 SVM 来实现。Adaboost 算法作为一种迭代的 boosting 算法，通过不断调整样本的权重，让分类器更加关注那些难以分类的样本，每次迭代都会训练一个弱分类器，然后将这些弱分类器组合成一个强分类器，提高分类的准确性。2005 年，PASCAL VOC（Visual Object Classes）挑战赛开始举办，它提供了标准的数据集和评估指标，推动了统计学习方法在目标检测、图像分类等任务中的应用和发展。众多研究团队在该挑战赛中展示了基于统计学习的优秀算法，促进了计算机视觉的技术交流和进步。

4. 深度学习阶段（2010s 至今）

2010 年至今，深度学习技术迅速发展，特别是 CNN 在图像识别、分类和检测等方面取得了突破性进展。CNN 由卷积层、池化层和全连接层组成，其中，卷积层通过卷积核在图像上滑动提取图像中的局部特征，池化层对卷积层提取的特征图进行下采样处理，降低空间维度，以减少计算量，全连接层用于将卷积层和池化层提取的特征进行全局分析和决策。例如，在 2012 年的 ImageNet 大规模视觉识别挑战赛中，AlexNet 首次采用深层的 CNN 结构（包含 5 个卷积层和 3 个全连接层），取得了远超传统方法的分类准确率。其 Top-5 错误率比第二名降低了 10.9 个百分点，震撼了计算机视觉领域，标志着深度学习在计算机视觉中的崛起。此后，深度学习模型不断刷新在各种计算机视觉任务中的性能记录，推动了计算机视觉技术在各领域的广泛应用。

近年来，Transformer 架构在计算机视觉领域异军突起。Transformer 最初是为自然语言处理设计，它基于自注意力机制，能让模型在处理序列时关注不同位置的信息，从而捕捉长距离依赖关系。在计算机视觉中，Vision Transformer（ViT）将图像划分为多个小块，将这些小块视为序列中的元素，输入 Transformer 进行处理，打破了 CNN 长期在视觉领域的主导地位，在图像分类、目标检测等任务中展现出优异性能。

该时期，深度生成模型也取得了重大突破。深度生成模型通过学习输入数据的潜在分布，生成与训练数据特征相似的样本数据。典型的深度生成模型包括 VAE、GAN 和扩散模型（Diffusion Model）等。VAE 是一种结合了深度学习和概率图模型的生成模型，其结构分为编码器和解码器两部分，本质是对数据分布进行建模。编码器将输入数据映射到低维潜在空间的均值和标准差，捕捉数据的重要特征即将输入数据压缩为低维的数据。编码器通常是一个神经网络，通过对输入数据进行多层非线性变换提取数据的特征，然后输出潜在空间的参数。例如，对于图像数据，编码器通过卷积层和池化层来逐渐降低数据的维度，提取出图像的高层特征，最后通过全连接层输出潜在空间的均值和标准差。解码器则是将潜在空间中的变量映射回数据空间,生成与输入数据相似的重构数据。解码器的结构与编码器相反,从潜在空间的数据开始,通过多层非线性变换逐渐恢复出原始数据的维度和特征。例如,对于图像数据,解码器可能会使用反卷积层来逐步放大特征图,最终生成与输入图像大小相同的重构图像。GAN 通过对抗过程来学习生成数据,其核心思想是让两个神经网络——生成器(Generator)和判别器(Discriminator)进行对抗博弈,从而不断优化生成器的性能,使其能够生成逼真的数据样本。通过这种对抗学习的方式,GAN 能够学习到真实数据的分布,并生成具有相似分布和特征的数据样本。与 VAE 相比,GAN 生成的样本通常具有更高的分辨率和更丰富的细节,在生成图像任务中,GAN 能够生成逼真的图像,其视觉效果往往更接近真实照片。扩散模型通过模拟自然界中的扩散过程来生成新数据,能够生成高质量、多样化的图像、音频等多种类型的数据。其核心思想是通过逐步向数据添加噪声,学习如何逆转这一过程,以生成新的数据样本。与 GAN 相比,扩散模型能够生成细节丰富、逼真的数据,在生成图像任务中,生成的样本往往具有更高的质量,在图像质量和多样性上都表现出色。GAN 虽然也能生成高质量图像,但可能存在一些视觉瑕疵或不自然的地方。

图像大模型的发展也成为计算机视觉领域的重要趋势。图像大模型基于海量图像数据进行预训练,具备强大的特征提取和语义理解能力。例如,一些图像大模型可以实现图像生成、图像编辑、图像描述等多种功能,只需输入简单的文本描述,就能生成逼真的图像,或者对已有图像进行精准编辑。这些模型极大地拓展了计算机视觉的应用边界,在创意设计、影视制作、智能安防等行业得到了广泛应用,推动计算机视觉技术朝着更加智能化、通用化的方向发展。

7.1.3　计算机视觉的应用

随着计算机视觉技术的快速发展,其在各个领域中的应用日益广泛和深入。从简单的图像处理到复杂的智能系统,计算机视觉不仅提升了生产效率,还改善了人类生活的各个方面。本节将探讨计算机视觉在几个关键领域的应用,包括安防监控与智能交通、医学影像处理以及工业制造与机器人技术。

1. 安防监控与智能交通

在安防监控领域,通过监控摄像头采集视频图像,利用目标检测算法,系统能够实时识别出人员、车辆、物体等目标,并对异常行为进行预警。例如,当检测到有人闯入限制区域、在公共场所出现打斗行为或长时间停留等异常情况时,系统会自动发出警报,通知安保人员。同时,人脸识别技术也广泛应用于安防监控,通过与数据库中的人脸信息进行比对实现人员身份识别,可用于门禁系统、机场安检、刑侦破案等场景,提高了安全性和管理效率。

在智能交通系统中,计算机视觉技术助力实现交通流量监测、自动驾驶辅助和违章行为识别等功能。交通摄像头可以实时监测道路上的车辆数量、车速、车道占用情况等信息,为交通管理部门提供数据支持,以便合理调控交通信号灯时长,优化交通流量。在自动驾驶领域,计算机视觉是核心技术之一。车载摄像头能够识别道路标志、标线、车辆和行人等,为自动驾驶汽车提供环境感知信息。例如,通过识别前方车辆的距离和速度自动调整车速和车距;识别交通信号灯的状态,决定车辆的行驶或停止。此外,计算机视觉还可以识别违章行为,如闯红灯、超速、违规变道等,提高交通执法的效率和准确性。

2. 医学影像处理

计算机视觉在医学影像处理中能够辅助医生进行疾病诊断。对于 X 光、CT、MRI 等医学影像，计算机视觉算法可以对图像进行分析，检测出病变区域。例如，在肺部 CT 影像中识别出肺部结节，并通过分析结节的大小、形状、密度等特征判断其良恶性，为医生提供诊断参考。在乳腺癌诊断中，计算机视觉技术可以对乳腺钼靶图像进行分析，检测出微小钙化灶和肿块，提高早期乳腺癌的检出率。

在手术过程中，增强现实（Augmented Reality，AR）技术可以为医生提供手术导航和辅助。AR 技术借助光电显示技术、交互技术、多种传感器技术和计算机图形与多媒体技术，将计算机生成的虚拟环境与用户周围的现实环境融为一体，使用户从感官效果上确信虚拟环境是其周围真实环境的组成部分。通过对术前医学影像的处理和分析构建患者的三维解剖模型，医生可以在手术前进行虚拟手术规划，了解病变部位与周围组织的关系。在手术过程中，外科医生借助 AR 技术能够实时看到患者的内部结构，如血管、骨骼等，从而提高手术的精准度和安全性。例如，使用 AR 头显设备，医生可以在视野中看到虚拟的患者解剖图，这些图像与实际手术部位重叠，帮助医生更准确地进行切除、缝合等操作。AR 技术还可以用于远程医疗指导，专家医生可以通过 AR 设备实时指导现场医生进行操作，提高远程医疗的效果。例如，在偏远地区，医生可以通过 AR 设备接受专家的实时指导，提高手术成功率。

3. 工业制造与机器人技术

在工业制造中，计算机视觉常用于产品质量检测。通过对生产线上的产品进行图像采集和分析，能够快速检测出产品缺陷，如表面划痕、尺寸偏差、零部件缺失等。例如，在电子产品制造中，利用计算机视觉技术可以检测电路板上的元器件焊接是否良好、是否存在短路等问题。在汽车制造中，可以检测车身的喷漆质量、零部件的装配精度等。计算机视觉技术实现了自动化检测，提高了检测效率和准确性，降低了人工检测的成本和误差。

在机器人技术领域，计算机视觉赋予了机器人视觉感知能力，使其能够更好地完成各种任务。机器人通过摄像头获取周围环境的图像信息，利用目标识别和定位算法识别并抓取目标物体。例如，在物流仓储中，机器人可以通过视觉识别货物的形状、位置和标签信息，实现自动分拣和搬运。在工业生产中，机器人可以根据视觉信息进行高精度的装配操作，提高生产效率和产品质量。此外，计算机视觉还可以用于机器人的自主导航，使其能够在复杂环境中安全移动，避免碰撞障碍物。

7.2 数字图像基础

图像是视觉信息的重要载体，根据存储和处理方式的不同，可以分为模拟图像和数字图像两大类。在计算机视觉中，主要处理的是数字图像，它由一系列像素点组成，每个像素点具有特定的颜色和位置信息。数字图像的处理和分析是计算机视觉技术的基石。

7.2.1 数字图像基础知识

根据数字图像中每个像素代表的信息不同，可将图像分为二值图像、灰度图像和 RGB 图像等。

1. 二值图像

二值图像是指每个像素只有黑、白两种颜色的图像,如图 7.1 所示。在二值图像中,像素只有 0 和 1 两种取值,一般用 0 表示黑色,用 1 表示白色。

2. 灰度图像

灰度图像也称为灰阶图像,图像中的每个像素由 0 到 255 的亮度值表示,如图 7.2 所示。其中,0 表示黑色,255 表示白色,0～255 表示不同的灰度级。

图 7.1 二值图像

图 7.2 灰度图像

3. RGB 图像

RGB 图像是将图像中的每个像素表示为红、绿和蓝三个颜色通道的强度值的组合,如图 7.3 所示。RGB 分别代表红(Red)、绿(Green)和蓝(Blue)。在 RGB 图像中,每个像素均由红、绿、蓝三个字节组成,每个字节为 8 位,表示 0～255 种不同的亮度值,其中 0 表示该颜色通道的最低强度,255 表示最高强度,可以产生约 1677 万种颜色。

图 7.3 RGB 图像

7.2.2 图像特征提取

图像特征是指可以对图像的特点或内容进行表征的一系列属性的集合,主要包括图像视觉特征(如边缘、轮廓、形状和纹理等)和图像统计特征(如直方图特征、矩特征等)。图像特征提取是指从图像中提取出具有代表性的特征，以便计算机能够更好地理解和处理图像。

图像特征提取根据其相对尺度可分为全局特征提取和局部特征提取两类。全局特征提取关注图像的整体表征。常见的全局特征包括颜色特征、纹理特征、形状特征、空间位置关系特征等。局部特征提取关注图像的某个局部区域的特殊性质。一幅图像中往往包含若干兴趣区域，从这些区域中可以提取数量不等的若干个局部特征。

图像特征的提取主要有两种方法，即传统图像特征提取方法和深度学习方法。传统的特征提取方法基于人类专家先验知识设计图像的固有特征，主要有尺度不变换特征变换（Scale Invariant Feature Transform，SIFT），方向梯度直方图（Histogram of Oriented Gradient，HOG）等。传统图像特征提取方法具有明确的物理意义和较好的可解释性，计算相对简单，但对图像的光照、尺度、旋转等变化的鲁棒性较差。深度学习方法通过构建深度神经网络，模型能够自动从大量数据中学习到更具代表性的特征表示，对各种图像变化具有较高的鲁棒性，但模型复杂度高，需要大量的训练数据和计算资源。

图 7.4　SIFT 特征点提取

1. SIFT

SIFT 算法是用来进行关键点检测和描述的算法，它由大卫·罗伊（David Lowe）1999 年提出，并在 2004 年进一步改进。SIFT 算法的主要特点是尺度和旋转的不变性，这使得它在图像匹配、目标识别和 3D 重建等领域非常流行。

SIFT 算法主要包括两个阶段，一个是 SIFT 特征的生成，即从多幅图像中提取对尺度缩放、旋转、亮度变化无关的特征向量，如图 7.4 所示；第二阶段是 SIFT 特征向量的匹配。SIFT 方法中的低层次特征提取是选取那些显特征，这些特征具有图像尺度（特征大小）和旋转不变性，而且对光照变化也具有一定程度的不变性。此外，SIFT 方法还可以减少由遮挡、杂乱和噪声引起的低提取概率。

2. HOG 算法

HOG 算法由奈夫尼特·达拉尔（Navneet Dalal）2005 年提出，它通过计算图像中每个像素的梯度大小和方向来提取图像的局部特征，这些特征能够很好地描述图像中目标的轮廓和形状，主要用于目标检测和图像识别任务。HOG 算法对光照、尺度变化和几何变形的鲁棒性较高，适用于复杂场景下的目标检测。

HOG 算法的基本思想是将图像分割成小的单元（Cells），然后计算每个单元内的梯度方向和强度，进而构建梯度直方图。通过对整个图像的梯度直方图进行归一化和连接，最终得到一个用于描述图像特征的向量，如图 7.5 所示。这个向量可以用于训练机器学习模型，实现目标检测和图像识别。

3. 深度学习特征提取

深度学习特征提取的思路是利用 CNN 自动提取输入图像的空间结构特征，而不需要手动设计特征提取器，它的特征检测性能与训练样本、网络结构紧密相关。下面以 CNN 网

图7.5 HOG特征向量图

络为例阐述通过深度学习模型进行特征提取。

CNN的主要特点是通过卷积操作自动学习数据的局部特征。在CNN中,卷积层通过卷积核对输入数据进行扫描。每个卷积核是小的二维矩阵,有特定权重参数,这些权重在训练中自动学习。不同卷积核可捕捉不同特征,比如有的对水平边缘敏感,有的对垂直边缘或特定纹理敏感。CNN通常由多个卷积层、激活函数和池化层堆叠。随着网络层数增加,特征图表示的特征从简单到复杂、从低级到高级。浅层卷积层提取边缘、纹理等低级特征,深层则提取物体整体形状、部分结构等高级特征。通过多层卷积和池化操作不断组合和抽象低级特征,形成更具代表性和区分性的高级特征,更好地描述图片中的物体。因此,CNN通过卷积层提取基础特征,激活函数引入非线性,池化层筛选和降维,多层结构构建特征层次,全连接层整合特征,实现对图片的有效特征提取。

7.3 计算机视觉的基本任务

如图7.6所示,计算机视觉通常包括图像分类、目标定位、目标检测和图像分割这四大基本任务,它们是构建更复杂视觉系统的基础,其他的关键任务大多也是在这四大基本任务的基础上延伸开来的。

图像分类	图像分类+目标定位	目标检测	图像分割
CAT	CAT	CAT, DUCK, DOG	CAT, DUCK, DOG
单目标		多目标	

图7.6 计算机视觉的基本任务

7.3.1 图像分类

图像分类主要解决"图像是什么"的问题,即给定一张图或一段视频,对图像的特征进行提取和分析,将图像分配到特定的类别,判断图片或视频所属的类别。

图像分类的基本原理是通过对图像的特征进行提取,并将提取的特征与预训练好的模型中的类别特征进行比对和匹配,判断图像所属的类别。常用的特征提取方法包括传统的手工设计特征和深度学习方法。传统的手工设计特征通常包括颜色特征、纹理特征和形状特征等,但这些方法在处理复杂的图像时往往效果不佳。而深度学习方法则构建深度神经网络,可以自动从图像中学习到更具有判别性的特征。

图像分类的算法模型有很多种,最常见的是 CNN,它通过卷积层、池化层和全连接层等组件来提取图像特征,并将这些特征输入到分类器中进行分类。CNN 模型的训练通常需要大量的标注数据,而在实际应用中,往往可以通过迁移学习的方式来利用已有的预训练模型,从而减少训练所需的数据量。

在图像分类中,好的数据集通常具有较大的规模、多样化的类别和高质量的标注。常用的图像分类数据集有 ImageNet、CIFAR-10、CIFAR-100 等。这些数据集都包含了大量图片和对应的标签,可以用来进行图像分类算法的训练和评估。

图像分类在很多领域都有广泛的应用。在人脸识别领域,图像分类可以用来对输入的人脸图像进行识别,并判断是否属于某个特定的人。在物体识别领域,图像分类可以用来识别物体的种类,例如识别猫、狗、汽车等。在自动驾驶领域,图像分类可以用来对道路上的障碍物进行识别和分类,从而帮助自动驾驶系统做出正确的决策。

7.3.2 目标定位

目标定位解决"目标在哪里"的问题,即判断图像中的目标具体在图像的什么位置,位置通常以边界框(Bounding Box)的形式表示,通常面向单一或给定数目的目标。

目标定位算法的基本原理主要包括图像分析、特征提取和位置判断三个步骤。首先,算法对输入的图像或视频进行预处理,例如去噪、数据增强等,以提高图像质量。随后,算法从图像中提取与目标相关的特征,如颜色、形状、纹理等特征,还可以是目标在时间序列中的运动信息。最后,算法利用提取的特征对目标进行位置判断,通常是通过构建分类器或回归模型来实现。

传统的目标定位算法主要是基于图像特征和模板匹配的思想。前者通过特征点检测算法(如 SIFT、SURF 等)在图像中提取出关键点及其描述子,再利用描述子之间的相似度进行匹配,找到目标在图像中的位置。此方法对于目标变形、光照变化等情况具有较好的鲁棒性,但依赖于关键点的数量和分布,对于纹理较少或背景复杂的图像效果较差。后者则将已知的目标模板图像在待检测图像上从左到右、从上到下滑动,对于每个滑动位置,计算模板与待检测图像对应区域的相似度,当相似度达到一定阈值或为全局最大值时,该位置即被认为是目标所在位置。归一化互相关算法是一种常用的模板匹配方法,它通过计算模板图像与待检测图像子区域之间的归一化互相关系数来衡量两者的相似程度。系数值越接近 1,表示相似度越高,相应的子区域就被认为是目标所在位置。

基于深度学习的目标定位算法通过训练深度神经网络来自动学习图像中的特征表示,并实现对目标的定位和识别。主流的算法包括基于回归的 CNN 算法(Regression-based CNN)和基于区域的 CNN 算法(Region-based CNN,R-CNN)。基于回归的 CNN 算法使用 CNN 提取图像特征,通过一个全连接层直接回归目标的边界框坐标(x,y,w,h),其中 x、y 代表目标中心坐标,w、h 代表目标的宽度和高度。该算法计算速度快,适用于实时应用和单目标定位任务,如人脸检测。R-CNN 算法的基本思想是先生成候选区域,然后在每个区域上使用 CNN 提取特征和分类。在候选区域生成阶段,使用选择性搜索(Selective Search)

算法,基于颜色、纹理、大小、形状等多种特征对图像进行分割,通过合并相似的区域来生成一系列可能包含物体的候选区域,一般生成约 2000 个候选区域。随后,对候选区域进行特征提取。将每个候选区域缩放到固定大小,如 227×227,输入到预训练的 CNN 中进行前向传播,提取最后一层卷积层的输出作为该候选区域的特征表示。最后,对候选区域的特征进行分类和回归。主要使用 SVM 对每个候选区域的特征进行分类,为每个类别训练一个 SVM 分类器,判断候选区域是否属于该类别。同时,使用边界框回归器对候选区域的位置进行调整,通过学习候选区域与真实边界框之间的偏移量使候选区域更准确地贴合物体的边界。最终通过非极大值抑制(Non-Maximum Suppression,NMS)去除重叠度较高的候选区域,保留置信度较高的区域作为最终检测结果。

目标定位在多个领域都有广泛应用,包括自动驾驶、安防监控、医疗影像分析等。在自动驾驶中,目标定位帮助车辆识别和跟踪道路上的障碍物和其他车辆;在安防监控中,目标定位可以实时监控和跟踪特定目标;在医疗影像分析中,目标定位帮助医生准确识别和分析图像中的病变区域。

7.3.3 目标检测

目标检测解决"哪里有哪种类别的目标"的问题,结合了分类和定位算法。目标检测的主要任务是找出图像中所有感兴趣的目标,确定它们的类别和位置。

目标检测的核心在于对输入图像进行特征提取和分析,从而确定目标物体的类别及其在图像中的位置(以边界框的形式表示)。通常涉及候选区域生成、特征提取、定位与分类等三个主要阶段。

目标检测的第一步通常是生成图像中可能包含感兴趣对象的区域,这些区域被称为候选区域。候选区域的生成有滑动窗口法、选择性搜索法和区域提议网络。

滑动窗口法以不同窗口大小的滑窗从左往右、从上到下地遍历图像的每个可能位置和尺度。每次滑动时对当前窗口进行分类。如果当前窗口得到较高的分类概率,则认为检测到了物体。随后,对所有滑窗进行检测,并得到不同大小窗口检测到的物体标记,这些窗口大小会存在重复较高的部分,最后采用 NMS 筛选,以获得检测到的物体。

选择性搜索法的核心思想是如果图像中物体可能存在的区域具有某些相似性或连续性区域,采用子区域合并的方法提取边界框。首先对图像进行分割,产生许多小的子区域,再根据这些子区域之间的相似性(颜色、纹理、大小相等)进行区域合并,不断进行区域迭代合并。在每次迭代过程中,对这些合并的子区域做生成外切矩形,这些子区域外切矩形就成为候选框。

区域提议网络(Region Proposal Network,RPN)是 Faster R-CNN 目标检测算法的核心部分,它在输入图像的特征图上滑动窗口,针对每个窗口预测目标得分和边界框偏移量两个值。在 RPN 中,图像经过共享的 CNN 网络提取特征图,然后在特征图上使用滑动窗口机制生成多个不同大小和宽高比的锚框(Anchor Boxes)。锚框是以图像中某个位置为中心,在不同尺度和比例下生成的固定大小的矩形框。对于每个锚框,使用 RoI(Region of Interest)池化或 RoI 对齐层来提取特征。这些层会将锚框映射到特征图上相应的区域,并从中提取固定大小的特征向量。随后,提取的特征向量被传递到全连接层或其他类型的网络层中,并输出目标得分和边界框偏移量两个参数。再根据目标得分,使用 NMS 筛选出具有高得分且不重叠的候选目标区域。最后使用候选目标区域作为输入，进行目标分类和边界框回归。RPN 的目标是有效地生成高质量的候选目标区域，以减少后续目标分类和边界框回归阶段的计算量。通过使用滑动窗口和锚框机制，RPN 能够在不同位置、尺度和比例下生成候选目标区域，从而适应不同大小、形状和姿态的目标对象。

特征提取的目标是提取出能够有效区分不同类别的信息。传统方法依赖手工设计的特征描述子（如 SIFT、SURF 等），深度学习方法采用 CNN 自动学习特征。这些特征具有更好的表达能力和鲁棒性，对于光照变化、视角变换等情况有更好的适应性。

候选区域及其特征生成之后，就是对候选区域进行分类和定位。实现方式有单阶段检测器和两阶段检测器等两类。YOLO（You Only Look Once）系列和 SSD（Single Shot Multi-Box Detector）系列采用的是单阶段检测器方法，直接在单次前向传递中同时完成分类和回归任务，速度快，但精度可能略低于两阶段方法。R-CNN 系列（Fast R-CNN、Faster R-CNN）采用的是双阶段检测器方法，先使用 RPN 生成候选区域，然后对每个候选区域进行精细的分类和边界框调整，通常能获得更高的精度，但速度较慢。

目标检测在安防监控、工业检测、智能零售等多个领域有着广泛且典型的应用。在安防监控领域，可实现周界防范与入侵检测。对于重要区域，如军事基地、工厂园区、住宅小区等的周界防范，目标检测技术可以通过分析监控视频中的图像信息准确识别是否有人员或车辆非法闯入。当检测到入侵行为时，系统能够自动触发报警装置，并联动其他安防设备，如灯光闪烁、警铃响起等，同时还可以对入侵目标进行跟踪，为后续的处置提供有力支持。在工业检测领域，可以进行产品质量检测。在工业生产线上，目标检测技术可以对产品进行实时检测，快速识别出产品表面的缺陷，如划痕、裂纹、孔洞等，以及产品的装配是否正确，如零部件是否缺失、安装位置是否准确等。一旦发现不合格产品，系统会立即发出警报，并进行标记，以便及时处理，提高产品质量和生产效率，降低生产成本。在智能零售领域，目标检测可以对消费者进行行为分析。如消费者的进店、浏览商品、挑选商品、购买行为等。通过对这些数据的分析，商家可以了解消费者的购物习惯和偏好，优化商品陈列和店铺布局，提高顾客的购物体验和购买转化率。

7.3.4　图像分割

图像分割解决"每个像素属于哪个目标/场景"的问题。目标检测只需要框出每个目标的边界框，图像分割则需要进一步判断图像中哪些像素属于哪个目标。图像分割包括语义分割和实例分割。语义分割不区分属于相同类别的不同实例，实例分割则需要区分出哪些像素属于相同类别的不同实例。

语义分割是一种像素级别的分类任务，它将输入图像中的每个像素分配到预定义的类别标签中，使得图像中具有相同语义的区域被分割出来，形成不同的类别区域。例如，在一幅自然场景图像中，语义分割模型可以将天空、树木、道路、车辆、行人等不同物体所在的区域准确地分割出来，每个像素都被标记为对应的物体类别。

实例分割是在语义分割的基础上，进一步对图像中的每个目标实例进行单独的分割和识别。它不仅要将图像中的像素分类到不同的语义类别，还要区分同一类别中的不同个体实例。例如，在一张包含多个人的图像中，实例分割模型不仅要将所有人的区域从背景中分割出来，还要将每个人作为一个独立的实例进行分割，为每个实例分配一个唯一的标识符，从而实现对每个具体目标实例的精确感知和区分。

图像分割在医学图像领域的重要应用即为医学影像分割,是指根据医学图像(如CT、MRI、超声等)中不同组织、器官或者病变区域的特征,利用各种算法将图像划分成不同部分的技术。简而言之,就是在图像中把感兴趣的区域(如肿瘤、特定器官等)和其他部分清晰地区分开,如图7.7所示。

医学影像分割在疾病诊断、手术规划和治疗效果评估等领域有着广泛应用。在疾病诊断领域,能够精准定位病变。例如在胸部CT图像中分割出肺部结节,医生可以清楚地看到结节的大小、形状、位置,判断其良恶性。这对于早期肺癌的筛查至关重要,因为早期肺癌的结节可能很小,分割技术能帮助医生从复杂的肺部组织结构中发现它们。在手术规划领域,它可以提供解剖细节。在复杂的外科手术前,如心脏手术或神经外科手术,准确分割出心脏的各个腔室、血管或者脑部的神经组织等,可以让医生更好地了解手术部位的解剖结构。在治疗效果评估领域,它能够进行药物治疗监测。在一些慢性疾病(如肝硬化)的治疗过程中,通过定期对肝脏图像进行分割,对比肝脏组织在治疗前后的变化,如肝纤维化区域的大小变化,可以判断药物是否有效。

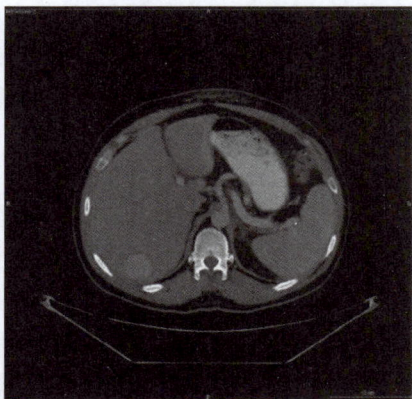

图 7.7　医学图像分割

7.4　深度生成模型

深度生成模型(Deep Generative Model)是一类利用深度学习方法生成新样本的模型,它通过学习训练数据的内在结构和模式生成与训练数据具有相似统计特性的新数据样本,例如图像、文本或音频。主要的深度生成模型包括GAN和扩散模型。

7.4.1　生成对抗网络

生成对抗网络(GAN)由伊恩·古德费洛(Ian Goodfellow)等于2014年提出,是一种基于博弈论的深度生成模型。其核心思想是通过对抗性训练生成数据,使得生成的样本尽可能接近真实样本。它当前广泛应用于图像生成、风格迁移、图像增强等领域,其网络结构如图7.8所示。

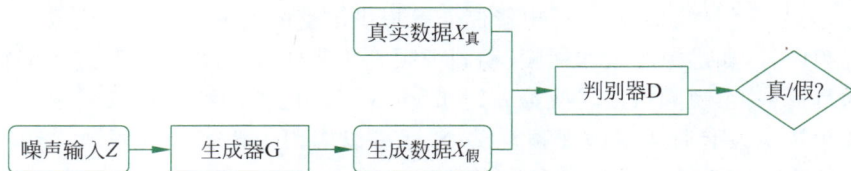

图 7.8　GAN网络结构

GAN主要包含生成器和判别器。这两个网络相互竞争,通过不断改进各自的能力,最终生成逼真的数据。生成器的任务是从随机噪声中生成与真实数据相似的样本。生成器尝试模仿真实数据的分布，生成能够以假乱真的数据，使判别器无法区分生成的数据和真实数据。判别器的任务是判断输入的数据是否为真实数据，它接收生成器生成的数据和真实数据作为输入，输出一个概率值，表示输入数据是"真实的"还是"假"的。判别器通过提高判别能力来减少生成器欺骗它的概率。

在 GAN 的对抗训练过程中，生成器与判别器之间相互博弈。生成器能够不断地改进生成图像，以模拟真实的图像，因而能够达到"欺骗"判别器的过程。而判别器则是通过不断地改进判断能力，以求最终能够避免被欺骗。最终，经过足够多的训练，生成器生成的样本与真实样本分布越来越接近，最终达到生成数据与真实数据几乎无法区分的效果。

随着 GAN 的广泛应用和深入研究，各种不同的 GAN 变体和扩展被提出。StyleGAN 是 NVIDIA 提出的一个生成高质量的图像模型，特别擅长于生成逼真的人脸图像，如图 7.9 所示。StyleGAN 的关键创新在于通过"样式"控制图像的不同方面，例如面部特征、背景、颜色等。CycleGAN 是一种用于无监督图像转换的 GAN 模型，它不依赖于成对的训练数据，而能够进行未匹配的图像转换。例如将夏季的风景转换为冬季的风景，或将马转换为斑马的照片。

图 7.9　StyleGAN 生成的图片[①]

GAN 具有强大的生成能力，在多个领域都有广泛的应用。在图像生成领域，它可以生成各种逼真的图像，如风景、人物、动物、物体等。例如，可以生成不存在的名人照片、虚拟的城市景观等，为艺术创作、游戏开发、电影制作等提供丰富的素材。在视频生成与处理领域，可以生成视频内容，如虚拟场景的视频、动画视频等。此外，还可以对视频进行编辑和处理，如视频中的目标替换、视频风格转换等。例如，生成一段虚拟的科幻场景视频，或者将一段现实场景视频转换为卡通风格的视频。GAN 还可以应用于语音合成领域，能够根据文本输入生成自然流畅的语音。通过学习大量的语音数据，GAN 可以生成不同音色、语调、语速的语音，应用于语音助手、有声读物、语音翻译等领域，为用户提供更加自然和个性化的语

---

① 图片来自：https://github.com/NVlabs/stylegan。

音服务。

7.4.2 扩散模型

扩散模型(Diffusion Model)是一种基于概率论的生成模型,源自物理学中的扩散过程理论。该概念在机器学习领域被应用于数据生成任务,特别是图像和声音的合成。扩散模型通过模拟一个从数据分布到简单噪声分布的逐渐"扩散"过程,再通过学习逆过程来从噪声中重构出高质量的数据样本。

扩散模型包含正向扩散过程和逆向去噪过程两个阶段。在正向扩散过程中,模型从真实数据分布中采样得到初始数据点,然后逐步向数据中添加高斯噪声,随着时间步的增加,数据逐渐被噪声淹没,最终达到一个纯噪声分布。此过程可以看作是对数据的一种"破坏",使得数据逐渐失去其原有的特征和结构。在逆向去噪训练过程中,已知最终纯噪声分布,模型学习一个反向的生成过程,即从纯噪声开始逐步去除噪声,恢复出原始数据的结构和特征,从而生成新的数据样本,如图 7.10 所示。该过程通过训练一个神经网络来实现,该网络以噪声数据和时间步作为输入,输出去噪后的结果。在训练过程中,通过最小化去噪结果与真实数据之间的差异(如 MSE 等损失函数)来调整神经网络的参数,使得模型能够逐渐学会有效地去除噪声,并生成逼真的数据。

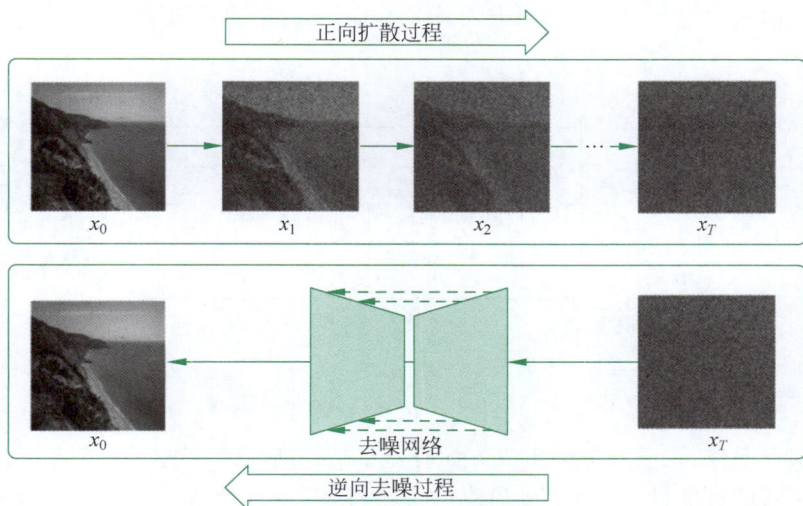

图 7.10 扩散模型架构

当前,扩散模型主要有 3 个类型,即去噪扩散概率模型(Denoising Diffusion Probabilistic Models,DDPM),基于分数的生成模型(Score-based Generative Models,SGM)和随机微分方程(Stochastic Differential Equations,SDE)。DDPM 是扩散模型的奠基之作,由乔纳森·何(Jonathan Ho)等于 2020 年提出。DDPM 定义了一个马尔可夫链的扩散过程,缓慢地将随机噪声添加到数据中,然后学习逆向扩散过程,从噪声中构造所需的数据样本。DDPM 在图像生成任务中取得了突破性进展,其生成的图像质量在多个基准数据集上超越 GAN。DDPM 的成功主要归功于独特的训练策略和对噪声过程的精确建模,为后续扩散模型的研究奠定了基础。SGM 通过学习数据分布概率密度函数的对数梯度(即分数)来指导扩散过程。SGM 不需要显式地建模噪声过程,而是通过估计数据分布的分数来实现去噪。该方法在理论上更加灵活，能够更好地捕捉数据的复杂结构和分布特征。SGM 在图像合成、风格迁移等任务中表现出色，其生成的样本具有更高的多样性和真实性。SDE 将扩散过程建模为一个连续的随机过程，通过求解随机微分方程来生成数据样本。因此，SDE 能够更自然地描述数据的动态变化过程，具有更好的理论基础和更高的生成效率。该模型在处理高维数据和复杂分布时具有优势，在图像生成、视频合成等领域取得了显著成果。

除了能够实现图生图功能，扩散模型还能够实现文生图功能。文生图是指输入一段文字描述，由计算机生成一张或多张相关描述的图。其中最经典的是 2022 年发布的潜在扩散模型（Latent Diffusion Model），它主要用于根据文本的描述产生详细图像，也可以应用于其他任务，如内补绘制、外补绘制，以及在提示词指导下产生图生图的转变。Latert Diffusion Model 的核心思想是，由于每张图片满足一定规律分布，利用文本中包含的分布信息作为指导，把一张纯噪声的图片逐步去噪，生成一张和文本信息匹配的图片。如图 7.11 所示，文本首先输入到文本编码器模块中，转换为一个固定长度的嵌入向量，该向量包含了文本的语义信息。随后，图片信息生成器以文本编码器生成的语义向量作为控制条件，生成潜在空间中的低维图片向量。图片信息生成器包含一个 U-Net 网络和一个采样器算法，在 U-Net 网络中执行生成过程，采样器算法控制图片生成速度。Latent Diffusion Model 算法采样推理时，生成迭代大约要重复 30～50 次，低维空间向量在迭代过程中从纯噪声不断变成包含丰富语义信息的向量。最终，图片解码器将潜在空间中的低维图片向量解码为高分辨率的图像。

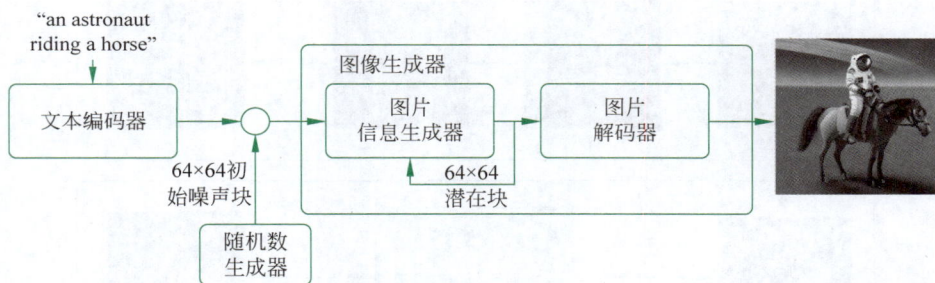

图 7.11　Latent Diffusion Model 结构图

扩散模型在图像、视频和音频生成方面有着卓越性能，为数字艺术、广告、电影制作等创意产业带来了新的可能性，例如生成逼真的虚拟环境、个性化内容创作等。在医学影像分析、药物设计等方面，扩散模型有助于提高诊断准确性、促进新药研发。通过生成高质量的医疗影像数据，模型可以辅助医生进行病情评估，或者在药物发现过程中模拟分子结构，加速新药筛选过程。扩散模型的应用不仅限于图像，还扩展到了文本生成、文生图、语音合成等，为聊天机器人、内容创作工具提供了更加流畅、自然的语言生成能力，提升了人机交互体验。扩散模型的出现推动了人工智能技术的边界，为多个行业提供了新的解决方案，促进了技术与产业的深度融合，加速了数字化转型进程。

7.5　计算机视觉应用

计算机视觉利用解释和理解视觉数据的能力，在各个行业都有着广泛的应用。

7.5.1 人脸识别

人脸识别是指将图像或者视频帧中的人脸与数据库中的人脸进行对比,判断输入人脸是否与数据库中的某一张人脸匹配,即判断输入人脸是谁,或者判断输入人脸是否是数据库中的某个人。人脸识别可分为身份确认与身份辨认两种认证方式。身份确认属于1∶1的比对,其算法需对比两张人脸照片,判断是否为同一人,常用于信息安全领域,如海关身份认证、ATM刷脸取款等。身份辨认属于1∶N的比对,即算法在数据库中搜索,找到与给定面部照片最相似的照片,从而确定输入人脸的身份,这一技术常用于公共安全领域,如刑侦中的嫌疑人排查。

典型的人脸识别流程主要包括图像采集、人脸检测、人脸对齐、特征提取、特征匹配与识别等几个流程。

1. 图像采集

图像采集过程主要利用摄像头、摄像机等图像采集设备获取含有人脸的图像或视频流。这些设备可以是固定安装的,如安防监控摄像头;也可以是移动设备上的摄像头,如手机、平板电脑等,应用于移动支付、身份验证等场景。

采集过程需考虑环境因素对图像质量的影响,如光照条件、背景复杂度等。理想的光照应均匀、充足,避免阴影和强光直射,以保证人脸特征清晰可见。同时,尽量选择背景简洁的环境,减少背景干扰,有利于后续的人脸检测和处理。

2. 人脸检测

采用人脸检测算法,如基于Haar特征的级联分类器、CNN算法等,在图像或视频帧中搜索并定位人脸的位置和大小。人脸检测算法通过学习大量的人脸和非人脸图像数据,能够识别出不同姿态、表情、光照条件下的人脸特征模式。

人脸检测算法返回检测到的人脸区域的坐标信息,通常以矩形框或多边形框的形式表示,框住图像中的人脸部分,以便后续对人脸进行单独处理。在一些复杂场景中,算法可能会检测到多个人脸,并分别给出每个人脸的位置信息。

3. 人脸对齐

人脸对齐首先是进行关键点定位。对齐算法首先检测人脸的关键特征点,如眼睛、眉毛、鼻子、嘴巴、下巴等的精确位置。这些关键点能够准确描述人脸的形状和结构,是实现人脸对齐的重要依据。常用的方法有基于回归的方法、基于深度学习的自动编码器等。

随后,根据检测到的关键特征点,对人脸进行旋转、缩放和平移等变换,将所有人脸图像调整到统一的标准姿态和尺寸,使得不同图像中的人脸具有相同的方向、位置和大小比例,以消除因人脸姿态和表情变化带来的差异,为后续的特征提取提供稳定、一致的输入。

4. 特征提取

特征提取算法将对齐后的人脸图像转换为一组具有代表性的特征向量,这些特征向量能够高度概括人脸的独特信息,用于区分不同的个体。人脸特征向量通常是一个高维的数字向量,其中每个维度都代表了人脸的特定特征或属性。

当前主要采用CNN的方法进行人脸特征提取。通过在大规模人脸数据集上进行训练,CNN模型能够自动学习到人脸的层次化特征表示,从低级的边缘、纹理特征到高级的语义特征,从而提取出具有高度判别性的特征向量。例如,VGG-Face、ResNet-Face等经典模型在人脸特征提取任务中取得了很好的效果。

5. 特征匹配与识别

特征匹配与识别包含相似度计算和识别决策两个阶段。在相似度计算阶段，将待识别的人脸特征向量与数据库中已注册的人脸特征向量进行对比，计算它们之间的相似度。常用的相似度度量方法有欧氏距离、余弦相似度等。欧氏距离衡量的是两个向量在空间中的几何距离，距离越小，表示越相似；余弦相似度则通过计算两个向量的夹角余弦值来衡量相似度，取值范围为$[-1,1]$，值越接近1，表示相似度越高。

在识别决策阶段，根据计算得到的相似度与预设的阈值进行比较。如果相似度高于阈值，则认为待识别的人脸与数据库中的某个人脸匹配，即识别出该人脸的身份信息；如果相似度低于阈值，则判定为未识别到匹配的人脸，识别失败。在实际应用中，阈值的设定通常需要根据具体的应用场景和对识别准确率、误识率的要求进行调整。

7.5.2 自动驾驶

自动驾驶是一种使用计算机视觉、传感器和控制系统实现无人驾驶的技术。自动驾驶系统通过实时分析图像、视频和传感器数据识别道路情况、车辆和行人，并根据这些信息自动控制车辆的行驶。作为自动驾驶系统的核心技术，计算机视觉技术具备的环境感知和信息提取能力为车辆提供了对周围环境的实时、准确理解，是实现安全、高效自动驾驶的关键所在。

1. 环境感知

自动驾驶中的环境感知是指通过传感器来感知周围的环境，包括识别和理解道路，对车辆周围的各种目标元素进行目标检测和追踪。

在道路检测与识别中，计算机视觉系统通过分析摄像头拍摄的图像识别道路的边界、车道线、交通标志和标线等信息。利用深度学习算法，如语义分割网络，能够将图像中的道路区域与其他背景区域准确区分开来，为车辆提供准确的行驶路径信息，使车辆保持在正确的车道内行驶，并根据道路标志和标线做出相应的决策，如转弯、变道、停车等。

自动驾驶通过目标检测与跟踪技术检测和跟踪车辆周围的各种目标物体，如其他车辆、行人、自行车、交通信号灯等。基于 CNN 的目标检测算法，如 Faster R-CNN、YOLO 等，自动驾驶车辆能够快速准确地在图像中定位和识别这些目标，并实时跟踪它们的位置和运动状态。这有助于自动驾驶车辆提前发现潜在的危险，及时做出制动、避让等决策，以确保行驶安全。

2. 交通信号识别

交通信号识别是指检测和识别交通规则中定义的标志，帮助自动驾驶系统根据交通规则做出正确的决策。交通信号识别主要包括交通信号灯和交通标志的识别。

交通信号灯识别涉及检测汽车周围环境中交通灯的位置，并识别交通信号灯的颜色、状态和倒计时信息。通过对信号灯图像的特征提取和分析，利用深度学习模型进行训练和分类，车辆可以准确判断当前信号灯的指示，从而决定是否停车、继续行驶或准备减速。一些算法还能够预测信号灯的变化趋势，帮助车辆提前规划行驶策略，提高通行效率。

交通标志识别是指对各种交通标志进行识别和理解，如限速标志、禁止通行标志、转弯标志等。计算机视觉技术通过提取交通标志的形状、颜色和图案等特征，与预定义的标志模板进行匹配,或使用深度学习模型进行分类,使车辆能够根据标志信息调整行驶行为,遵守交通规则。

3. 场景理解与决策

自动驾驶中的场景语义理解,不仅要能够识别单个的物体和道路元素,还要能对整个驾驶场景进行语义理解。通过将图像分类、目标检测和语义分割等技术相结合,自动驾驶系统能够理解车辆所处的场景是城市道路、高速公路、乡村道路还是停车场等,并分析场景中的交通流量、道路状况、行人活动等整体情况。这有助于自动驾驶车辆做出更合理的决策,例如,在拥堵的城市道路中选择合适的跟车距离和变道时机,或者在高速公路上根据路况调整行驶速度。

基于对环境的感知和场景的理解,计算机视觉能够为自动驾驶车辆的决策系统提供关键信息。例如,当检测到前方有行人突然横穿马路时,决策系统根据行人的速度、距离和车辆的当前状态计算出最佳的制动或避让方案;遇到路口时,根据交通信号灯和交通标志的指示,以及周围车辆和行人的情况,决定是否通过路口以及以何种速度通过。

4. 即时定位与地图构建

即时定位与地图构建(Simultaneous Localization and Mapping,SLAM)是一种在未知环境中进行自主导航的技术。它允许自动驾驶车辆在没有先验地图信息的情况下,通过传感器数据来同时完成定位和地图构建两个任务。

计算机视觉与其他传感器(如激光雷达、惯性测量单元等)相结合能够实现定位功能。通过对连续拍摄的图像进行分析,提取图像中的特征点,并与之前构建的地图进行匹配,同时利用传感器数据估计车辆的姿态和位置变化,从而实时构建车辆周围环境的地图。这种地图不仅包含道路和建筑物等静态信息,还能记录动态物体的位置和运动轨迹,为车辆提供准确的定位和导航信息。

计算机视觉可以实时检测道路和环境的变化,如道路施工、新的交通标志或障碍物的出现等,并将这些变化信息反馈到地图中,实现地图更新与融合。此外,还可以将视觉信息与高精度地图融合,提高地图的准确性和完整性,为自动驾驶车辆提供更精确的导航和决策依据。

7.5.3　光学字符识别

光学字符识别(Optical Character Recognition,OCR)是通过扫描等光学输入方式将各种票据、报刊、书籍、文稿及其他印刷品的文字转化为图像信息,再利用文字识别技术将图像信息转化为计算机可编辑、处理的文本格式的技术。

OCR 的概念是 1929 年由德国科学家陶休克(Tausheck)最先提出,后来美国科学家亨德尔(Handel)也提出了利用技术对文字进行识别的想法。最早对印刷体汉字识别进行研究的是 IBM 公司的凯西(Casey)和纳克(Nagy)。1966 年,他们发表了第一篇关于汉字识别的文章,采用模板匹配法识别了 1000 个印刷体汉字。

OCR 技术主要分为传统 OCR 和深度学习 OCR 两个技术流派。在 OCR 早期,研究人员使用如二值化、连通域分析和投影分析等图像处理技术,结合统计机器学习算法来提取图像文本内容,称为传统 OCR,其主要特征在于依赖繁杂的数据预处理操作来对图像进行矫正和降噪,其面对复杂场景的适应性较差,准确率和响应速度也不尽如人意。基于端到端深度学习的 OCR 技术无须明确地引入图像预处理阶段中的文字切割环节，而是将文字识别转化为序列学习问题，使文字分割融入深度学习中，对 OCR 技术的完善和发展具有重要意义。

1. 传统 OCR 技术

传统 OCR 处理流程包括图像预处理、字符分割、特征提取、文字识别和后处理。

图像预处理的目的是去除图像中的噪声和干扰信息，使得字符能够更好地被分割和识别。图像预处理的主要流程包括：①灰度化：将彩色图像转换为灰度图像，减少数据量，便于后续处理。在字符识别中，颜色信息通常对识别结果影响不大，而灰度值能更好地反映字符的形状和结构信息。②降噪：采用滤波等方法去除图像中的噪声，如高斯噪声、椒盐噪声等。噪声可能会干扰字符的特征提取和识别，降低图像的信噪比和图像的清晰度。③二值化：将灰度图像转换为只有黑白两种颜色的二值图像，使字符和背景形成鲜明对比。通过设定合适的阈值，将灰度值高于阈值的像素设置为白色（表示背景），低于阈值的像素设置为黑色（表示字符），便于后续的字符分割和特征提取。④倾斜校正：检测并校正图像中字符的倾斜角度，使字符处于水平或垂直方向。可以通过投影分析、霍夫变换等方法来估计字符的倾斜角度，然后进行旋转校正，确保字符在后续处理中能够被准确分割和识别。

字符分割的目的是将输入的图像分割成单独的字符，以便后续的特征提取和识别。一种方法是进行连通域分析。分析图像中连通的像素区域，将相互连接的字符作为一个整体进行分割。对于手写文字或不规则排列的文字，该方法较为有效。通过标记和统计连通域的属性，如面积、周长、重心等，来确定字符的位置和范围。另外一种方法是基于投影的分析。对图像在水平和垂直方向上进行像素投影，根据投影曲线的波峰和波谷来确定字符之间的间隔。对于规则排列的印刷文字，该方法通常能取得较好的效果。通过找到投影曲线中的低谷位置，将文本分割成单个字符或字符块。

特征提取的目的是从输入的字符图像中提取出用于文字识别的形状、纹理、角度等特征信息。在特征提取时，通常会提取如下几个特征：①笔画特征。提取字符的笔画方向、长度、交点等信息。例如，通过对字符的边缘进行跟踪和分析获取笔画的走向和转折点，这些特征对于区分相似字符非常有帮助。②轮廓特征。提取字符的外轮廓形状，如轮廓的周长、面积、曲率等。通过计算字符的边界像素点来获取轮廓信息，轮廓特征能够反映字符的整体形状，对于一些具有明显轮廓差异的字符识别效果较好。③纹理特征。纹理特征体现字符表面灰度或颜色的空间分布规律。例如，字符笔画的粗细变化、质地均匀程度等都属于纹理范畴。可以借助灰度共生矩阵、局部二值模式等方法提取纹理特征。灰度共生矩阵能统计特定灰度值且相隔一定距离和方向的像素对出现频率，从中提取能量、熵等特征，以反映纹理的均匀性、复杂度等；局部二值模式则是通过比较中心像素与邻域像素灰度值得到编码，统计编码频率形成特征直方图，能有效描述字符的局部纹理特性，这些纹理特征有助于区分外形相似但内部纹理有差异的字符。

文字识别的目的是将输入的字符图像与已知的字符模板进行匹配，以确定字符的识别结果。一类方法是模板匹配法。将待识别字符与预定义的模板字符进行逐个比较，计算它们之间的相似度。常用的相似度度量方法有欧氏距离、余弦相似度等。选择相似度最高的模板字符作为识别结果。这种方法简单直观，但对于字符的变形和噪声较为敏感，且模板库需要涵盖所有可能出现的字符，否则可能无法准确识别。另外一种是采用机器学习法，例如采用 SVM 等算法进行字符识别和分类,更好地适应不同字体和样式的字符。

后处理是 OCR 技术中的最后一步,其目的是对 OCR 识别结果进行校正和优化,提高整体的准确率和稳定性。后处理阶段会进行错误校正。使用错误校正技术对 OCR 识别结果进行校正,可以提高准确率。也会使用字符合并技术将多个字符合并成一个字符,提高识别精度。

2. 深度学习 OCR 技术

主流的深度学习 OCR 技术包括文本检测和文本识别两个阶段。在文本检测阶段,在包含文本的图像中准确地定位出文本区域的位置和范围,不管文本是单个字符、单词、句子还是段落,也无论文本的排列方向、字体、大小以及颜色等属性如何,都要能将其所在区域标识出来。主要有 3 类算法:①基于回归的方法。以 TextBoxes 为代表,该类算法把文本检测问题当作回归问题处理。它借助 CNN 直接预测文本框的坐标,能够高效地输出文本区域的位置信息。②基于分割的方法。例如 PixelLink 算法,它会对图像中的每个像素进行分类,判断其是否属于文本区域,再把属于同一文本区域的像素连接起来,形成完整的文本区域。这种方法在处理不规则形状的文本区域时表现出色,比如弯曲的文字或者艺术字。③基于锚框的方法:以 EAST(Efficient and Accuracy Scene Text)算法为典型,该算法会预先在图像上设置一系列不同大小和比例的锚框,然后对这些锚框进行分类和回归操作,以确定哪些锚框包含文本,并对其位置进行精确调整。

在文本识别阶段,对检测到的文本区域进行处理,将其中的图像信息转化为计算机能够理解和处理的文本序列。常用的算法包括:①基于 CTC(Connectionist Temporal Classification)的方法。以 CRNN(Convolutional Recurrent Neural Network)为代表,该算法结合了 CNN 和 RNN 的优势。CNN 用于提取文本区域的图像特征,RNN 则用于处理序列信息,而 CTC 损失函数则解决了文本图像和标签之间的对齐问题,能够有效地处理不定长的文本序列。例如,在识别手写文字时,由于文字的笔画长度和书写速度不同,使用 CTC 损失函数可以很好地适应这种不定长的情况。②基于注意力机制的方法。例如 Attention-OCR,它在传统的序列到序列模型基础上引入了注意力机制。注意力机制能够让模型在生成文本序列时自动地关注图像特征的不同部分,从而提高识别的准确性。特别是在处理长文本或者复杂文本时,注意力机制可以帮助模型更好地捕捉文本的上下文信息。③基于 Transformer 的方法。Transformer 架构在自然语言处理领域取得了巨大成功,也逐渐被应用到文本识别任务中。它通过自注意力机制高效地捕捉文本特征之间的依赖关系,提升识别性能。例如,在处理多语言文本识别时,Transformer 可以更好地理解不同语言之间的语义和语法结构。

OCR 的应用场景非常广泛,在许多行业中都发挥着重要作用。在文档数字化领域,OCR 技术可以将纸质文档转换成电子格式,便于存储、传输和共享。这对于企业、政府机构以及个人用户来说都非常有用,可以提高工作效率和文档管理的便捷性。在证件识别领域,OCR 可以识别各种证件上的信息,包括身份证、护照、驾驶证等,用于实名认证、信息采集等场景,在机场、火车站、银行等需要身份验证的场所应用广泛。在发票识别领域,OCR 可以识别财务报销中发票上的关键信息,如发票等级、金额、发票名称等,用于公司财务中的记录、账务处理和报税,极大地提高了财务处理的效率和准确性。在教育领域,OCR 可以识别图书、报纸、杂志等文本类内容,方便学生进行学习和资料整理。

7.6   计算机视觉实验

7.6.1   图像数据集

1. MNIST 数据集

MNIST 数据集最初由美国国家标准技术研究所创建，用于检验手写数字识别算法的性能。后来，杨立昆和他的团队对其进行了修改和标准化，使其成为深度学习领域的经典数据集（图 7.12）。该数据集包含 70 000 张手写数字图像，其中 60 000 张用于训练，10 000 张用于测试。图像为 28×28 像素的灰度图，每个像素点的灰度值范围从 0（黑色）到 255（白色）。数据集中的数字涵盖 0～9，共 10 个类别。

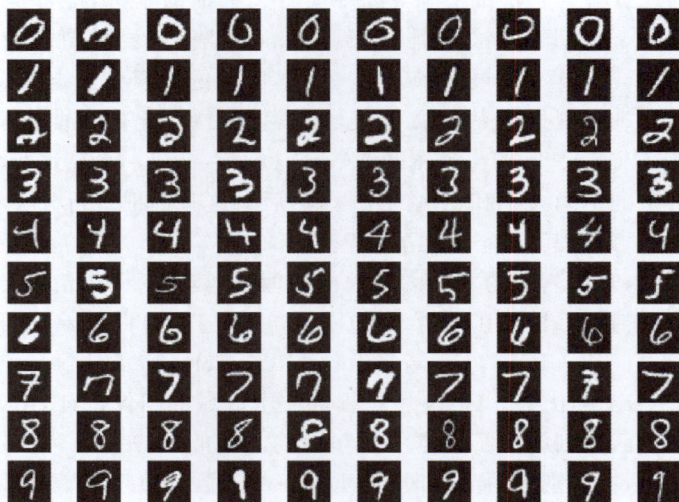

图 7.12   MNIST 数据集

MNIST 数据集不仅用于数字识别任务，也被广泛应用于模式识别、图像处理和深度学习模型的训练等。在深度学习领域，通过在该数据集上训练模型，可以验证和比较不同算法的性能。

2. CIFAR-10

CIFAR-10 数据集是一个用于识别普适物体的 RGB 图像数据集，包含以下 10 个类别的图像：飞机、汽车、鸟类、猫、鹿、狗、蛙类、马、船和卡车，如图 7.13 所示。每个类别有 6000 张图像，总共有 60 000 张图像。数据集分为 5 个训练批次和 1 个测试批次，每个批次包含 10 000 张图像。训练集包含 50 000 张图像，测试集包含 10 000 张图像。

CIFAR-10 数据集常用于训练图像分类模型，尤其是 CNN 网络。其图像尺寸为 32×32 像素，适合作为入门级项目使用。与 MNIST 数据集相比，CIFAR-10 的图像是彩色 RGB 图像，而 MNIST 是灰度图像，这使得 CIFAR-10 在处理现实世界物体时更具挑战性。

7.6.2   图像特征提取

图像特征的提取有传统图像特征提取方法和深度学习两类方法。传统的特征提取方法

图 7.13 CIFAR-10 数据集

可使用 OpenCV 提供的函数实现,基于深度学习的特征提取方法可以使用 PyTorch 提供的预训练 CNN 网络及函数实现。

1. 基于 OpenCV 的图像特征提取

OpenCV 是一个开源的计算机视觉库,广泛应用于图像处理、视频分析、特征检测、机器学习等领域。它由一系列 C 函数和少量 C++ 类构成,支持多种编程语言接口,包括 C++、Python、Java 和 MATLAB 等,可以在 Windows、Linux、macOS、Android 和 iOS 等多种操作系统上运行。

OpenCV 的核心功能和特点如下。

(1) 图像处理:包括图像的缩放、裁剪、旋转、颜色转换、平滑、边缘检测、直方图均衡化、二值化等操作。

(2) 特征检测和描述:提供了 SIFT、SURF、ORB、FAST 等算法,用于检测图像中的关键点,并提取特征描述符。

(3) 目标检测和跟踪:支持 Haar 级联检测、人脸识别、行人检测以及物体跟踪等功能。

(4) 视频分析:包括运动检测、背景减除、光流计算等。

(5) 机器学习:提供了一些机器学习算法的接口,如 SVM、KNN、决策树等,可以用于分类、回归等任务。

(6) 深度学习:支持深度学习模型的加载和推理。

采用 OpenCV 库提供的 SIFT 和 HOG 算法提取图像特征时,需确保已安装 opencv-python 和 opencv-contrib-python 库,其中 SIFT 算法在 opencv-contrib 模块中提供。

SIFT 算法提取图像特征的流程包括:使用 OpenCV 接口读取图像,并将彩色图像转换为灰度图像;随后,初始化 SIFT 检测器,检测关键点和描述符;最后在初始图像中绘制关键点，并显示图像和关键点。代码如下。

```python
import cv2
import numpy as np

# 读取图像
image = cv2.imread('path_to_your_image.jpg', cv2.IMREAD_GRAYSCALE)

# 初始化 SIFT 检测器
sift = cv2.SIFT_create()

# 检测关键点和描述符
keypoints, descriptors = sift.detectAndCompute(image, None)

# 绘制关键点
image_with_keypoints = cv2.drawKeypoints(image, keypoints, None, flags = cv2.DRAW_MATCHES_FLAGS_DRAW_RICH_KEYPOINTS)

# 显示图像和关键点
cv2.imshow('SIFT Keypoints', image_with_keypoints)
cv2.waitKey(0)
cv2.destroyAllWindows()
```

HOG 算法通过计算图像中局部区域的梯度方向直方图来工作。在 OpenCV 中，通过使用 HOGDescriptor 类来提取 HOG 特征。其主要流程包括：使用 OpenCV 接口读取图像，并将彩色图像转换为灰度图像；随后，创建 HOG 描述符对象并设置相关参数；最后，可视化检测窗口。代码如下。

```python
import cv2
# 加载图像并转换为灰度图
image = cv2.imread('path_to_your_image.jpg', cv2.IMREAD_COLOR)
gray_image = cv2.cvtColor(image, cv2.COLOR_BGR2GRAY)

# 创建 HOG 描述符对象
win_size = (64, 128)          # 窗口大小
block_size = (16, 16)         # 块大小
block_stride = (8, 8)         # 块步长
cell_size = (8, 8)            # 单元格大小
nbins = 9                     # 梯度方向的直方图箱数
hog = cv2.HOGDescriptor(win_size, block_size, block_stride, cell_size, nbins)

# 设置 SVM 分类器,使用预训练的行人检测模型
hog.setSVMDetector(cv2.HOGDescriptor_getDefaultPeopleDetector())

# 检测图像中的行人,返回检测到的行人矩形框和对应的权重
rects, weights = hog.detectMultiScale(gray_image)
for pt in rects:
    x, y, w, h = pt
    cv2.rectangle(image, (x, y), (x + w, y + h), (0, 255, 0), 2)

cv2.imwrite('hog_out.jpg', image)
cv2.imshow('Detected windows', image)
cv2.waitKey(0)
cv2.destroyAllWindows()
```

上述代码利用 HOG 特征和预训练的 SVM 分类器对图像中的行人进行检测，并可视化结果。定义窗口大小、块大小、块步长、单元格大小和梯度方向的直方图箱数等参数，通过

这些参数创建了 HOG 描述符对象 cv2.HOGDescriptor。随后,设置 SVM 分类器,使用 cv2.HOGDescriptor_getDefaultPeopleDetector()获取预训练的行人检测模型,并将其设置到 HOG 描述符对象中。接着,调用 hog.detectMultiScale 函数在灰度图像上进行多尺度的行人检测,得到检测到的行人的矩形框和对应的权重。最后通过遍历检测到的矩形框,使用 cv2.rectangle 函数在原始彩色图像上绘制绿色矩形框标记行人位置。

2. 基于深度学习的图像特征提取

在 PyTorch 中,可以通过使用预训练的 CNN 网络提取并显示图片特征。其流程包括:加载预训练模型、预处理图片、提取特征和显示特征。

1) 加载预训练模型

导入 torch 和 torchvision 库,选择一个预训练的模型,例如 VGG16。代码如下。

```
import torch
import torchvision.transforms as transforms
from torchvision import models
from PIL import Image
import matplotlib.pyplot as plt

model = models.vgg16(pretrained = True)
model.eval()              # 设置为评估模式
```

2) 图像预处理

加载并预处理图像数据,使其符合 VGG16 模型的输入要求。代码如下。

```
transform = transforms.Compose([
    transforms.Resize(256),
    transforms.CenterCrop(224),
    transforms.ToTensor(),
    transforms.Normalize(mean = [0.485, 0.456, 0.406], std = [0.229, 0.224, 0.225]),
])

image_path = 'path_to_your_image.jpg'          # 图片路径
image = Image.open(image_path)
image_tensor = transform(image).unsqueeze(0)   # 增加一个批次维度
```

3) 特征提取

通过 VGG16 模型提取特征。对于 CNN 模型,可以通过访问特定的层获取所需的特征图。对于 VGG16,访问特定的卷积层,代码如下。

```
# 获取特定层的输出,例如 VGG16 的'features'部分中的第 5 个卷积层(index 4)
features = model.features[4](image_tensor) # 取决于选择的层和模型结构
```

4) 显示特征图

使用 Matplotlib 可视化特征图。特征图通常是多维的,这里只展示其中一个通道。代码如下。

```
# 转换为 numpy 数组以便于可视化
feature_np = features[0].detach().numpy()       # 取第一个通道,通常只展示一个通道的图像
feature_np = np.transpose(feature_np, (1, 2, 0))# 转换通道顺序为 HWC
plt.imshow(feature_np)
plt.show()
```

7.6.3　图片分类

使用 PyTorch 进行 MNIST 手写数字分类任务时,可以通过构建一个简单的 CNN 模

型并在 MNIST 数据集上对 CNN 模型进行训练，最后使用训练好的 CNN 模型预测手写体图片。主要流程如下。

1. 导入库

导入加载数据、训练 CNN 模型和显示图片所必需的库。代码如下。

```python
import torch
import torch.nn as nn
import torch.optim as optim
import torchvision
import torchvision.transforms as transforms
import matplotlib.pyplot as plt
import numpy as np
```

2. 图片加载与预处理

加载 MNIST 数据集，将图像转换为张量，并进行归一化。代码如下。

```python
# 定义数据预处理步骤，将图像转换为张量并进行归一化
transform = transforms.Compose([
    transforms.ToTensor(),
    transforms.Normalize((0.1307,), (0.3081,))
])

# 加载训练集
trainset = torchvision.datasets.MNIST(root = './data', train = True,
                    download = True, transform = transform)
trainloader = torch.utils.data.DataLoader(trainset, batch_size = 64,
                    shuffle = True, num_workers = 2)

# 加载测试集
testset = torchvision.datasets.MNIST(root = './data', train = False,
                    download = True, transform = transform)
testloader = torch.utils.data.DataLoader(testset, batch_size = 64,
                    shuffle = False, num_workers = 2)
```

3. 定义神经网络模型

定义一个三层的神经网络模型，初始化该模型。代码如下。

```python
class Net(nn.Module):
    def __init__(self):
        super(SimpleNN, self).__init__()
        self.fc1 = nn.Linear(28 * 28, 128)      # 输入层到隐藏层
        self.fc2 = nn.Linear(128, 64)           # 隐藏层到隐藏层
        self.fc3 = nn.Linear(64, 10)            # 隐藏层到输出层(10 个类别)
        self.relu = nn.ReLU()                   # 激活函数

    def forward(self, x):
        x = x.view(-1, 28 * 28)                 # 展平图像数据
        x = self.relu(self.fc1(x))
        x = self.relu(self.fc2(x))
        x = self.fc3(x)
        return x

net = Net()
```

4. 训练模型

定义损失函数和优化器，对模型进行训练。代码如下。

```
定义交叉熵损失函数
criterion = nn.CrossEntropyLoss()
# 定义优化器为随机梯度下降
optimizer = optim.SGD(net.parameters(), lr = 0.01, momentum = 0.5)
# 训练模型
for epoch in range(5):  # 训练 5 个 epoch
    running_loss = 0.0
    for i, data in enumerate(trainloader, 0):
        inputs, labels = data
        optimizer.zero_grad()
        outputs = net(inputs)
        loss = criterion(outputs, labels)
        loss.backward()
        optimizer.step()

        running_loss += loss.item()
        if i % 200 == 199:
            print(f'[{epoch + 1}, {i + 1:5d}] loss: {running_loss / 200:.3f}')
            running_loss = 0.0
print('Finished Training')
```

5. 模型验证

训练完成后,在验证集上对训练的模型进行验证,输出分类的准确率。代码如下。

```
# 验证模型
correct = 0
total = 0
with torch.no_grad():
    for data in testloader:
        images, labels = data
        images, labels = inages.to(device),labels.to(device)
        outputs = net(images)
        _, predicted = torch.max(outputs.data, 1)
        total += labels.size(0)
        correct += (predicted == labels).sum().item()

print(f'Accuracy of the network on the 10000 test images: {100 * correct / total} %')
```

上述代码遍历测试数据集,使用训练好的模型进行预测,并统计预测正确的样本数量,最终计算并输出模型在测试数据集上的准确率。其中,torch.no_grad()是一个上下文管理器,在这个上下文环境中,PyTorch 不会计算张量的梯度。在模型评估阶段,只需要得到模型的预测结果,无须进行反向传播和参数更新,关闭梯度计算可以节省内存和计算资源。torch.max 表示在第一个维度(即类别维度)上找到每个样本的最大得分及其对应的索引。其返回值 predicted 是一个一维张量,包含了每个样本预测的类别索引。在(predicted ==labels).sum().item()表达式中,先比较预测的类别索引和真实的类别标签,得到一个布尔类型的张量,通过 sum()累加统计预测正确的样本数量,随后通过 item()将标量张量转换为 Python 的标量值,最后累加到 correct 中,得到分类准确的数量。

6. 显示预测结果

使用训练完成的模型,对手写体图片进行预测。代码如下。

```
def imshow(img, num, labels):
    img = img / 2 + 0.5
    npimg = img.numpy()
```

```
        for i in range(num):
            plt.subplot(4, int(num/4), i+1)
            plt.axis("off")
            plt.imshow(np.transpose(npimg[i], (1, 2, 0)))
            plt.title("Predicted:" + str(labels[i].item()), fontsize = 8)
    plt.tight_layout(rect = [0, 0, 1, 0.9])
    plt.show()


dataiter = iter(testloader)
images, labels = next(dataiter)

outputs = net(images[:20].to(device))
_, predicted = torch.max(outputs, 1)
imshow(images, 20, predicted)
```

上述代码从测试数据集中选取部分手写体图像进行预测，并将预测结果以可视化的形式展示。imshow()函数用于将图像及其对应的预测标签可视化展示。其中，img＝img/2＋0.5 表示对输入的图像张量进行反归一化操作，将图像像素值从[−1,1]恢复到[0,1]范围。plt.subplot(4,int(num/4),i＋1)表示创建一个子图布局，设置为 4 行、int(num/4)列，并选择第 i＋1 个子图进行后续操作。在 plt.imshow()中，参数 np.transpose(npimg[i],(1,2,0))表示对第 i 个图像进行转置操作，将通道维度从(channels,height,width)形式转换为(height,width,channels)形式，以符合 Matplotlib 库期望的图像格式，然后显示该图像。随后，为每个子图设置标题，标题内容为"Predicted:"加上对应的预测标签值，字体大小为 8。plt.tight_layout()用于调整子图的布局，使其更紧凑，参数 rect＝[0,0,1,0.9]表示设置布局的范围，顶部留出一定空间，避免标题和图像重叠。

预测结果如图 7.14 所示。

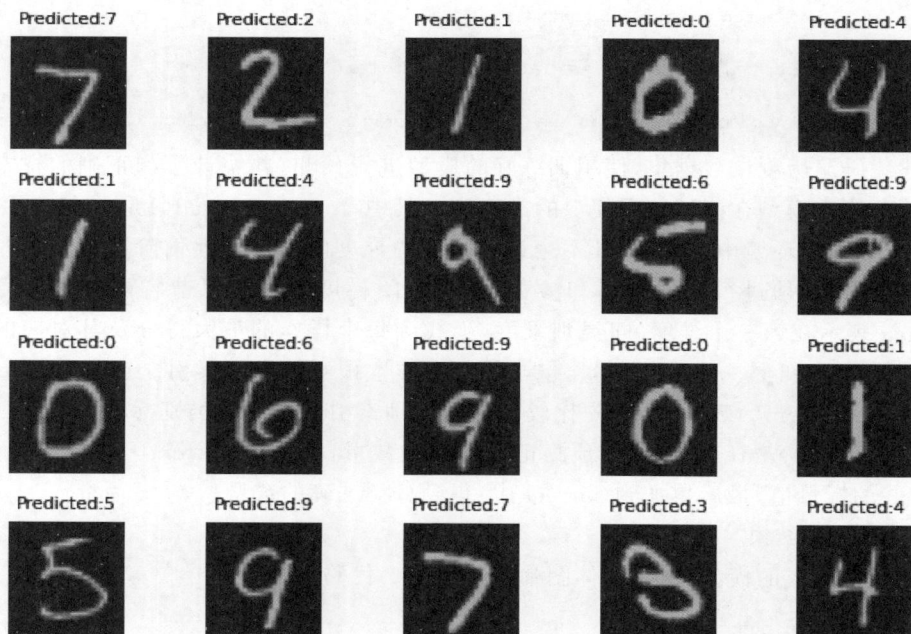

图 7.14　神经网络模型预测结果

7.7　本章小结

计算机视觉作为人工智能的核心分支,已发展成为推动各行业智能化转型的关键技术。本章系统地构建了计算机视觉领域的知识体系,从基础理论到前沿应用进行全面阐述。

首先明确定义了计算机视觉的科学内涵——通过算法赋予机器模拟人类视觉认知的能力,并梳理了从传统图像分析到深度学习驱动的现代视觉系统的演进历程。然后重点阐释了图像数字化表示原理及特征提取方法,为后续高级视觉任务奠定理论基础。深入剖析了计算机视觉的核心技术体系,包括图像分类、目标定位、目标检测、图像分割等关键任务。这些相互关联的技术栈不仅构成了领域的研究主线,更持续推动着实际应用边界的拓展。值得关注的是,以生成对抗网络和扩散模型为代表的深度生成模型开辟了新的研究方向,在图像合成、数据增强等场景展现出独到的应用价值。最后设置了实践环节,通过具体案例帮助读者深化对计算机视觉技术的理解与掌握。

人工智能伦理

思维导图：

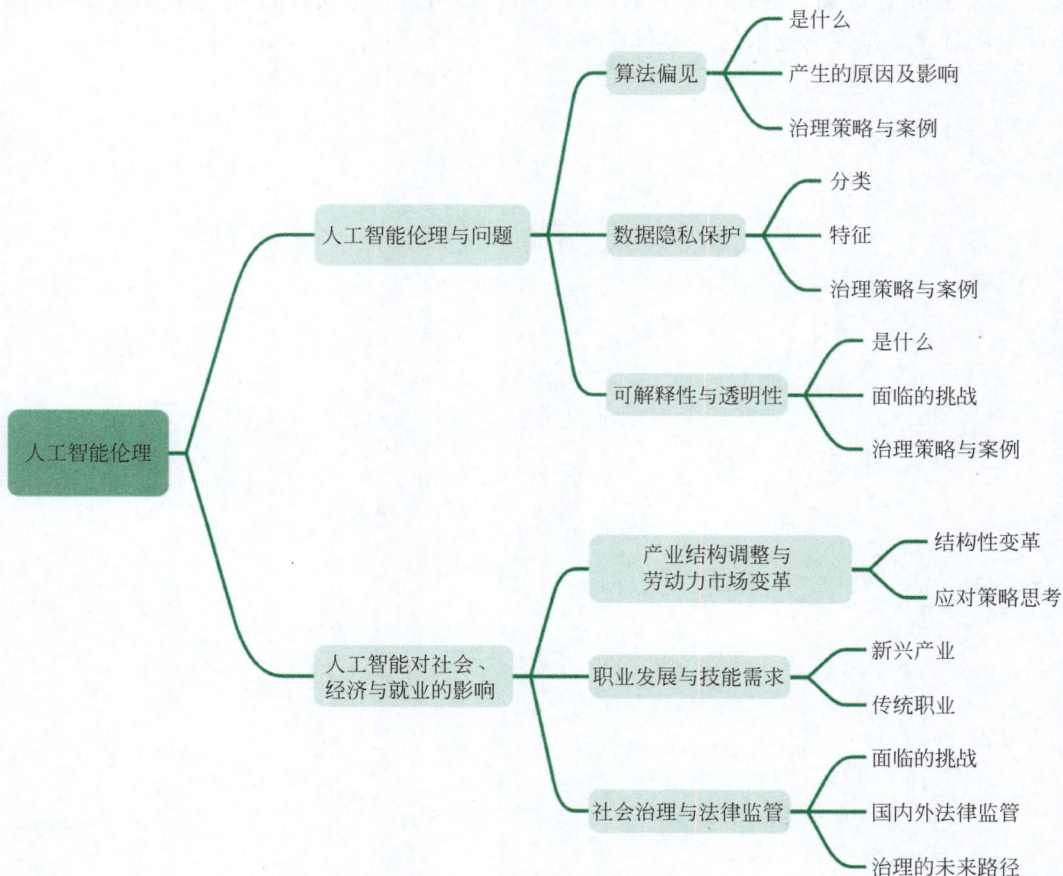

- 理解人工智能伦理面对的核心挑战
- 了解人工智能法律监管的全球实践框架
- 认识人工智能引发的社会变革
- 探索人工智能治理的未来方向

8.1　人工智能伦理与问题

8.1.1　算法偏见与公平性问题

随着人工智能技术的深度渗透与广泛应用,算法偏见已成为亟待关注的社会议题。算法偏见,指在人工智能决策过程中,因数据偏差、模型设计缺陷、开发者主观偏见等因素,导致特定群体遭受不公平对待或歧视的现象。其表现贯穿多个维度,涵盖对不同群体的年龄歧视、性别歧视、消费偏误判定、就业排斥、种族歧视,以及对弱势群体的差别对待等。这类偏见不仅局限于技术层面,更深刻冲击着社会公平正义,动摇社会公平的价值根基。

1. 算法偏见产生的原因及其影响

1) 数据偏差导致的算法歧视

数据是驱动人工智能算法运行的核心基础,如同"养料"般不可或缺,而数据偏差正是算法偏见产生的重要根源。当数据本身存在偏差时,算法偏见便极易滋生。在现实中,许多数据集存在性别、种族等维度的失衡问题,这种失衡会直接影响算法的判断逻辑。以计算机视觉领域为例,ImageNet 是广泛用于深度神经网络训练的图像数据集,其中约 77% 的图像主体为男性,且 80% 的样本来自白人。基于该数据集训练的图像识别算法在识别女性或有色人种时常常出现误判。研究表明,经此数据集训练的算法,对女性和黑人的识别准确率显著偏低,最终导致性别与种族层面的算法偏见。

2) 算法自身原因造成的歧视

算法偏见的形成,不仅源于数据偏差或设计缺陷,也可能源于算法自身的运行机制,具体体现在以下层面。

(1) 算法"黑箱"问题。

AI 算法如同"黑箱"(图 8.1),人们只能获取结果,却无法追溯结论的生成逻辑。从数据处理流程到决策所依赖的关键要素,均处于不透明状态,甚至部分算法设计者也难以完全解释其判断机制。这种透明度的缺失,让算法公平性

输入 ➡ [?] ➡ 输出

图 8.1　算法"黑箱"

的审视与评估变得困难。例如,美国司法领域广泛使用的 COMPAS 司法风险评估工具,用于预测犯罪嫌疑人的再犯可能性,但其算法运行过程完全封闭,公众与法官都无法追溯其判断依据。这种"黑箱"特性导致算法中隐含的偏见难以被发现,最终对司法公正产生负面影响。

(2) 算法复杂性引发理解障碍。

许多人工智能算法结构复杂,涉及大量专业知识,即便经验丰富的技术人员也难以在短时间内完全厘清其设计原理,普通大众更无从理解。这一特性增加了算法审查与监管的难度,一旦偏见产生,往往难以被及时察觉与纠正。典型案例是亚马逊曾开发的自动简历筛选算法,因其工作原理过于复杂,未能被相关部门及时核查,最终因对女性候选人不公平筛选、明显偏向男性而遭到公开批评。

(3) 概率关联衍生歧视现象。

当下人工智能多依赖"相关性"分析,却不深究"因果关系"。算法虽能识别数据间的关

联,如家庭住址、教育背景与收入、就业的联系,却可能将这些关联误判为"既定事实",忽略背后的社会因素与历史背景,进而引发种族、区域等歧视。以贷款审批为例,部分银行贷款算法会依据借款人的邮政编码评估风险。若某区域低收入群体集中,算法可能一概而论,错误判定该区域所有借款人贷款风险高,忽视个体差异,这便是算法中"区域歧视"的体现。

（4）算法自我学习催生偏见。

机器学习算法在数据训练中可能习得偏见。通过模仿人类的思维与语言,算法也可能吸收其中的偏见。例如,在司法领域用算法辅助量刑时,若训练数据中存在男性多暴力犯罪、女性多经济犯罪等刻板印象,算法就会学习这些模式,给出有性别偏见的量刑建议。

此外,算法还可能被人为误导。如清华大学图书馆的机器人"小图",因与用户互动中接收负面信息而被迫停止服务；微软聊天机器人 Tay,因遭用户恶意引导发布种族歧视言论后被关闭。可见,算法不仅会自我学习偏见,在缺乏约束时,更易被错误引导,沦为传递偏见的工具。

3) 研发者的无意识偏见

算法是由人类设计与开发的,而开发者身处的社会环境本身存在着各种偏见与刻板印象。这种社会文化烙印可能在无意识中嵌入算法设计的底层逻辑,导致算法成为隐性歧视的载体。由于算法决策过程具有不透明性,人们往往只能感知结果而无法追溯逻辑链条,使得这种歧视更具隐蔽性。

即使开发者主观上并无明显的性别或种族歧视倾向,其认知框架仍可能在无意识中影响算法设计。例如,过度依赖数据技术可能导致对人类行为复杂性的忽视。算法训练通常基于历史数据,而这些数据本身可能沉淀了过往社会现象中的偏见(如职业分布偏差、消费习惯固化等)。若开发者未能充分理解数据背后的社会背景与文化意涵,很可能在特征工程或模型调优环节遗漏关键变量,最终将社会偏见转化为算法偏见。

以招聘算法为例,若训练数据中某类岗位的历史候选人多为男性,算法可能将"男性"误判为该岗位的核心特征,从而在筛选时系统性地降低女性候选人的评分,形成隐性性别歧视。这种偏见并非源于开发者的主观恶意,而是社会文化在算法开发过程中的无意识投射。

4) 商业利益驱动的偏见

算法研发与应用的商业属性决定了企业利益诉求必然影响算法设计逻辑。当利润最大化成为优先目标时,算法中的偏见与歧视可能被放大甚至工具化。在 2016 年美国总统大选期间,Facebook 的排名算法被指责推荐了大量假新闻,帮助了某些虚假信息的传播。BuzzFeed 的调查显示,在选举的关键时刻,来自恶作剧网站和极端政治博客的虚假选举新闻在 Facebook 上获得了数万次的分享和评论,而 Facebook 从中赚取了大量广告收益。这一事件暴露出：当商业利益凌驾于社会责任时,算法可能沦为操控舆论、加剧社会撕裂的工具。

此外,企业对用户隐私的过度采集与滥用也可能催生歧视。例如,某顺风车平台允许司机在接单前查看乘客的历史行程、消费记录甚至私人评价(如"肤白貌美""安静的美少女"等)。这种对隐私数据的不当利用不仅侵犯用户权益,更通过算法将性别刻板印象转化为服务分配依据,导致系统性歧视。当企业将营利置于伦理之上时,算法可能在无意中强化社会偏见,形成"数据采集—偏见编码—歧视输出"的恶性循环。

此类现象揭示了算法治理的深层矛盾：技术中立性与资本逐利性的冲突。解决之道可以是通过完善监管框架、建立伦理审查机制,并推动企业将社会责任纳入算法设计的考量指标,实现商业目标与社会价值的平衡。

　　5)社会文化背景中的偏见

　　算法偏见的又一重要来源,是深深潜藏于社会文化之中的隐性偏见。这些隐匿在社会观念、习俗等层面的偏见,借助算法进一步放大与固化。相关研究显示,机器学习程序在对在线文本数据进行处理时,会如同人类般从数据里习得各类偏见。在部分网络文本里,频繁出现将"女性"与"家庭主妇"相联系,同时把"男性"和"职业成功"挂钩的表述。机器学习模型会识别出这种无意识的性别偏见,并将其内化吸收。如此一来,性别偏见便在算法中持续传播开来,呈现形式如图 8.2 所示。

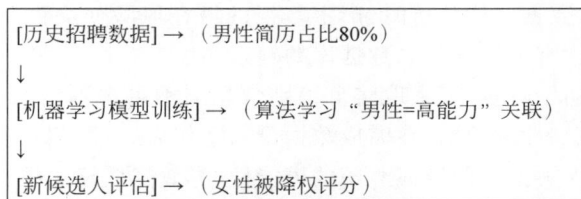

```
[历史招聘数据] → （男性简历占比80%）
↓
[机器学习模型训练] → （算法学习"男性=高能力"关联）
↓
[新候选人评估] → （女性被降权评分）
```

图 8.2　偏见传导链条

　　基于此类数据训练而成的算法,在执行诸如招聘、广告投放等实际任务过程中,极有可能在不经意间对女性产生排斥。在招聘环节,算法可能会降低女性求职者的评分,优先录用男性;在广告投放方面,算法会倾向于将女性归为"家庭角色",推送诸如家居用品、母婴产品等相关广告,而减少为女性提供职业发展、高端消费等类型的广告。这一系列现象都凸显出社会文化潜在偏见借由算法对现实决策产生的负面影响。

　　2. 算法偏见的治理策略

　　随着人工智能技术在全球范围内的加速普及,其应用深度与广度不断拓展,越来越多的国际组织、各国政府、行业协会、学术机构以及非营利组织,纷纷将目光聚焦于算法偏见问题,并积极投身到治理行动当中。鉴于算法偏见对社会公平、个人权益以及人工智能技术可持续发展所构成的潜在威胁,实施行之有效的治理策略已成为推动人工智能技术健康发展的当务之急。以下详细阐述几种主要的治理策略。

　　1)建立公平的技术规范体系

　　人类社会构建的法律与制度体系,始终将公正作为基石性原则,理应被融入技术架构之中。然而,现实情况是,众多技术人员对"公平"的内涵缺乏全面且深入的理解,同时,业界也尚未形成明确、统一的标准来为他们提供指引。

　　利用人工智能系统进行关乎个人利益的决策时,保障对每个人的公平对待至关重要。以谷歌公司为例,其在人工智能设计过程中引入了"机会均等"的理念,旨在从源头上杜绝歧视现象的发生。此外,部分研究者创新性地构建了"社会平等"技术模型,该模型在确保公平实现的同时还能有效提升系统运行效率。与此同时,一些学者设计出"歧视指数",以此作为量化工具,对算法中可能存在的歧视行为展开精准评估,助力技术研发者及时察觉并纠正算法偏见,推动人工智能技术朝着公平、公正的方向稳健发展。

　　2)提高算法透明度

　　算法的不透明性堪称滋生算法偏见的关键温床。在通常情况下,人们在事后对算法进行全面检查困难重重，甚至可能要付出高昂的代价。鉴于此，要求算法的设计者或使用者披露算法的数据及参数不失为一种有效举措。

以金融领域为例，中国人民银行联合多个监管机构发布的《关于规范金融机构资产管理业务的指导意见（征求意见稿）》明确规定，金融机构运用人工智能技术开展资产管理工作时，必须向监管部门报备智能投顾模型的核心参数以及资产配置方案。通过这一强制报备机制，算法的关键信息得以公开透明，监管部门和公众能够对其进行监督与审查，从而大幅降低算法出现歧视和偏见的风险，保障金融市场的公平有序运行。

3）删除具有识别性的数据

个人信息区别于其他数据的显著特征，就在于其"可识别性"。一旦将这类识别特征从数据中剥离，在运用大数据开展分析时，产生歧视的潜在风险便会大幅降低。基于此，监管部门有必要构建针对含有可识别信息数据库的销毁制度。

在数据录入流程初始阶段，可采取将可识别信息与不可识别信息分开存储的方式。具体而言，对于具有可识别性的数据，在完成数据录入动作后，应即刻对其执行永久删除操作，从根本上杜绝这些数据被二次使用或滥用的可能性，有效降低算法歧视出现的概率，切实保障数据主体的合法权益，维护数据应用的公平性与规范性。

4）支持开源方法和技术

开源软件在人工智能领域成果斐然。诸如 TensorFlow、PyTorch 和 Scikit-learn 等开源软件，在人工智能程序包体系中极为流行。开源社区凭借自身力量，充分证明了其具备开发出可靠且经严格测试的机器学习工具的能力。

开源技术在应对算法偏见问题上独具优势。一方面，它助力研发出能够识别并消除数据偏见的工具，从源头上避免算法偏见的产生；另一方面，开源技术的开发全程透明，并且吸引了广泛的社区成员参与其中。在众多个体与团队的共同审视、优化下，开发过程中潜在的偏见得以更有效地被识别与消除，进而推动人工智能技术朝着更加公平、公正的方向发展。

5）完善相关制度和法律

为有效防范算法歧视，对算法的设计者与使用者实施监督、问责及处罚机制尤为必要。行政机关可依据相关法律法规，对存在问题的主体予以警告、处罚或开展教育引导工作。

针对算法偏见引发的民事侵权、行政违法等问题，明确责任归属并构建清晰的责任分配规则是关键。尽管设立严格的准入制度可能在一定程度上降低人工智能领域的研发速度，但从长远来看，完备的准入制度对于规范行业发展、保障技术健康应用不可或缺。

通过实施上述一系列治理策略，能够显著降低人工智能算法中潜藏的偏见，确保技术在公平、公正的制度框架内广泛应用，为构建更加平等、和谐的社会环境贡献技术力量。

8.1.2 数据隐私保护

在数字经济时代，人工智能的快速发展伴随着数据隐私的问题。与传统数据相比，人工智能时代的数据在数量和种类上都呈现出极大差异，尤其是涉及行为数据以及位置数据等个人信息。这些数据的收集、存储和传输过程往往伴随着隐私泄露的风险。在数据收集过程中，很多用户并未意识到自己正在提供个人信息，甚至不知道这些数据将如何被使用，这使得隐私保护成为一项紧迫的任务。

1. 数据隐私信息的分类

按照数据内容和场景,人工智能应用中涉及的数据隐私可以分为三类:第一类是产生于用户的原始数据、身份数据;第二类是通过用户日常生活行为、网络记录和 App 记录等采集的数据,反映用户的行为特征;第三类是根据算法得出的特征指标和数据。与《中华人民共和国民法典》对隐私定义的"私人生活安宁"不同,这三类数据在隐私性上存在显著差异。

1)原始数据与身份数据

第一类数据最具有私密性,能够最直观地反映个体的身份信息和相关敏感信息。例如,在中国,身份证号码、手机号码、家庭住址等都属于此类数据。这些数据一旦泄露,可能直接导致个人身份被盗用或隐私被侵犯。以 2018 年"华住酒店数据泄露事件"为例,超过 5 亿条用户的身份证号码、手机号码和入住记录泄露,直接威胁到用户的隐私安全。此类数据的保护在《中华人民共和国网络安全法》和《中华人民共和国个人信息保护法》中都有明确规定,要求企业和机构采取严格措施确保数据安全。

2)行为数据与用户画像数据

第二类数据是通过用户日常生活行为、网络记录和 App 记录等采集的数据,能够反映用户的行为习惯和画像。例如,中国的电商平台(如淘宝、京东)会通过用户的浏览、购买和搜索记录生成用户画像,用于个性化推荐。此类数据虽然不直接暴露用户身份,但通过分析可以间接推断出用户的偏好、生活习惯甚至身份信息。以 2021 年"滴滴出行 App 下架事件"为例,滴滴因涉嫌违规收集和使用用户行为数据,被国家网信办调查,最终导致 App 下架。此事件凸显了行为数据的隐私风险及其监管的重要性。

3)算法生成的特征指标数据

第三类数据是根据算法得出的特征指标和数据,其隐私程度相对较弱,但仍可能涉及商业秘密或间接的个人隐私。例如,金融科技公司"蚂蚁金服"通过算法生成用户的信用评分,用于评估用户的信用风险。虽然此类数据不直接包含个人身份信息,但通过分析可以间接推断出用户的经济状况和信用水平。以 2020 年"蚂蚁集团 IPO 暂停事件"为例,监管机构指出其算法模型可能存在数据使用不透明和隐私保护不足的问题。此类数据的保护需要在算法透明度和数据匿名化之间找到平衡。

2. 数据隐私保护的特征

人工智能应用中数据隐私的保护呈现出以下四个显著特征。

1)数据隐私的范围不断扩大

5G、物联网等技术的快速发展使得人工智能的应用场景越来越广泛,数据的来源和种类也更加多样。例如,智能家居设备会收集用户的日常行为数据,智能手环会记录健康信息,这些数据都可能涉及隐私。这意味着人们需要保护的隐私范围比以往更大,也更复杂。

2)数据结构分散,非结构化数据占比高

人工智能应用涉及的数据类型多种多样,包括文本、图片、视频等非结构化数据,这些数据不像传统的表格数据那样规整,而隐私信息往往混杂其中,难以清晰区分。例如,社交媒体上的图片可能包含人脸信息,聊天记录可能涉及个人隐私。这种数据的分散性和复杂性增加了隐私识别和保护的难度。

3)数据技术智能化,透明度低

人工智能技术具有高度的自动化特性,数据的收集、处理、传输和存储几乎都由算法自动完成。然而，这些算法的运行逻辑往往不对外公开，就像"黑箱"一样，普通人甚至专业人士都难以理解其内部机制。例如，推荐算法会根据用户行为自动生成个性化内容，但用户并不知道这些内容是如何被筛选出来的。这种"黑箱化"现象使得数据在流转过程中容易脱离用户的控制，增加了隐私泄露的风险。

4）数据与隐私的界限模糊

在人工智能应用中，个人数据、隐私信息和企业数据、商业秘密之间的界限变得模糊不清。例如，用户的购物记录既可能涉及个人隐私，也可能被企业用于商业分析。这种交叉性使得数据保护变得更加复杂，既需要保护个人隐私，又要兼顾企业的合法利益。

综上所述，人工智能时代的数据隐私保护面临范围扩大、结构复杂、技术不透明和边界模糊等多重挑战。为了更好地应对这些挑战，需要从技术、法律和用户教育等多方面入手，构建更加完善的隐私保护体系。

3．数据隐私保护的策略

1）技术层面

在技术层面，数据隐私保护主要通过加密技术、差分隐私和联邦学习等手段实现。

（1）加密技术是一种基础且有效的数据保护方法。它通过将数据转化为密文，确保数据在传输和存储过程中的安全性。例如，中国的金融科技公司"蚂蚁金服"在其支付系统中广泛采用加密技术，确保用户的交易数据不被泄露。加密技术的优点在于其高安全性；缺点是加密和解密过程可能影响系统性能，尤其在处理大规模数据时。

（2）差分隐私是一种在数据集中添加随机噪声，以保护个体隐私的技术。这种方法在保护隐私的同时，保留了数据的整体统计特性，差分隐私和传统查询结果对比如图 8.3 所示。例如，中国国家统计局在发布人口普查数据时，采用差分隐私技术，确保个体信息不被识别。差分隐私的优点是能够在数据分析和隐私保护之间取得平衡；缺点是添加噪声，可能降低数据的准确性。

> 传统查询：用户A结果=85→泄露个体信息
> 差分隐私：用户A结果=85±20（$\varepsilon=0.1$）

图 8.3　差分隐私和传统查询结果对比图

（3）联邦学习是一种分布式机器学习技术，允许多个设备或机构在不共享原始数据的前提下协作训练模型。其核心流程如图 8.4 所示：每个设备（如智能手机、医院服务器）首先利用本地数据（如用户输入、医疗影像）进行模型训练，确保原始数据始终保留在本地；随后将加密后的模型参数（如权重、梯度）上传至服务器；服务器通过聚合多设备参数生成优化的全局模型，最终将新模型下发至各设备，开启新一轮训练迭代。这一机制广泛应用于智能输入法优化（如仅共享输入习惯模型而非具体输入内容）和跨机构医疗数据分析（如多家医院联合建模，但病历数据不出本地）等场景。例如，腾讯公司在其微信输入法中采用联邦学习技术，训练模型时不收集用户的输入数据。联邦学习的优点在于保护用户隐私，减少数据传输成本；缺点是模型训练效率较低，技术实现复杂。

2）法律层面

（1）《中华人民共和国个人信息保护法》是中国在数据隐私保护领域的重要法律。该法于 2021 年 11 月 1 日正式实施，是中国首部专门针对个人信息保护的综合性法律。它明确

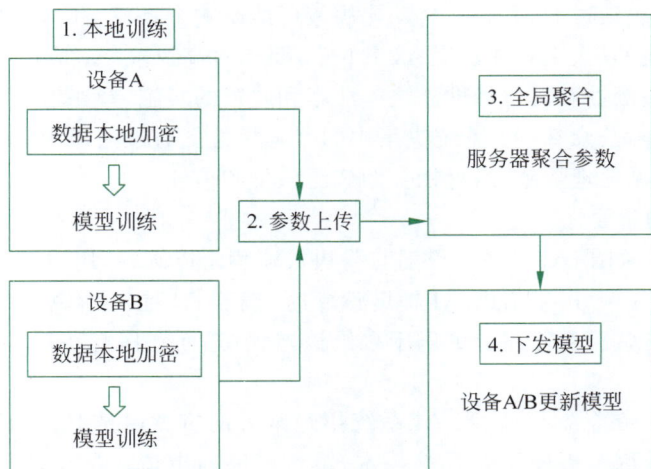

图 8.4　联邦学习核心流程

规定了个人信息的处理规则,要求企业遵循"最小必要"原则,并赋予用户知情权、访问权和删除权。2021 年"滴滴出行"因涉嫌违规收集和使用用户数据被下架,成为该法实施后的标志性事件。这部法律的优点在于全面规范了个人信息处理行为;缺点是企业合规成本较高,尤其在法律实施初期。

（2）《中华人民共和国数据安全法》于 2021 年 9 月 1 日正式实施,是中国数据安全领域的重要法律。它进一步明确了数据分类分级管理的要求,并规定了数据安全保护的责任和义务。2022 年某电商平台因未履行数据安全保护义务被罚款,成为该法实施后的典型案例。这部法律的优点在于为数据安全提供了更全面的法律框架,缺点是企业合规意识和技术能力尚需提升。

（3）GDPR（《通用数据保护条例》）是欧盟于 2018 年 5 月 25 日实施的数据保护法规,适用于所有处理欧盟公民数据的企业。它要求企业明确告知用户数据收集的目的、方式和范围,并赋予用户"被遗忘权"和"数据可携权"。2019 年,谷歌公司因未充分告知用户数据使用方式被法国数据保护机构罚款 5000 万欧元。GDPR 的优点在于保护用户隐私权,提升数据透明度;缺点是合规成本高,尤其对中小企业而言。

（4）CCPA（加州《消费者隐私法案》）是美国加州于 2020 年 1 月 1 日实施的隐私保护法案,赋予加州居民访问、删除和拒绝出售个人数据的权利。2020 年 TikTok 因未遵守 CCPA 被起诉,指控其未明确告知用户数据收集和共享行为。CCPA 的优点在于增强用户对个人数据的控制权;缺点是适用范围有限,仅针对加州居民。

8.1.3　人工智能的可解释性

1. 人工智能的可解释性概述

人工智能系统正在越来越多地参与到人类的生活中,从推荐个人喜欢的电影到专业领域应用（如医疗、金融、司法等）,AI 的决策直接影响个人权益和社会公平。然而,许多 AI 系统的工作原理却像一个"黑匣子"——人们能看到输入和输出,但却难以理解中间的决策过程。

可解释性要求 AI 系统能够以直观的方式向用户说明其决策过程,尤其在自动化决策可能影响个人权益时,系统应能够提供合理的解释。可解释性要求 AI 系统能够以直观的方式向用户说明其决策过程,尤其在自动化决策可能影响个人权益时,系统应能够提供合理的解释。例如,欧盟的《人工智能法案》(2021年)要求对高风险AI应用提供清晰的决策依据,确保系统的可追溯性和可解释性。这些法案和政策的实施,旨在增强人工智能技术的伦理性、公正性,并保障公众在AI系统决策中的基本权益。通过法律的保障,AI技术能够在保持创新的同时遵循伦理规范,赢得社会的广泛认可和信任。

2. 可解释性的重要性

(1) 增进信任:如果AI系统能够对自身决策流程予以阐释,用户对其信任度便会显著提升。以医疗场景为例,医生借助AI辅助诊断时,倘若AI能清晰说明判断某位患者可能罹患某种疾病的依据,医生往往会更乐于接纳该建议,进而在医疗决策中更放心地参考AI的分析结果。

(2) 保障公平:在金融行业,当AI系统拒绝某人的贷款申请时,申请人理应拥有知情权,有权了解被拒原因。借助可解释性技术,银行能够向申请人呈现评分所依据的关键要素,诸如收入水平、信用记录等因素对评分产生的具体影响,确保贷款审批过程透明、公正,维护申请人的合法权益。

(3) 明确责任:当AI系统出现失误时,可解释性在界定责任归属方面发挥着关键作用。以自动驾驶汽车事故为例,若能深入理解AI的决策过程,便能更为精准地判断事故根源究竟是技术故障,还是人为操作不当,为责任认定与后续处置提供有力支撑。

3. 可解释性的挑战

1) 技术高度复杂性

以深度学习为核心的模型,其决策过程犹如一座错综复杂的迷宫。这类模型构建于多层神经网络之上,每一层神经元之间存在着海量的连接权重,信息在其中穿梭、转换,历经无数次复杂的数学计算。例如大名鼎鼎的AlphaGo,在国际象棋对局中做出决策时,即使对于专业程序员而言,其内部的运算逻辑也宛如神秘莫测的"黑匣子"。程序员虽然知晓AlphaGo运用了深度学习技术,通过大量棋局数据训练优化,但当它在某一特定局面下做出落子决策时,其背后究竟是哪些因素在起作用,各个因素的影响权重又是多少,却难以用人类熟悉、直观的方式去解析。这就使得人们在尝试理解其决策依据时往往无从下手,极大地阻碍了对这类模型的可解释性探索。

2) 责任归属模糊性

当AI系统出现错误,由于其决策过程的不透明特性,想要清晰界定责任归属极为棘手。就拿自动驾驶汽车来说,一旦发生事故,面临的首要难题便是责任划分。自动驾驶汽车依赖复杂的AI算法感知周围环境、规划行驶路径和控制车辆操作。在事故发生瞬间,究竟是传感器故障导致数据采集错误,使AI基于错误信息做出决策;还是算法本身在处理复杂路况时存在缺陷,给出了错误的行驶指令;亦或是在某些特殊情况下,车辆系统与人类驾驶员之间的交互存在问题,导致双方都未能及时正确应对,这些都难以迅速厘清。由于AI决策过程的黑箱状态,无法直观追溯决策步骤和原因,使得事故责任认定在技术、法律和伦理层面陷入困境,给后续的事故处理和责任追究带来巨大挑战。

3) 信任危机衍生性

AI系统缺乏透明度,直接引发用户对其信任度的显著降低。以社交媒体平台为例,用户浏览动态内容时,往往对平台基于AI技术推荐的内容感到困惑。AI算法综合考虑用户的浏览历史、点赞评论行为、关注列表等诸多因素来推送内容,但用户并不清楚这些推荐背后的具体规则和逻辑。一条看似普通的推荐动态,用户不知道它是基于自己近期对某类话题的关注,还是算法根据热门趋势随机推送,亦或是受到广告商合作等因素影响。这种信息的不透明,使得用户对推荐结果心存疑虑,难以对 AI 推荐系统建立起充分信任,甚至可能导致部分用户对社交媒体平台整体产生负面评价,影响平台的用户体验和长期发展。

4. 实现可解释性的方法与实际案例

为了让 AI 系统的决策过程更加透明和易于理解,研究者开发了多种可解释性技术。这些技术不仅能够帮助用户理解 AI 的决策逻辑,还能在实际应用中解决具体问题。以下是几种常见的可解释性方法及其在实际场景中的应用案例。

1) 特征重要性分析

特征重要性分析通过量化每个特征对模型输出的贡献,帮助用户理解模型决策的关键因素。例如,在房价预测模型中,特征重要性分析可以显示房屋面积、地理位置等因素对房价的影响。在金融领域,某银行采用 AI 系统进行信贷评分。通过特征重要性分析,银行向用户展示评分依据,例如收入水平、信用记录等因素对评分的影响。这种方法不仅提升了用户对评分结果的信任,还帮助银行优化了信贷决策流程。

2) 局部可解释模型(LIME)

LIME(Local Interpretable Model-agnostic Explanations)通过构建局部线性模型解释单个样本的预测结果。例如,在医疗影像诊断中,LIME 可以解释人工智能系统为何将某张影像诊断为癌症。某三甲医院采用人工智能系统辅助肺结节诊断。通过 LIME 技术,医生可以理解人工智能系统为何将某张 CT 影像诊断为恶性结节。这种解释不仅提升了医生对 AI 诊断结果的信任,还帮助医生更好地制定治疗方案。

3) SHAP 可解释学习

SHAP(SHapley Additive exPlanations)是一种用于解释机器学习模型预测结果的方法,它基于 Shapley 值理论,通过将预测结果分解为每个特征的影响,为模型提供全局和局部的可解释性。例如,在金融风险评估中,SHAP 可以解释每个特征对风险评分的影响。在中国某银行的信贷评分系统中,SHAP 技术被用于向用户展示评分依据。SHAP 可以解释用户的收入水平、信用记录等因素如何影响最终的评分结果。这种方法有助于银行与用户建立更稳固的信任关系,同时为银行精准识别风险、合理配置信贷资源提供有力支持。

4) 决策树与规则提取

决策树是一种直观的可解释性方法,通过树状结构展示决策过程。规则提取则是从复杂模型中提取人类可以理解的规则。例如,在医疗诊断中,决策树可以展示人工智能系统如何根据症状和检查结果做出诊断。某医院采用基于决策树的人工智能系统辅助诊断糖尿病。通过决策树,医生可以清晰地看到人工智能系统如何根据患者的血糖水平、年龄、体重指数等因素做出诊断。这种透明性不仅提升了医生对人工智能系统的信任,还帮助医生更好地理解诊断依据。

8.1.4　人工智能决策的透明性

1. 人工智能算法的"黑箱"问题

人工智能领域的"黑箱"问题,是指人们难以明晰算法决策过程的现象。如今,"黑箱"已成为算法在设计与运行阶段缺乏透明度等各类情形的代名词。所有那些不可见、无法理解的算法，无论是在技术层面，还是在实际应用进程中引发的问题，都宛如一个个密封的"黑箱"。学术界与社会舆论愈发频繁地用算法"黑箱"来描述算法透明度缺失这一状况。

在人工智能范畴内，"黑箱"现象常见于复杂的机器学习模型，特别是深度学习与神经网络算法。这些模型凭借海量数据展开训练，继而自主完成预测与决策，但人们却很难洞察其决策依据。这一问题的根源在于，这些模型设计极为复杂，其中部分网络结构和算法的运作流程，对非专业人士几乎难以阐释。以深度学习模型为例，它借助数层神经网络对数据予以处理，每一层对数据的加工处理都可能极为繁杂，最终致使整个决策过程晦涩难懂。

尽管"黑箱"问题在众多领域或多或少都有体现，尤其是在自动化决策、医疗诊断、金融风控等关乎个人权益的关键领域，这类缺乏透明度的算法依旧被广泛应用。对于算法的使用者而言，决策过程的不透明，可能导致他们既无法理解决策结果缘何而来，也难以对其提出质疑。

2. 算法透明性与利益相关者

在算法领域，透明性对于利益相关者而言，影响深远且意义重大。特别是在与消费者、开发者、用户以及监管者相关的诸多方面，算法决策过程若具备透明性，能够有效规避"黑箱"现象，会极大地增进公众对算法决策的理解与信任。

1）企业层面的算法透明性

企业在算法的应用进程中占据关键地位。企业不仅承担着算法的开发与部署工作，更肩负着确保算法契合伦理准则、具备透明度的重要责任。算法透明性要求企业公开算法设计思路、数据使用详情以及模型运行结果，至少应确保这些信息能够被理解。尤其是当算法直接左右用户利益时，企业必须给出清晰明确的解释，并接受监管部门的监督审查。

2）开发者层面的算法透明性

开发者需要高度重视算法"黑箱"问题，尤其是深度学习这类复杂算法所存在的不可解释性难题。开发者应致力于确保算法决策过程清晰可辨。此外，开发者务必保证算法所使用的数据集来源合法合规，全力避免数据偏差。因为数据的偏差极有可能致使算法做出不公正决策，所以开发者需通过对算法进行调整与优化，保障算法的公平性与可解释性。

3）用户层面的透明性诉求

在算法驱动服务日益普及的环境下，用户在使用相关服务时，期望能够透彻理解算法对自身决策产生的影响以及背后的逻辑原理。用户渴望在算法广泛渗透的生活场景中切实保护自身合法权益。为达成这一目标，用户不仅需要获取关于算法决策的详尽信息，还需要掌握足够的知识与方法，以应对算法对个人权利可能产生的潜在影响。

4）监管者的角色

对于监管者而言，保障算法的透明性与安全性是首要职责所在。监管者需要制定科学合理的政策，在避免过度干预从而阻碍算法技术创新发展的同时，确保算法决策过程严格遵循社会伦理规范与法律要求。在政策制定过程中，不能仅仅依据公众诉求而忽视技术本身的复杂性，政策制定者应当与技术专家紧密协作，构建透明且合理的算法监管框架。

算法透明性的实现，依赖企业、开发者、用户和监管者等多方利益相关者的协同发力。在推动技术稳健发展的同时，实施恰当的监管举措，有效促进算法的公平性、安全性与合规性，进一步助力社会信任体系建设与技术进步形成良性互动，实现和谐共生的良好局面。

8.2 人工智能对社会、经济与就业的影响

8.2.1 产业结构调整与劳动力市场变革

1. 人工智能技术推动的产业结构调整

1）第一产业：智能农业兴起与劳动力需求结构调整

人工智能技术逐步深入农业领域，全方位重塑农业生产体系，推动传统农业朝着数据驱动的现代化模式转型。这一转型带来生产效率显著提升与劳动力结构深度分化的双重影响。一方面，智能农业设备广泛应用，高效替代了大量重复性、低技能的农事劳作；另一方面，农业数据挖掘、智能设备运维等新兴岗位应运而生，其市场需求呈现快速增长态势，促使农业劳动力结构向知识技术型转变。

2）第二产业：制造业智能化升级与全球价值链重塑

人工智能在制造业领域掀起深刻变革，呈现出"淘汰低端产能"与"催生高附加值环节"齐头并进的发展路径。先进技术的应用不仅大幅优化生产流程，提升制造环节的精细化、自动化水平，更引发全球价值链分工格局的重构——劳动密集型、低技能的生产环节加速向劳动力成本优势区域转移，而核心技术研发、智能化系统集成及高端服务等高附加值环节则进一步向科技实力雄厚的发达国家集聚，重塑全球制造业竞争版图。

3）第三产业：服务业智能化转型与服务模式创新迭代

服务业智能化转型呈现出"前台简约化"与"后台精细化"的显著分层特征。在服务前台，基础服务岗位，如客服接待、收银结账等，正逐渐被 AI 系统所取代，实现服务流程的高效精简；而在服务后台，算法优化、人工智能伦理治理等高端专业岗位的市场需求急剧攀升。与此同时，人口老龄化加剧、消费者个性化需求增长等社会趋势进一步加速了服务模式的创新变革，推动服务业向智能化、定制化方向纵深发展。

2. 劳动力市场的结构性变革

1）就业岗位转移与极化现象凸显

在人工智能浪潮下，就业结构变革呈现出鲜明的"马太效应"。高技能劳动者凭借自身专业能力，与人工智能技术形成良好互补，大幅提升生产效率，在就业市场中愈发占据优势地位，薪资与职业发展前景持续向好；与之相反，低技能劳动者由于所从事岗位易被人工智能替代，面临失业风险，收入陷入停滞甚至下滑困境；而处于中间层次的技能岗位，因难以适应智能化变革，正以较快速度萎缩，就业空间不断被压缩，就业岗位转移与极化趋势显著。

2）技能需求转型与教育适配难题浮现

劳动力市场对劳动者技能的评估体系发生深刻转变，从过往侧重"经验积累"，转向如今更看重"技术迭代适应力"。在人工智能广泛应用的背景下，传统职业技能的更新周期大幅缩短，职业生命周期显著变短。当下，具备跨领域学习能力、熟练掌握人机协作素养成为劳动者在就业市场中的核心竞争力。这对现行教育体系提出严峻挑战，如何调整教育内容与方式，以培养出契合市场新需求的人才，成为亟待解决的关键问题。

3. 应对产业变革的策略思考

1）教育体系改革与终身学习机制

经济合作与发展组织（OECD）提出的《终身学习战略 2030》中的"能力生命周期模型"提出人工智能驱动的产业变革要求教育体系从"前端知识传授"转向"持续能力建构"，强调教

育需覆盖"知识获取—技能转化—持续更新"全周期。

（1）高等教育跨界融合：清华大学设立"智能建造""AI＋设计"等交叉学科，2023年招生规模扩大至1200人，毕业生同时获得工学与人工智能双学位。

（2）职业教育动态响应：中国"1＋X证书制度"新增"工业机器人运维""AI数据标注"等15个职业技能等级证书，2022年覆盖职业院校学生超50万人。

（3）企业培训体系创新：谷歌"AI技能冲刺计划"（Grow with Google）提供TensorFlow、AutoML等免费课程，2022年全球50万员工完成认证，其中35％为传统IT运维人员转岗。

2）政策引导与社会保障创新

世界银行《技术转型社会政策指南》中的"SPC政策矩阵"（Stimulate-Protect-Compensate Matrix）提出政府需通过"激励—保护—补偿"三重政策工具包，旨在平衡效率与公平。

（1）激励工具（Stimulate Tools）。

通过财税杠杆激发企业与个人技能投资动力。例如，深圳推出AI培训税收优惠，企业AI培训支出可享受150％加计扣除，2022年带动了相关企业培训投入增长42％。

（2）保护工具（Protect Tools）。

国际劳工组织（ILO）提出的《人工智能与劳动世界原则》（2022）要求保障劳动者"算法知情权"与"人类监督权"。例如，欧盟算法透明法案中提出雇主必须向员工书面说明AI绩效考核系统的数据来源与权重分配。

（3）补偿工具（Compensate Tools）。

诺贝尔经济学奖得主阿西莫格鲁（Daron Acemoglu）提出"技术红利再分配模型"，主张通过专项税补偿受损群体。例如，韩国的"机器人税"政策要求每台替代5人以上的工业机器人征收设备价值2％的税，2023年筹集了1.2万亿韩元用于再培训。

3）伦理规制与包容性发展

OECD人工智能伦理专家组2019年提出"可信AI三大支柱"——技术可靠性、伦理合规性、社会包容性。欧盟高级别专家组在《可信人工智能伦理指南》中进一步整合为"技术-伦理-社会"动态平衡模型，强调三者协同治理，以实现可信AI发展。

8.2.2　人工智能时代的职业发展与技能需求

1．新兴职业领域及核心技能

1）技术研发类岗位

数据科学家与人工智能工程师成为技术研发的核心岗位。数据科学家需通过Python编程与TensorFlow框架分析海量数据。据LinkedIn《2023年新兴职业报告》显示，该岗位需求五年内增长256％，平均年薪达12.5万美元。人工智能工程师则聚焦算法工程化，如谷歌公司DeepMind团队要求工程师同时掌握CUDA并行计算与伦理风险评估能力，体现"技术＋伦理"的复合需求。

2）应用服务类岗位

AI产品经理与机器人协调员等跨界岗位崛起。亚马逊AWS招聘数据显示，70％的AI产品经理需兼具CNN算法理解与用户体验设计能力；日本经济产业省预测，至2030年，需新增 20 万名机器人协调员,负责工业机器人调度与异常处理,体现技术与操作的融合趋势。

2.传统职业的技能升级路径

1)教育行业技能重构

教师需掌握智能教学工具应用,如中国教育部要求 200 万名教师 2025 年前完成 ClassIn AI 助教系统培训,以实现个性化学习路径配置。北京市海淀区试点显示,使用 AI 工具的教师备课效率提升 60%,学生成绩标准差缩小 15%。

2)医疗行业能力拓展

放射科医师需掌握 AI 辅助诊断工具,约翰·霍普金斯医院要求医师通过 FDA 认证的 AI 影像系统考核,其技能扩展至数据标注规范与算法结果验证。2023 年,该院误诊率下降 23%,但医师日均 CT 读片量从 50 例增至 120 例。

3)制造业复合型人才需求

传统机械工程师转型为数字孪生工程师,西门子公司开展 ANSYS 仿真软件培训,使转型者薪资提升 40%。德国博世工厂数据显示,掌握 MATLAB 控制建模的工程师调试机器人生产线效率提升了 3 倍。

《2023 OECD 就业展望》指出,人工智能的发展和应用对劳动力市场影响深远,技能需求如表 8.1 所示。

表 8.1　2023 OECD 就业展望中人工智能时代的技能需求

技 能 类 型	技 能 类 别	示　　例
开发和维护 AI 系统的技能	专业 AI 技能	AI 基础知识(如机器学习)
		AI 常用模型(如神经网络、随机森林等)
		AI 深度学习框架(如 TensorFlow、PyTorch)
		AI 软件(如 Gradle、GalaxyCluster 等)
	数据科学技能	数据分析
		软件
		编程语言(如 Python 等)
		大数据
		数据可视化
		云计算
	其他认知技能	创造性问题解决
	跨领域技能	社交技能
		管理技能
采用、使用与 AI 应用互动的技能	基础 AI 知识	机器学习原理
	数字技能	使用计算机或智能手机的能力
	其他认知技能	分析技能
		问题解决
		批判性思维
		判断力
	横向技能	创造力
		沟通
		团队合作
		多任务处理

8.2.3　社会治理与法律监管

1. 人工智能引发的社会治理新挑战

1）法律责任界定困境

人工智能的自主决策特性导致传统法律归责体系失效。以自动驾驶为例，欧盟《AI责任指令》（2023）提出"双重责任框架"：制造商对系统设计缺陷负责，用户对操作不当担责。但在实际案例中，特斯拉Autopilot事故的"人机控制权切换模糊性"仍引发争议，2023年全球自动驾驶法律纠纷案件数量同比增长58%。

2）算法治理的社会责任

推荐算法引发的信息茧房与价值观扭曲问题。Meta内部研究显示，其算法将用户极端化内容点击率提升64%。中国《互联网信息服务算法推荐管理规定》（2022）要求平台公开算法基本原理，并设置"关闭推荐"选项，但抖音测试数据显示仅3.2%用户主动使用该功能，凸显监管与用户习惯的冲突。

3）数据安全与隐私保护

人脸识别滥用成为全球焦点，美国旧金山2019年出现全球首个禁止政府使用人脸识别技术，而中国《个人信息保护法》（2021）规定公共场所部署摄像头需单独告知并取得同意。IBM调研显示，2023年全球73%的消费者因AI数据滥用而减少在线服务使用。

2. 全球人工智能法律监管的探索与实践

1）立法框架的构建

欧盟：通过《人工智能法案》（2021）建立风险分级制度，禁止高风险AI应用（如社会信用评分），并要求透明化算法决策过程。

中国：以《数据安全法》（2021）和《个人信息保护法》（2021）为核心，强化数据跨境流动监管，并针对生成式AI出台《生成式人工智能服务管理暂行办法》（2023），明确内容安全责任。

美国：采用州级分散立法模式，如加州《消费者隐私法案》（CCPA）限制数据收集范围，伊利诺伊州《生物信息隐私法》严控生物识别技术应用。

2）监管机构与标准化建设

（1）监管机构。

欧盟设立"欧洲人工智能委员会"，统筹成员国监管协调；中国成立"国家科技伦理委员会"，负责AI伦理审查的工作；美国联邦贸易委员会（FTC）则通过反垄断调查约束科技巨头算法垄断行为。

（2）行业标准。

国际标准化组织（ISO）发布《AI伦理与可信度指南》（ISO/IEC 23053），提出可解释性、公平性等技术标准；中国发布《人工智能　伦理风险评估指南》（GB/T 38647.1—2020），推动企业建立伦理风险评估机制。

3）司法实践与典型案例

自动驾驶事故判例：德国慕尼黑法院在2022年判决中首次采用"设计缺陷优先原则"，要求车企承担80%的事故责任，用户仅承担操作疏忽部分。

算法歧视诉讼：2023年，纽约法院裁定某招聘平台算法存在性别偏见，违反《民权法案》,判赔 260 万美元,推动算法审计制度化。

3. 人工智能治理的未来路径

1)完善法律与伦理协同框架

推动"技术-法律-伦理"三元协同治理。例如,欧盟要求 AI 系统需通过伦理影响评估(EIA)方可商用。建立动态立法机制,通过"监管沙盒"试点新兴技术(如生成式 AI),平衡创新与风险。

2)强化多方主体共治

企业责任:要求科技公司设立"算法伦理官",定期公开算法影响报告(如谷歌公司的 AI 原则年度审查)。

公众参与:借鉴加拿大"公民陪审团"模式,组织公众参与 AI 政策制定,提升治理透明度。

3)构建全球化治理网络

通过联合国《人工智能伦理建议书》(2021)推动国际共识,建立跨境数据流通与责任追溯机制。依托 G20、APEC 等多边平台协调各国监管差异,避免"监管套利"。

8.3　本章小结

本章系统探讨了人工智能技术在社会治理、伦理规范与法律监管等维度的综合影响,构建了"技术风险-治理框架-社会应对"三位一体的分析体系。在技术风险层面,重点剖析了算法偏见的形成机理(数据偏差、技术黑箱、商业驱动)及其治理范式,对比了全球数据隐私保护的技术方案与立法实践,论证了可解释性 AI 在医疗、金融等高风险领域的必要性。在社会治理维度,揭示了人工智能引发的双重社会效应:一方面推动产业升级与职业形态重构,另一方面要求建立包括教育转型、政策补偿、国际合作在内的系统性应对机制。通过跨学科的理论整合与典型案例分析,不仅呈现了人工智能伦理治理的复杂图景,更提供了兼顾技术创新与社会价值的评估框架。本章引导读者形成技术伦理的全局观,在实践层面做出更具社会责任的技术决策。

参 考 文 献

[1] 王万良.人工智能通识教程[M].北京：清华大学出版社,2022.

[2] 人工智能等级考试教材编写组.人工智能等级考试一级教程[M].北京：人民邮电出版社,2022.

[3] 王东云,刘新玉.人工智能基础[M].北京：电子工业出版社,2020.

[4] 莫宏伟.人工智能导论[M].北京：人民邮电出版社,2020.

[5] 张红,卞亮.人工智能基础教材[M].北京：人民邮电出版社,2023.

[6] Wei J,Wang X,Schuurmans D,et al.Chain-of-thought prompting elicits reasoning in large language models[J].Advances in Neural Information Processing Systems,2022(35)：24824-24837.

[7] 秦涛,杜尚恒,常元元,等.ChatGPT 工作原理、关键技术及未来发展趋势[J].西安交通大学学报,2024(1)：1-11.

[8] Aelbling L P,Littman M L,Moore A W.Reinforcement learning：A survey[J].Journal of Artificial Intelligence Research,1996(4)：237-285.

[9] 夏润泽,李丕绩.ChatGPT 大模型技术发展与应用[J].数据采集与处理,2023,38(5)：1017-1034.

[10] 中国电子技术标准化研究院.人工智能标准化白皮书(2018 版)[EB/OL].(2018-1-18)[2025-04-01].https://www.cesi.cn/images/editor/20180124/20180124135528742.pdf.

[11] 牛百齐,王秀芳.人工智能导论[M].北京：机械工业出版社,2023.

[12] 史荧中,钱晓忠,邓赵红.人工智能应用基础[M].2 版.北京：电子工业出版社,2023.

[13] 崔鸿山,刘雯,任云晖.Python 基础教程[M].北京：电子工业出版社,2023.

[14] 埃里克·马瑟斯.Python 编程：从入门到实践[M].袁国忠,译.北京：人民邮电出版社,2016.

[15] Hetland M L.Python 基础教程[M].袁国忠,译.3 版.北京：人民邮电出版社,2018.

[16] 邱锡鹏.神经网络与深度学习[M].北京：机械工业出版社,2020.

[17] 姚期智.人工智能[M].北京：清华大学出版社,2022.

[18] 蔡自兴,刘丽珏,陈白帆,等.人工智能及其应用[M].7 版.北京：清华大学出版社,2024.